普通高等院校"新工科"创新教育精品课程系列教材
教育部高等学校机械类专业教学指导委员会推荐教材

大数据技术原理与实践

李少波　杨静　编著

华中科技大学出版社
中国·武汉

内 容 简 介

本书围绕大数据技术的基本原理与实践,介绍了大数据获取、存储、分析,以及数据挖掘和机器学习技术,内容涵盖 Hadoop、Mapreduce、关联规则、大规模监督机器学习、数据流、集群、NoSQL 系统(Pig、Hive)等。

第 1 章重点阐述了大数据驱动的商业模式、技术生态体系,大数据的类型、特点、获取技术。第 2 章概要介绍了大数据的软硬件架构,包括大数据技术基础与软硬件设施、大数据存储与管理技术、大数据的分布式处理技术平台等。第 3 章介绍了 Python 编程基础,包括基本数据类型、基本控制流程,以及 Numpy 程序库、Scipy 和 Pandas 模块。第 4 章介绍了大数据分析技术,包括 MapReduce 编程基础、文本大数据分析与处理技术、大数据关联分析、相似项的发现、基于大数据的推荐系统、基于大数据的图与网络分析、大数据聚类分析、时空大数据分析、非结构化大数据分析与处理、基于 Storm 的流数据分析技术等。第 5 章介绍了基于 Spark MLlib/Mahout 的大数据机器学习,包括机器学习基础、典型机器学习问题、机器学习评价方法、并行机器学习算法,并进行了利用 MLlib 解决大数据并行分类问题、利用 Mahout 解决大数据推荐优化问题实践。第 6 章介绍了基于大数据的深度学习技术与应用,包括深度学习基本原理、深度学习典型应用、Keras基础入门及应用案例。第 7 章介绍了带代码、数据的案例,包括材料大数据与材料热导率预测、旅游大数据分析、交通大数据分析、工业大数据分析、产品创新大数据分析等。

本书内容深入浅出,可作为数据科学与技术、人工智能、计算机科学、制造科学、机械工程等学科相关专业的本科生、研究生的教材或课程教学参考书,也是对工程技术人员、科研人员而言非常实用的工具书。

图书在版编目(CIP)数据

大数据技术原理与实践/李少波,杨静编著.—武汉:华中科技大学出版社,2020.10
ISBN 978-7-5680-6688-4

Ⅰ.①大… Ⅱ.①李… ②杨… Ⅲ.①数据处理-教材 Ⅳ.①TP274

中国版本图书馆 CIP 数据核字(2020)第 201110 号

大数据技术原理与实践
Dashuju Jishu Yuanli yu shijian

李少波 杨静 编著

策划编辑:余伯仲
责任编辑:姚同梅
封面设计:杨玉凡 廖亚萍
责任监印:周治超
出版发行:华中科技大学出版社(中国·武汉) 电话:(027)81321913
武汉市东湖新技术开发区华工科技园 邮编:430223
录 排:武汉三月禾文化传播有限公司
印 刷:武汉科源印刷设计有限公司
开 本:787mm×1092mm 1/16
印 张:14.75
字 数:380 千字
版 次:2020 年 10 月第 1 版第 1 次印刷
定 价:39.80 元

编写委员会

主　任：李少波　杨　静
副主任：张安思　秦永彬　杨观赐
编　委：胡　杰　唐向红　陆　丰　周　鹏　陈艳平
　　　　魏宏静　白　强　全华凤　李　琴　李传江
　　　　张　森　李　想　张钧星

前　言

当前,数据已成为新型生产要素。发展大数据技术已成为国家战略。数据要素的专业化研究与应用的核心是高端人才。不可否认的是,目前大数据人才在世界范围内仍处于紧缺状态。大数据所具有的规模性、多样性、流动性和价值高等特征,决定了大数据人才必须是复合型人才,需要具备超强的综合能力。大数据的分析与应用,要求大数据人才是多学科交叉型人才,既有数据库和软件等计算机方面的知识,又有应用领域的学科专业知识能力。因此,各高等院校必须进一步改善人才培养模式,修订人才培养方案和课程体系,尝试用多种形式培养跨界型大数据人才。

笔者基于国家大数据战略需求,在数据科学与技术的基础上,结合多学科交叉课程体系建设、"新工科"建设,在总结近年来教学、科研及人才培养实践的基础上,组织教学科研一线教师,合力完成了本书。

本书为普通高等院校"新工科"创新教育精品课程系列教材、教育部高等学校机械类专业教学指导委员会推荐教材,是目前唯一的将深度学习与大数据技术相结合的教材。在教材的编写过程中,注重以企业对人才的需求为导向;教材内容兼顾本专业培养目标和学生就业岗位实际,在讲解理论知识的同时,精选了材料大数据、旅游大数据、交通大数据、工业大数据等方面具有代表性的案例进行分析展示。

全书共7章。第1章概括介绍了大数据技术的基本概念,主要包括大数据驱动的商业模式、数据的类型、大数据的特点、大数据的获取方式等。第2章介绍了大数据的软硬件架构,主要包括大数据技术基础与软硬件设施、大数据存储与管理技术、大数据的分布式处理平台等。第3章讲解了Python的编程基础,主要包括基本数据类型、控制流程、Numpy/Scipy/Pandas/Matplotlib等相关的数据库介绍。第4章讲解了大数据分析技术,主要包括MapReduce编程基础、文本大数据分析与处理技术、大数据关联分析、相似项的发现、基于大数据的推荐系统、基于大数据的图与网络分析、大数据聚类分析、时空大数据分析、非结构化大数据分析与处理、基于Storm的流数据分析技术等。第5章介绍了基于Spark MLlib/Mahout的大数据机器学习,主要包括机器学习基础、机器学习要解决的问题及评价方法、并行机器学习算法、利用MLlib解决大数据并行分类问题实践、利用Mahout解决大数据推荐优化问题实践等。第6章介绍了基于大数据的深度学习技术与应用,主要包括深度学习基本原理、深度学习典型应用、Keras基础入门以及相应的应用案例等。第7章主要是经典案例的分析,包括材料大数据与材料热导率的预测、旅游大数据分析、交通大数据分析、工业大数据分析、产品创新大数据分析等。

本书有如下几方面特色：

（1）知识体系合理，语言通俗易懂。本书按照读者的接受度搭建知识体系，内容由浅入深、循序渐进，并尽最大可能地将学术语言转化为让读者容易理解的语言。

（2）内容全面，应用性强。本书提供了从大数据概念到 Python 编程基础，再到机器学习、深度学习的整体架构，并在第 7 章通过几个经典的案例解析进行了展示。

（3）提供了完整的源代码，并提供了训练数据集或其来源。如果数据集是作者制作的，则可通过扫描书中二维码直接获取。如果数据集来源于网站，则通过二维码提供了有效的下载链接。

本书由贵州大学省部共建公共大数据国家重点实验室（筹）主任李少波教授、贵州大学杨静副教授编著。李少波、杨静担任本书编写委员会主任，张安思、秦永彬、杨观赐担任本书编写委员会副主任。胡杰、唐向红、陆丰、周鹏、陈艳平、魏宏静、白强、全华凤、李琴、李传江、张森、李想、张钧星等一线教学科研人员任本书编写委员会委员，他们均参与了本书的编写工作。

本书既可作为本科生教学用书，又可作为研究生的主要教材，同时也可作为广大工程技术人员及对大数据感兴趣的研究人员的参考书。

在本书编写过程中得到了省部共建公共大数据国家重点实验室（筹）学术委员会各位专家的指导，对此表示衷心的感谢。

由于时间仓促，且编者水平有限，书中定有错讹和不足之处，恳请广大读者批评指正。

李少波

2020 年 10 月

目　　录

第 1 章　大数据技术概览

1.1　大数据驱动的世界

1.1.1　大数据的商业模式

随着第三次信息化浪潮的到来,人类全面进入大数据时代,大数据逐步渗透至企业和个人的方方面面。大数据将逐渐成为很多行业企业实现商业价值的最佳工具,如何最大限度发挥大数据的价值成为人们普遍思考的问题。不过,由于目前大数据产业的商业模式和盈利模式还在探索之中,大数据带来的直接收益还没有明确,目前主要的商业大数据应用形式还是大多数企业自身的大数据应用,行业应用仍处在探索阶段。但不可否认的是,大数据正在彻底改变商业决策的模式与方法,这是数据价值从企业业务支撑向企业决策支撑转变的最好体现。大数据的出现深刻地改变着每一个领域的发展。时代的发展迫使我们在数据种类庞杂的情况下对数据进行探索,捕捉实时流动的大数据,最终将所有数据整合、转化为商业价值。目前,大数据的触角已经延伸到电子商务、金融、电信、新闻传播、辅助医疗等多个行业领域,同时在政府部门也有应用。

(1) 电子商务行业　主要应用在以下方面:购物行为分析、目标群体识别、消费者偏好预测与销量预测分析;商品关联分析;全网产品信息采集,产品素材获取;产品价格和销量分析,新品上架策略制定;云评论系统的搭建和维护。

(2) 金融行业　金融行业的主要业务包括企业内外部的风险管理、信用评估、借贷、保险、理财、证券分析等,都可以通过获取、关联和分析更多维度、更深层次的数据,并通过不断发展的大数据处理技术得以更好、更快、更准确地完成,使得原来不可担保的信贷可以担保,不可保险的风险可以保险,不可预测的证券行情可以预测。

(3) 电信行业　在电信行业领域,应用大数据技术可以:采集基站等硬件设备的数据,分析设备负荷状况,生成设备的扩容、优化、质量排查、扩建等建议,达到均衡网络流量的目的;分析用户的话单数据,界定用户属性,分析手机终端的特征,从而形成套餐推荐、终端推荐等决策;根据用户使用的 App 软件、访问的网页进行更为全面的用户行为分析、用户喜好分析;采集微博等社交网络平台的数据,了解用户对运营商的评价和意见,进行舆情分析。

(4) 新闻传播行业　利用大数据技术快速准确地自动跟踪、采集数千家网络媒体信息,扩大新闻线索,提高采集速度;大数据技术支持每天对数万条新闻进行有效抓取,支持对所需内容的智能提取、审核,便于实现互联网信息内容采集、浏览、编辑、管理、发布的一体化。

(5)制造行业　工业大数据的典型应用包括产品创新、产品故障诊断与预测、工业物联网生产线分析、工业供应链优化和产品精准营销。如客户与企业之间的交互和交易行为将产生大量数据,挖掘和分析这些客户动态数据,能够加速产品创新;泛在的传感器、互联网技术的引入,使得产品故障实时诊断变为现实,大数据应用、建模与仿真技术则使得动态预测成为可能;现代化工业制造生产线上安装有数以千计的小型传感器,用来探测温度、压力、热能、振动和噪声,每隔几秒就收集一次数据,利用这些数据,可以实现很多形式的分析,包括设备诊断、用电量分析、能耗分析、质量事故分析等;射频识别(RFID)等产品电子标识技术、物联网技术以及移动互联网技术,能帮助制造企业获得完整的产品供应链大数据,利用大数据分析,能大幅提升仓储、配送、销售效率,大幅降低成本;通过历史数据的多维度组合,可以看出区域性需求占比和变化、产品品类受市场欢迎程度以及消费者的层次等,以此来调整产品策略和铺货策略,实现产品的精准营销,节省营销费用。通过大数据技术可以得到更详细的数据信息,发现历史预测数据与实际数据的偏差,考虑产能约束、人员技能约束、物料可用约束、工装模具约束,通过智能优化算法,制定预排产计划,并监控计划与现场实际的偏差,动态调整排产计划。

(6)辅助医疗行业　通过分析检验结果、住院信息、影像数据、诊疗数据和临床数据等,可以给出临床中的诊断和用药建议,进行健康指标预警等,这对国家乃至全球的疾病防控、新药研发和顽疾攻克都有着巨大的作用。

(7)旅游行业　通过在旅游行业的"吃、住、行、游、购娱"六要素领域所产生的数量巨大、传播快速、类型多样、富有价值的数据集合,利用大数据技术进行数据相关性分析和数据可视化分析,实现"智慧"旅游管理、旅游舆情监控、旅游全景导航、"智慧"旅游营销等,可使消费者的决策更加有效便捷,提高其满意度。

(8)政府部门　大数据必将成为宏观调控、国家治理、社会管理的信息基础。通过跟踪、采集与业务工作相关的信息,可全面满足内部工作人员对互联网信息的全局观测需求,快速解决政府主网站对各地级子网站的信息获取需求,全面整合信息,实现政府内部跨地区、跨部门的信息资源共享与有效沟通,节约信息采集的人力、物力、时间,提高办公效率。

1.1.2　大数据的技术支撑

目前,大数据领域每年都会涌现出大量新的技术,成为大数据获取、存储、处理分析或可视化的有效手段。大数据技术能够将大规模数据中隐藏的信息和知识挖掘出来,为人类社会经济活动提供依据,提高各个领域的运行效率,甚至整个社会经济的集约化程度。

存储成本的下降、计算速度的提高和人们对人工智能的渴望,是全球数据高速增长的重要支撑。下面将从"存储""计算""智能"这三大方面进行详细阐述,如图1-1所示。

1)"存储":存储成本下降

在云计算出现之前,数据存储的成本是非常高的,例如,企业要建设网站,需要购置和部署服务器,安排技术人员维护服务器,保证数据存储的安全性和数据传输的畅通性,还会定期清理数据,腾出空间以便存储新的数据,机房整体的人力和管理成本都很高。

云计算出现后,数据存储服务衍生出了新的模式。数据中心的出现降低了企业的计算和存储成本,例如,企业现在要建设网站,不需要购买服务器,也不需要雇用技术人员维护服

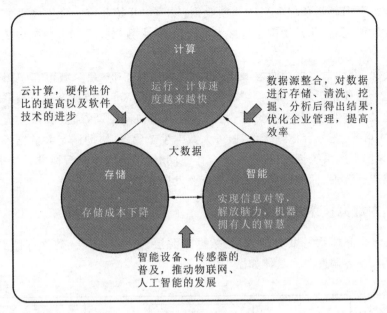

图 1-1　大数据的技术支撑

务器,只需通过租用硬件设备的方式即可解决问题。存储成本的下降,也改变了大家对数据的看法,更加愿意把 1 年前、2 年前甚至更久远的历史数据保存下来,有了历史数据的积淀,才可以通过对比,发现数据之间的关联和价值。正是由于存储成本的下降,人们才能搭建最好的大数据基础设施。

2)"计算":运行、计算速度越来越快

分布式系统基础架构 Hadoop 的出现,为大数据带来了新的曙光。Hadoop 分布式文件系统(HDFS)为海量的数据提供了存储空间,MapReduce 则为海量的数据提供了并行计算功能,从而大大提高了计算效率。同时,Spark、Storm、Impala 等各种各样的技术进入人们的视野。

在海量数据从作为原始数据源到产生价值的过程中,存在存储、清洗、挖掘、分析等多个环节,如果计算速度不够快,很多事情是无法实现的。所以,在大数据的发展过程中,计算速度是非常关键的因素。

3)"智能":实现信息对等,解放脑力,机器拥有人的智慧

大数据带来的最大价值就是"智慧",今天我们所看到的谷歌 AlphaGo 大胜世界围棋冠军李世石、阿里云小 Ai 成功预测出《我是歌手》的总决赛冠军,以及 iPhone 上智能语音助手为用户提供对答式服务等,背后都有海量数据的支撑。换句话说,大数据让机器变得有智慧。

2015 年 5 月 8 日,贵阳大数据交易所正式落户贵阳,成为我国第一家大数据交易所。该交易所秉承"贡献中国数据智慧,释放全球数据价值"的发展理念,通过自主开发的电子交易系统面向全球提供 7×24 小时全天候数据交易服务,旨在推动政府数据公开、行业数据价值发现。该交易所能提供完善的数据确权、数据定价、数据指数开发、数据交易、结算、交付、安全保障、数据资产管理和融资等综合配套服务,为我国大数据的高速发展提供了重要支撑。

当前,我国政府对大数据产业发展极为重视,大数据技术已成为我国推动"互联网+"战略的重要动力。发展大数据产业已成为国家战略,我国政府密集出台了多项专门政策予以支持。同时,各地方政府积极响应,瞄准大数据产业,加快产业集聚与竞争布局的步伐,设立

新兴产业创业投资引导基金与新兴产业创业创新平台,开始制定一批推动大数据产业发展的行动计划和发展规划,并开始构建包含大数据资源、大数据技术和大数据应用在内的大数据产业生态系统。

为整合资源,推动大数据产业发展,广州、贵阳、南昌等 50 余个城市在中国大数据产业峰会暨中国电子商务创新发展峰会上共同发起成立中国城市大数据产业发展联盟。中国城市大数据产业发展联盟,整合多方资源,将联合各城市协同创新,通过研讨交流、推广应用、标准研制、人才培养、业务合作等工作,服务大数据生态建设,协助制定大数据各领域的发展政策,助力大数据生态系统创新,推进深度合作。同时,还将构建政策标准讨论平台,积极推动大数据领域产业政策、标准研究及大数据产业发展等工作。

1.1.3　大数据技术生态体系

大数据技术生态体系总共分为六层:数据来源层、数据传输层、数据存储层、资源管理层、数据计算层、任务调度层。具体如图 1-2 所示。

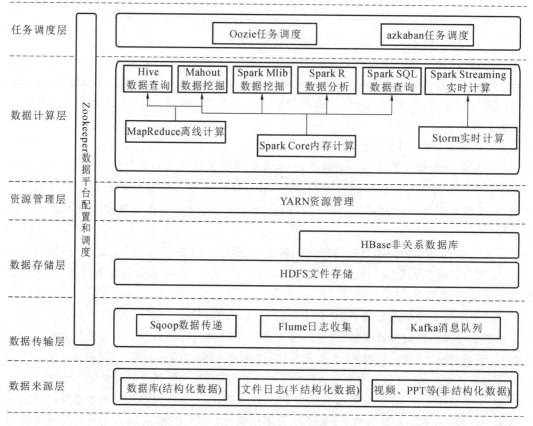

图 1-2　大数据技术生态体系

接下来将对该体系进行分析。

(1)数据来源层　应用大数据技术,首先是获取数据(数据来源层),然后是接收数据(数据传输层)。

(2)数据传输层　所获取的数据包括结构化数据、半结构化数据、非结构化数据三种,不同类型的数据有不同的接收工具,如图 1-3 所示。

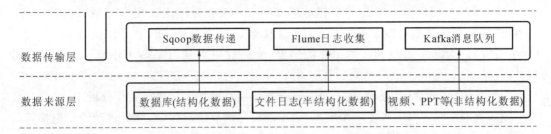

图 1-3　不同类型的数据对应不同的接收工具

（3）数据存储层　接收的数据存储在 HDFS 或 HBase 数据库中。HBase 的特点是按列存储，检索快；Hadoop/ HDFS 为 HBase 提供了高可靠性的底层存储支持。

HDFS 被设计成适合运行在通用硬件（commodity hardware）上的分布式文件系统。它和现有的分布式文件系统有很多共同点，同时它和其他的分布式文件系统的区别也很明显。HDFS 是一个具有高度容错性的系统，适合部署在廉价的机器上。HDFS 能提供高吞吐量的数据访问能力，非常适合应用于大规模数据集。HDFS 放宽了一部分可移植操作系统接口（POSIX）约束，以实现流式读取文件系统数据的目的。HDFS 在最开始是作为 Apache Nutch 搜索引擎项目的基础架构而开发的。HDFS 是 Hadoop Core 项目的一部分。

HBase 是一个分布式的、面向列的开源数据库，HBase 技术来源于 Fay Chang 等人所撰写的论文《Bigtable：一个结构化数据的分布式存储系统》。就像 Bigtable 利用了 Google 文件系统所提供的分布式数据存储功能一样，HBase 在 Hadoop 之上提供了类似于 Bigtable 的能力。HBase 是 Apache 的 Hadoop 项目的子项目，不同于一般的关系数据库，它是一个适合于存储非结构化数据的数据库，采用了基于列的存储模式而不是基于行的存储模式。

（4）资源管理层　在资源管理层，YARN 资源管理器相当于计算机的操作系统，向用户提供资源调度功能。

YARN（yet another resource negotiator，另一种资源协调者）是一种新的 Hadoop 资源管理器，它是一个通用资源管理系统，可为上层应用提供统一的资源管理和调度功能，其引入为集群在利用率、资源统一管理和数据共享等方面的应用带来了巨大好处。

（5）数据计算层　从图 1-2 中可以看出，数据计算层左侧属于离线数据处理，右侧属于实时数据处理。

离线数据又分为两类，基于 MapReduce（磁盘计算）的离线数据和基于 Spark Core（内存计算）的离线数据。前者在断电后不会丢失，而后者在断电后会丢失。Spark Core 比 MapReduce 的计算速度快。

MapReduce 是一种编程模型，用于大规模（大于 1 TB）数据集的并行运算。"Map"（映射）和"Reduce"（归约）是 MapReduce 的主要思想，它们都基于函数式编程语言及矢量编程语言。MapReduce 极大地方便了编程人员，使得编程人员可以在不会分布式并行编程的情况下，使自己的程序在分布式系统上运行。当前的软件实现方法是：指定一个 Map（映射）函数，用来把一组键值对映射成一组新的键值对；指定并发的 Reduce 函数，用来保证所有映射的键值对共享相同的键组。

大数据技术生态体系中的最上一层是任务调度层。azkaban 系统主要应用于 Hadoop 生态圈的任务调度。在实际使用过程中，也主要是用来做 Hadoop 相关任务的调度，其他任务的调度暂时还没有进行相关实践。

Oozie 是管理 Hadoop 作业的工作流调度系统,其中工作流表现为一系列的操作图。Oozie 的协调作业是通过时间(频率)及有效数据触发当前的 Oozie 工作流程来实现的。Oozie 是针对 Hadoop 开发的开源工作流引擎,专门针对大规模复杂工作流程和数据管道设计。

为更具体地说明以上流程,接下来以推荐系统项目框架为例进行实例分析。

假如我们在淘宝网上买了一个键盘,会发现买完键盘的时候,系统会自动给我们推荐鼠标、显示器等相关商品。图 1-4 便是基于这一实例的数据框架实现。

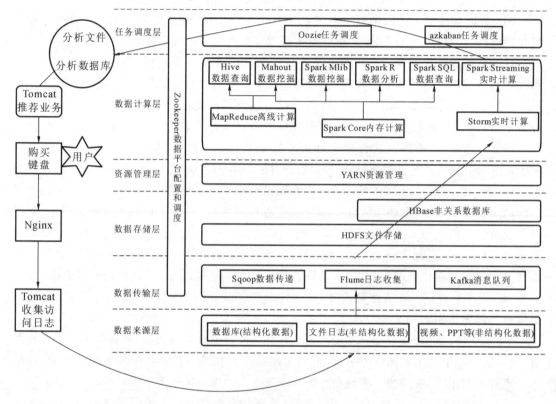

图 1-4　推荐系统项目框架

具体的数据流及计算流程:键盘购买完成后,通过 Nginx 来让 Tomcat 收集日志,然后通过数据系统将日志存储到 HDFS 或 HBase 中。由于这是实时过程,所以进行 Storm 实时计算。通过计算可以得出结论,即大多数买过键盘的人同时还买过鼠标、显示器等物品。再将分析得到的结果传递到 Tomcat 推荐业务服务器,最后将结果推送给客户。

1.2　数据的类型

计算机信息化系统中的数据主要分为结构化数据、非结构化数据、半结构化数据。

1. 结构化数据

结构化数据是行数据,存储在数据库里,可以用二维表结构来进行逻辑表达,如表 1-1 所示。

表 1-1　结构化数据

大小	房间	...	价格
2014	3		400
1600	3		330
2400	3		369
⋮	⋮	⋮	⋮
3000	4		540
用户年龄	编号	...	点击行为
41	93242		1
80	93287		0
18	87312		1
⋮	⋮		
27	71244		1

可以清楚地看到,结构化数据能够形式化存储在数据库中,每一列都有具体的含义。

2. 非结构化数据

非结构化数据包括所有格式的办公文档、文本、图片、XML 文件、HTML 文件、各类报表、图像和音频/视频信息等等,如图 1-5 所示。

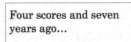

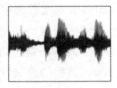

　　(a) 文本　　　　　　　(b) 图片　　　　　　　(c) 音频

图 1-5　非结构化数据

非结构数据与结构化数据相比较而言,更难以被计算机理解。

3. 半结构化数据

半结构化数据可以视为结构化数据的另一种形式,它并不采用以关系数据库或其他数据表的形式关联起来的数据模型结构,但包含相关标记,用来分隔语义元素以及对记录和字段进行分层。因此,它的结构也被称为自描述的结构。

半结构化数据属于同一类实体,可以有不同的属性,这些属性的顺序并不重要。常见的半结构化数据有 XML 文件数据和 JSON 文件数据。假设描述人物属性的两个 XML 文件,第一个可能为:

```
<person>
    <name>A</name>
    <age>13</age>
    <gender>female</gender>
</person>
```

第二个可能为:

```
<person>
    <name>B</name>
    <gender>male</gender>
</person>
```

1.3　大数据的特点

大数据指无法在一定时间范围内用常规软件工具进行捕捉、管理和处理的数据集合,是需要采用新处理模式才能实现更强的决策力、洞察力和流程优化能力的海量、高增长率和多样化的信息资产。

IBM 公司提出了大数据的"5V"特点:

(1) Volume:指数据量大,包括采集、存储和计算的量都非常大。大数据的起始计量单位通常是 PB、EB 或 ZB。

(2) Variety:指数据种类和来源多样,包括结构化、半结构化和非结构化数据,具体表现为网络日志、音频、视频、图片、地理位置信息等等。多类型的数据对计算机系统的数据处理能力提出了更高的要求。

(3) Value:数据价值密度相对较低。互联网以及物联网的广泛应用,使得信息感知无处不在,从而产生了海量数据,但要获得有价值的数据却如浪里淘沙。如何结合业务逻辑并通过强大的机器算法来挖掘数据价值,是大数据时代最需要解决的问题。

(4) Velocity:数据增长速度快,要求数据处理速度也快,同时要求高时效性。比如搜索引擎要求几分钟前的新闻能够被用户查询到,这就需要采用个性化推荐算法,尽可能实时完成推荐。这也是大数据挖掘区别于传统数据挖掘的显著特征。

(5) Veracity:数据的准确性和可信赖度低,即数据的质量差。

大数据的多源异构、规模巨大、快速多变等特性,使得大数据计算不能像小样本数据集那样依赖于对全局数据的统计分析和迭代计算,传统的计算方法已不能有效支持大数据的处理、分析和计算。因此,研究面向大数据的新型高效计算范式,提供处理和分析大数据的基本方法,支持价值驱动的特定领域应用,是大数据计算的核心问题。另外,大数据体量大,内在联系密切而复杂,价值密度分布不均衡,要研究大数据背景下以数据为中心的计算模式,突破机器式计算,构建以数据为中心的推送式计算模式。

冗余和噪声数据不仅会造成大量的存储耗费,降低学习算法运行效率,而且还会影响学习精度,因此我们更倾向于依据一定的性能标准(如样本的分布、拓扑结构及分类精度等),选择代表性样本形成原样本空间的一个子集,之后在这个子集上构造学习方法,完成学习任务。这样能在不降低甚至提高某方面性能的基础上,最大限度地降低时间空间的耗费。

1.4　大数据的获取技术

大数据是指包括 RFID 数据、传感器数据、社交网络交互数据及移动互联网数据等在内的各种类型的结构化、半结构化和非结构化数据,是大数据知识服务模式的根本。在大数据获取技术的研究方面,重点是要突破分布式高速高可靠数据爬取或采集、高速数据全映像等大数据收集技术,突破高速数据解析、转换与装载等大数据整合技术,设计质量评估模型,开发数据质量评估技术。

大数据采集系统一般分为大数据智能感知层、基础支撑层。

(1) 大数据智能感知层主要包括数据传感体系、网络通信体系、传感适配体系、智能识别体系及软硬件资源接入系统,用于实现对结构化、半结构化、非结构化数据的智能识别、定位、跟踪、接入、传输、转换、监控、初步处理和管理等。对于大数据智能感知层,必须着重研究针对大数据源的智能识别、感知、适配、传输、接入等技术。

(2) 基础支撑层用于提供大数据服务平台所需的虚拟服务器,结构化、半结构化及非结构化数据的数据库及物联网络资源等基础支撑环境。对于基础支撑层,重点要研究分布式虚拟存储技术,大数据获取、存储、组织、分析和决策操作的可视化接口技术,大数据的网络传输与压缩技术,大数据隐私保护技术等。

根据数据产生方式的不同,大数据采集系统主要分为以下三类。

1) 日志采集系统

许多公司的业务平台每天都会产生大量的日志数据。根据这些日志数据,我们可以得出很多有价值的信息。通过对这些日志数据进行采集、收集,然后进行数据分析,挖掘公司业务平台日志数据中的潜在价值,可以为公司决策和公司后台服务器平台性能评估提供可靠的数据保证。日志采集系统要收集日志数据,并提供离线和在线的实时分析使用功能。目前常用的开源日志采集系统有 Flume、Scribe 等。Flume 是一个分布式、可靠、可用的应用软件,用于高效地收集、聚合和移动大量的日志数据,它具有基于流式数据的简单灵活的架构。基于其可靠性机制、故障转移和恢复机制,Flume 具有强大的容错能力。Scribe 是 Facebook 开源的日志采集系统。Scribe 实际上是一个分布式队列系统,它可以从各种数据源上收集日志数据,然后放入其共享队列中。Scribe 可以接收 thrift 客户端发送过来的数据,将其放入消息队列中,然后通过消息队列将数据推送到分布式存储系统中,并且由分布式存储系统提供可靠的容错性能。如果最后的分布式存储系统崩溃,Scribe 中的消息队列还可以提供容错能力,它会将日志数据写到本地磁盘中。Scribe 支持持久化的消息队列,来提供日志收集系统的容错能力。

2) 网络数据采集系统

网络数据采集系统通过网络爬虫和一些网站平台提供的公共应用程序接口(API,如 Twitter 和新浪微博 API)等从网站上获取数据,这样就可以将非结构化和半结构化的网页数据从网页中提取出来,并通过提取、清洗等操作将其转换成结构化的数据,最后统一存储为本地文件数据。目前常用的网页爬虫系统有 Apache Nutch、Crawler4j、Scrapy 等。Apache Nutch 是一个高度可扩展和可伸缩的分布式爬虫框架。Apache 通过分布式系统抓取网页数据,并且由 Hadoop 支持,通过提交 MapReduce 任务来抓取网页数据,并可以将网页数据存储在 HDFS 中。Nutch 可以进行分布式多任务数据爬取、存储和索引。由于多个机器并行做爬取任务,可充分利用机器的计算资源和存储能力,大大提高系统爬取数据能力。Crawler4j、Scrapy 都是爬虫框架,可提供便利的爬虫接口。开发人员只需要关心爬虫接口的实现,不需要关心具体框架怎么爬取数据。Crawler4j、Scrapy 框架大大提高了开发人员的开发速率,使开发人员可以很快地完成一个爬虫系统的开发。

3) 数据库采集系统

一些企业会使用传统的关系数据库 MySQL 和 Oracle 等来存储数据。除此之外,Redis 和 MongoDB 这样的 NoSQL 数据库也常用于数据的采集。数据库采集系统直接与企业业务后台服务器结合,将企业业务后台产生的大量业务记录写入数据库,最后由特定的处理分系统进行系统分析。

Hive 和 Transform 是目前主流的大数据采集系统。Hive 是 Facebook 团队开发的一个可以支持 PB 级的可伸缩的数据仓库工具。这是一个建立在 Hadoop 之上的开源数据仓库解决方案。Hive 支持使用类似 SQL 的声明性语言(HiveQL)表示的查询,这些语言被编译为使用 Hadoop 执行的 MapReduce 作业。另外,HiveQL 使用户可以将自定义的 map-reduce 脚本插入查询程序。该语言支持基本数据类型、类似数组和 Map 的集合以及嵌套组合。Hive 降低了不熟悉 Hadoop MapReduce 接口的用户的学习门槛,提供了一些简单的 HiveQL 语句,用于对数据仓库中的数据进行简要分析与计算。

1.5　大数据实战:用网络爬虫抓取京东商品评论大数据

国内电商平台如京东、天猫等积累了大量的评论数据,无法通过官方渠道获取,网络爬虫是一种有效的数据获取工具。

用网络爬虫抓取京东商品评论大数据的步骤如下。

(1) 选择一个想要爬取的商品(这里选取 iPbone8 手机)并打开其销售页面(见图 1-6)。

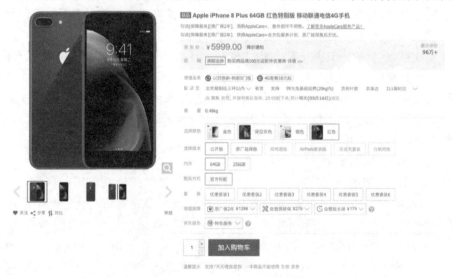

图 1-6　iPhone8 商品销售页面

(2) 打开商品评论的存储网页,右击网页,点击查看网页源代码,这时候浏览器中会出现京东网页的代码。在页面上点击"检查",打开 network 面板,将选中"disable cache",若主要查找 js 网页,则选中该 js 网页名,刷新网页,嵌套的网页将全部显示出来,在过滤器中输入"product",如图 1-7 所示。

(3) 找到要爬取的网页后,复制"Request URL"后的地址并在地址栏中打开。网页打开后即显示所需爬取的内容,即产品评论信息,以 json 的格式存储。

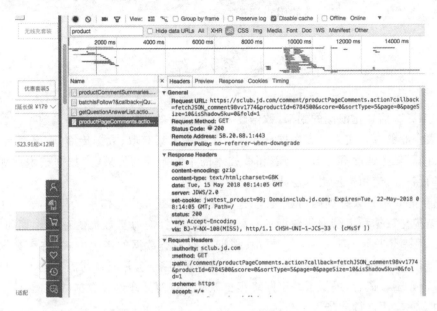

图 1-7　获取评论的地址

（4）用 Python 编程技术进行数据爬取，获取评论信息的代码如图 1-8 所示。

```python
# -*- coding:utf-8 -*-
import urllib.request
import json
import time
import random
defcrawlProductComment(url):
    # 读取原始数据（注意选择 gbk 编码方式）
    html=urllib.request.urlopen(url).read().decode('gbk')
    # 从原始数据中提取出 JSON 格式数据（分别以'{'和'}'作为开始和结束标志）
jsondata=html[27:-2]
    data=json.loads(jsondata)
    # 遍历商品评论列表
    comments=data['comments']
    return comments
data=[]
for i in range(0,350):
    # 商品评论链接，通过更改 page 参数的值来循环读取多页评论信息
url='https:// sclub.jd.com/comment/productPageComments.action? callback=fetchJSON_
comment98vv89597&productId=5001175&score=0&sortType=5&page='+str(i)+'&pageSize=
10&isShadowSku=0&fold=1'
    comments=crawlProductComment(url)
data.extend(comments)
    # 设置休眠时间
time.sleep(random.randint(31,33) )
    print('-------',i)
with open('xiaomi_note_3.json','w')as f:
json.dump(data,f)
```

图 1-8　获取评论信息的代码

通过执行代码,可获得商品的用户评论内容。

本 章 小 结

随着第三次信息化浪潮的到来,数据逐渐成为企业的竞争资源,对海量数据的综合利用能力,代表企业的综合实力。大数据技术涉及数据的采集获取、数据传输、数据存储、资源管理、数据计算、任务调度等环节。随着相关技术的不断研究与发展,大数据技术愈加广泛地应用于各行各业,应用价值也日益凸显。

本章首先介绍了大数据的商业模式、技术支撑及其技术生态体系。其次,介绍了结构化数据、非结构化数据和半结构化数据三种数据类型,并针对海量数据的存储计算问题,对大数据的"5V"特点进行了简要介绍。再次,根据不同种类数据的产生方式,将大数据采集系统分为日志采集系统、网络数据采集系统和数据库采集系统,并就目前流行的大数据采集分析技术进行介绍。最后,提供了基于网络爬虫抓取京东商品评论大数据的实例,以便读者对大数据的实际应用进行初步了解与认识。

习　　题

1. 简述大数据的定义和几大特性。
2. 大数据现象是怎样形成的?
3. 简述大数据的技术支撑。
4. 大数据有哪些类型,分别具有哪些特点?
5. 大数据有哪些获取技术?
6. 简述 MapReduce 和 Hadoop 的关系。
7. 试述 Map 函数和 Reduce 函数的输入、输出及处理过程。
8. Hadoop 有哪些局限与不足?
9. HDFS 和 HBase 必须安装在同一台服务器上吗?
10. 简述大数据工具 HDFS 和 HBase 的联系和区别。

第 2 章 大数据的软硬件架构

2.1 大数据技术基础与软硬件设施概述

2.1.1 大数据技术基础

大数据平台可以分为硬件平台和软件平台。

硬件平台一般如 Open Stack、Amazon 云平台、阿里云计算平台等,其核心功能是虚拟化,即把多台机器或一台机器虚拟成一个资源池,然后供成千上万人使用,用户各自租用相应的资源服务等。而软件平台则包括 Hadoop、MapReduce、Spark 等,也可以狭义理解为 Hadoop 生态圈,其功能是把多个节点资源(可以是虚拟节点资源)进行整合,作为一个集群对外提供存储和运算分析服务。

Hadoop 在业内得到了广泛的应用,几乎成为了大数据的代名词。Hadoop 生态圈中的大数据平台大概可以分为三种。

(1) Apache Hadoop 它是原生开源 Hadoop,用户可以直接访问该平台或更改其代码。它是完全分布式的,配置内容包含用户权限、访问控制策略等,再加上多种生态系统软件支持,比较复杂。该版本的 Hadoop 软件比较适合学习并理解顶层细节或 Hadoop 详细配置、优化等。

(2) Hadoop Distribution 它是 Hadoop 发行版,该版本简化了用户的操作以及开发任务,可以实现一键部署等,而且有配套的开发生态圈,如业内广泛使用的 HDP、CDH、MapR 等平台。CDH 是最成熟的发行版本,拥有众多的部署案例。HDP 是开源 Apache Hadoop 的唯一提供商,其开发公司 Hortonworks 开发了很多增强特性,而且 Hortonworks 为入门者提供了一个非常好的、易于使用的沙盒。MapR 支持本地 UNIX 文件系统而不是 HDFS(使用非开源的组件),而且可以使用本地 UXIX 命令来代替 Hadoop 命令,因而具有更好的运行性能和易用性。除此以外,MapR 还凭借诸如快照、镜像或有状态的故障恢复之类的高可用性特征来与同类平台相区别。当需要一个简单的学习环境时,就可以选用这个版本,当然,企业也可以选择这个版本的收费版,收费版也是有很多软件支持的。

(3) Big Data Suite 它是大数据开发套件,是建立在 Eclipse 之类的集成开关环境(IDE)之上的,其附加的插件极大地方便了大数据应用的开发。用户可以在自己熟悉的开发环境之内创建、构建并部署大数据服务,并且生成所有的代码,从而做到不用编写、调试、分析和优化 MapReduce 代码。大数据套件提供了图形化的工具来为大数据服务进行建模,所有需要的代码都是自动生成的,只需要配置某些参数即可实现复杂的大数据作业。当企业用户需要不同的数据源集成、自动代码生成或大数据作业自动图形化调度功能时,就可以选择使用大数据套件。

2.1.2　大数据软件基础设施

1. Hadoop 简介

Hadoop 是 Apache 软件基金会旗下的一个开源的、可运行于大规模集群上的分布式计算平台,为用户提供了系统底层细节透明的分布式基础架构。Hadoop 是基于 Java 语言开发的,具有很好的跨平台特性。程序员可以在其基础上编写分布式并行程序,将其部署在廉价的计算机集群中,完成海量数据的存储与处理分析。

Hadoop 的核心是分布式文件系统 HDFS(hadoop distributed file system)和 MapReduce。HDFS 是针对谷歌文件系统(Google file system,GFS)的开源实现,是面向普通硬件环境的分布式文件系统,具有较高的读写速度、很好的容错性和可伸缩性,支持大规模数据的分布式存储,其冗余数据存储的方式可很好地保证数据的安全性。Hadoop MapReduce 是针对谷歌 MapReduce 的开源实现,允许用户在不了解分布式系统底层细节的情况下开发并行应用程序,整合分布式文件系统上的数据,并可保证分析和处理数据的高效性。借助于 Hadoop,程序员可以轻松地编写分布式并行程序,将其运行在廉价计算机集群上,完成海量数据的存储与计算。

Hadoop 被公认为行业大数据标准开源软件,在分布式环境下提供了海量数据的处理能力。

2. Hadoop 的发展简史

Hadoop 源自 Apache Lucene 项目的创始人 Doug Cutting 开发的文本搜索库。

2002 年,Apache Nutch(它也是 Lucene 框架的一部分)开发人员遇到了难题:该搜索引擎框架无法扩展应用到拥有数十亿网页的因特网。而恰好在 2003 年,谷歌公司发布了关于其分布式文件系统 GFS 的论文,用于解决大规模数据存储的问题。于是,在 2004 年,Aapche Nutch 项目组模仿 GFS 开发了自己的分布式文件系统,这就是 HDFS 的前身。

2004 年,谷歌公司的另一篇论文阐述了 MapReduce 分布式编程思想。2005 年,Apache Nutch 开源实现了谷歌的 MapReduce。2006 年 2 月,Apache Nutch 中的 HDFS 和 MapReduce 被独立出来,成为 Apache Lucene 项目的一个子项目,称为 Hadoop。2008 年 1 月,Hadoop 正式成为 Apache 顶级项目。同时 Doug Cutting 加盟雅虎,Hadoop 也逐渐开始被雅虎之外的其他公司使用。2008 年 4 月,Hadoop 打破世界纪录,成为最快完成 1 TB 数据排序的系统,它采用一个由 910 个节点构成的集群进行运算,排序时间只用了 209 s。2009 年 5 月,雅虎团队利用 Hadoop 把 1 TB 数据排序时间缩短到 62 s。Hadoop 从此声名大噪,迅速发展成为大数据时代最具影响力的开源分布式开发平台,并成为事实上的大数据处理软件的标准。

3. Hadoop 的特性

Hadoop 是一个能够对大量数据进行分布式处理的软件框架,并且是以一种可靠、高效、可伸缩的方式进行数据处理的,它具有以下几个方面的特性。

（1）高可靠性。采用冗余数据存储方式，即使一个副本发生故障，其他副本也可以保证正常对外提供服务。

（2）高效性。作为并行分布式计算平台，Hadoop 采用分布式存储和分布式处理两大核心技术，能够高效地处理 PB 级数据。

（3）高可扩展性。Hadoop 的设计目标是可以高效稳定地运行在廉价的计算机集群上，可以扩展到数以千计的计算机节点上。

（4）高容错性。采用冗余数据存储方式，能够自动保存数据的多个副本，并且能够自动对失败的任务进行重新分配。

（5）成本低。Hadoop 采用廉价的计算机集群，成本比较低，普通用户也很容易用个人计算机搭建 Hadoop 运行环境。

（6）运行在 Linux 平台上。Hadoop 基于 Java 语言开发，运行于 Linux 平台上，同时也支持多种编程语言，如 C++。

4. Hadoop 的应用现状

目前，Hadoop 已经在多个领域得到了广泛的应用，而互联网领域是其应用的主阵地。

2007 年，雅虎公司在其 Sunnyvale 总部建立了一个包含 4000 个处理器、1.5 PB 容量的 Hadoop 集群系统。此后，卡耐基梅隆大学、加州大学伯克利分校、斯坦福大学、华盛顿大学、密歇根大学、普渡大学等 12 所大学加入该集群系统的研究，推动了开放平台下的开放源代码发布。之后，雅虎公司建立了全球最大的 Hadoop 集群，其有大约 25000 个节点，主要用于支持广告系统与网页搜索。

Facebook 作为全球知名的社交网站，拥有超过 3 亿的活跃用户，其中，约有 3000 万用户至少每天更新一次自己的状态；用户每月总共上传 10 亿余张照片、1000 万个视频，每周共享 10 亿条内容，包括日志、链接、新闻、微博等。因此，Facebook 需要存储和处理的数据量同样是非常巨大的，每天新增加 4 TB 压缩后的数据；扫描 135 TB 大小的数据，在集群上执行 Hive 任务超过 7500 次，每小时需要进行 8 万次计算。Facebook 主要将 Hadoop 平台用于日志处理，以及用在推荐系统和数据仓库等中。

国内最早采用 Hadoop 的公司包括百度、阿里巴巴、网易、华为、中国移动等，其中，阿里巴巴旗下的淘宝网的 Hadoop 集群比较大。据悉，淘宝 Hadoop 集群拥有 2860 个节点，其总存储容量达到 50 PB，实际使用容量超过 40 PB，日均作业数高达 15 万，服务于阿里巴巴集团各部门。数据来源于各部门产品的线上数据库（Oracle、MySQL）备份、系统日志以及网络爬虫，在 Hadoop 集群上每天运行着多种 MapReduce 任务，如数据魔方、量子统计、推荐系统、排行榜等。

作为全球最大的中文搜索引擎公司，百度对海量数据的存储和处理要求非常高。因此，百度部署 Hadoop，主要用于日志的存储和统计、网页数据的分析和挖掘、商业分析、在线数据反馈、网页聚类等。百度目前拥有三个 Hadoop 集群，计算机节点数量在 700 个左右，并且规模还在不断增加中，每天运行的 MapReduce 任务在 3000 个左右，处理数据约 120 TB。

华为公司是 Hadoop 的使用者，也是 Hadoop 技术的重要推动者。

5. Hadoop 的版本

Hadoop 有两代，第一代 Hadoop 为 Hadoop1.0，第二代 Hadoop 为 Hadoop2.0。Hadoop1.0 包含 0.20.x、0.21.x 和 0.22.x 三大版本，其中，0.20.x 最后演化成 1.0.x，成为稳定版。其后的 0.21.x 和 0.22.x 主要增加了 HDFS 等重要的组成部分。Hadoop2.0 包含

0.23.x和2.x两大版本,它们完全不同于Hadoop1.0,是一套全新的架构,均包含HDFS Federation和YARN两个系统。

除了免费开源的Apache Hadoop以外,还有一些商业公司推出了Hadoop的发行版。2008年,Cloudera成为第一个Hadoop商业化公司,并在2009年推出了第一个Hadoop发行版。此后,很多大公司也加入了开发商业化Hadoop软件的行列,比如MapR、Hortonworks、星环等公司。一般而言,商业化公司推出的Hadoop发行版也是以Apache Hadoop为基础的,但是免费的开源版本比商业化公司推出的版本具有更好的易用性、更多的功能以及更高的性能。

2.1.3　大数据硬件基础设施

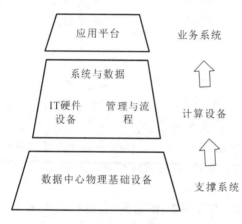

图2-1　数据中心的逻辑构成

传统大数据中心采用"烟囱式"的资源配置模式,存在硬件资源耦合过于紧密、自动化程度低、存储设备直接连接不便等一系列问题,无法有效承载大数据等业务。因此,基于云计算技术的新一代数据中心应运而生。

数据中心在逻辑上包括硬件和软件。硬件是指数据中心的基础设施,包括支撑系统和计算设备等。图2-1所示为数据中心的逻辑构成。

对进行大数据处理的信息系统而言,数据中心好像系统的心脏,网络好像系统的血管,数据中心通过网络向企业和公众提供数据处理服务。具体来说,服务器作为数据中心业务处理的主要载体,同时与数据中心的其他设备如计算设备、存储设备和网络设备相连,是数据中心的核心组件。除此以外,数据中心还包括防火墙等安全设备,它们为数据中心的安全隔离、安全接入提供了保障。

数据中心的硬件架构,通过融合技术可以降低成本、降低管理复杂度、提高安全性等。支持网络融合的关键技术主要有以太网光纤通道(FCoE)技术、数据中心桥接(DCB)技术以及多链接透明互联(TRILL)技术等。以太网光纤通道,通过在以太网上传输光纤总线(FC)数据,从而实现输入/输出(I/O)接口整合,降低了数据中心的复杂性。数据中心桥接是数据中心内部网络融合的关键技术,其核心是将以太网发展成为拥有堵塞管理和流量控制功能的低时延、不丢弃数据包的传输技术,从而拥有以太网的低成本、可扩展特性和光纤总线的可靠性。

2.2　大数据存储与管理技术

2.2.1　NoSQL

传统的关系数据库以关系代数为理论基础,具有高效的查询处理引擎和完善的事务管理机制,能够很好地满足各类商业公司的业务数据管理需求,因此一直占据商业数据库应用的主流位置。关系数据库的事务机制具有原子性(atomicity)、一致性(consistency)、隔离性(isolation)、持久性(durability)等四性(简称 ACID 四性)。有了事务机制,数据库中的各种操作可以保证数据修改一致性。关系数据库还拥有非常高效的查询处理引擎,可以对查询语句进行语法分析和性能优化,保证查询的高效执行。但是,在 Web 2.0 时代,关系数据库在传统业务中所表现出来的这些关键特性,在大数据应用中变得无关紧要。同时,在大数据的背景下,各种类型的非结构化数据的大规模存储需求,使得关系数据库的弱点(如数据模型不灵活、水平扩展能力较差等)被放大。由此,在新的应用需求驱动下,各种新型的 NoSQL 数据库应运而生。

1. NoSQL 兴起的原因

关系数据库具有规范的行和列结构,因此其存储的数据被称为"结构化数据"。用来查询和操作关系数据库的语言称为结构化查询语言(structural query language,SQL)。目前主流的关系数据库有 Oracle、SQL Server、DB2、MySQL、Sybase 等。随着 Web 2.0 技术的兴起和大数据时代的到来,关系数据库暴露出众多难以克服的缺陷,主要体现在以下三个方面。

1) 无法满足海量数据的管理需求

在 Web 2.0 时代,每个用户都是信息的发布者,用户的各类网络行为都在产生大量数据。据统计,在 1 min 内,新浪微博可以发送 2 万条微博,苹果应用商店可以下载 4.7 万次应用,淘宝网可以卖出 6 万件商品,百度搜索引擎可以进行 90 万次搜索查询。一个网站在极短时间内就可以产生过亿条记录。在有过亿条记录的关系数据库中进行 SQL 查询,效率将低至不可忍受。

2) 无法满足数据高并发的需求

传统网站设计采用动态页面静态化技术,浏览者通过事先访问数据库生成静态页面,从而保证在大规模访问时,也能够获得较好的实时响应性能。但是,在 Web 2.0 时代,用户购物记录、搜索记录、微博粉丝数等信息需要实时更新,这就会导致高并发的数据库访问,可能产生每秒上万次的读写请求,这对于很多关系数据库而言是十分繁重的负荷。

3) 无法满足高可扩展性和高可用性的需求

在 Web 2.0 时代,突发的热点新闻或者爆炸性的社会事件,会在短时间内引来大量用户在社交媒体上的大量信息交流互动,导致数据库读写负荷急剧增加,数据库需要在短时间内迅速提升性能以应对突发需求。但是,关系数据库通常是难以水平扩展的,没有办法像应用服务器那样,简单地通过添加更多的硬件和服务节点来扩展性能和负载能力。

在弱点被放大的同时,关系数据库的关键特性(包括完善的事务机制和高效的查询机制)也无从发挥。

综上所述,关系数据库能很好地满足传统企业的数据管理需求。但是随着 Web 2.0 时代的到来,各类网站的数据管理需求已经与传统企业大不相同,在这种新的应用背景下,关系数据库难以满足新时期的要求,于是 NoSQL 数据库应运而生。

2. NoSQL 简介

NoSQL 数据库采用了不同于关系数据库的数据库管理系统设计方式,其数据模型是非关系模型。NoSQL 数据库没有固定的表结构,通常也不存在连接操作,也没有严格遵守 ACID 约束。因此,与关系数据库相比,NoSQL 具有灵活的水平可扩展性,可以支持海量数据的存储。此外,NoSQL 数据库支持 MapReduce 风格的编程,可以较好地用于大数据时代各种数据的管理。

当应用场合要求数据模型简单、IT 系统灵活、数据库性能较高,同时对数据库一致性的要求较低时,NoSQL 数据库是一个很好的选择。NoSQL 数据库通常具有以下三个特点。

1) 灵活的可扩展性

传统的关系数据库一般很难实现横向扩展,当数据库负载大规模增加时,需要通过升级硬件来实现纵向扩展。但是,当前的计算机硬件性能提升的速度已开始趋缓,硬件性能提升速度远远赶不上数据库系统负载的增加速度,而且配置高端的高性能服务器价格不菲,因此通过纵向扩展满足实际业务需求,已经变得越来越不经济。相反,横向扩展仅需要普通廉价的标准化服务器,不仅具有较高的性价比,也提供了理论上近乎无限的扩展空间。NoSQL数据库在设计之初就考虑了横向扩展的需求,因此天生具备良好的水平扩展能力。

2) 灵活的数据模型

关系模型是关系数据库的基石,它以完备的关系代数理论为基础,具有规范的定义,遵守各种严格的约束条件。这种做法虽然保证了业务系统对数据一致性的需求,但是过于死板的数据模型,也意味着无法满足各种新兴的业务需求。相反,NoSQL 数据库在产生之初就摆脱了关系数据库的各种束缚条件,摈弃了流行多年的关系数据模型,转而采用键/值、列族等非关系模型,允许在一个数据元素里存储不同类型的数据。

3) 与云计算紧密融合

云计算环境具有很好的水平扩展能力,可以根据资源使用情况进行自由伸缩,各种资源可以动态加入或退出云计算环境。NoSQL 数据库可以凭借自身良好的横向扩展能力,充分自由利用云计算基础设施,很好地融入云计算环境,构建基于 NoSQL 的云数据库服务。

3. NoSQL 与关系数据库的比较

如前所述,关系数据库的核心优势在于以完善的关系代数理论作为基础,有严格的标准,支持事务机制 ACID 四性,借助索引机制可以实现高效的查询;其劣势在于可扩展性较差,无法较好地支持海量数据存储,数据模型过于死板,无法较好地支持 Web 2.0 应用,事务机制影响了系统的整体性能等。NoSQL 数据库的明显优势在于可以支持超大规模数据存储,灵活的数据模型可以很好地支持 Web 2.0 应用,具有强大的横向扩展能力等;其劣势在于缺乏数学理论基础,复杂查询性能不高,一般都不能实现事务强一致性,很难实现数据完整性,同时,其技术尚不成熟,而且缺乏专业团队的技术支持,维护较困难。关系数据库与NoSQL 的比较如表 2-1 所示。

表 2-1　关系数据库与 NoSQL 的比较

比较项目	关系数据库	NoSQL
数据库原理	完全支持,有关系代数理论作为基础	部分支持,没有统一的理论基础
数据规模	很难实现横向扩展,纵向扩展的空间也比较有限,性能会随着数据规模的增大而降低	在设计之初就考虑了横向扩展的需要,可以容易地通过添加更多设备来支持更大规模的数据
数据库模式	需要定义数据库模式,严格遵守数据定义和相关约束条件	不存在数据库模式,可以自由、灵活地定义并存储各种不同类型的数据
查询效率	借助于索引机制可以实现快速查询	可以实现高效的简单查询,但是没有面向复杂查询的索引。虽然 NoSQL 可以使用 MapReduce 来加速查询,但复杂查询的性能不如关系数据库

续表

比较项目	关系数据库	NoSQL
一致性	严格遵守事务机制 ACID 四性	很多 NoSQL 数据库放松了对事务机制 ACID 四性的要求,而只符合 BASE 模型,只能保证最终一致性
数据完整性	容易实现,如通过主键或非空约束来实现实体完整性,通过主键、外键来实现参照完整性,通过约束或者触发器来实现用户自定义完整性	很难实现
可用性	在任何时候都以保证数据一致性为优先目标,其次才是优化系统性能。随着数据规模的增大,关系数据库为了保证严格的一致性,只能提供相对较弱的可用性	大多数 NoSQL 都能提供较高的可用性
标准化	已经标准化	还没有行业标准,不同的 NoSQL 数据库都有各自的查询语言,很难规范应用程序接口

在一些特定应用领域,关系数据库的地位和作用仍然无法被取代,银行、超市等领域的业务系统仍然需要高度依赖于关系数据库来保证数据的一致性。此外,对于一些复杂查询分析型应用,基于关系数据库的数据仓库产品仍然可以比 NoSQL 数据库具有更好的性能。对于 NoSQL 数据库,Web 2.0 领域是未来的主战场,Web 2.0 网站系统对数据一致性要求不高,但是对数据量和并发读写要求较高,NoSQL 数据库可以很好地满足这些需求。

通过对关系数据库和 NoSQL 数据库的对比可以看出,二者各有优劣。在实际应用中,二者针对各自的目标用户群体和市场空间,不存在完全取代的问题。在实际应用中,一些公司也会采用混合的方式构建数据库,比如亚马逊公司就使用不同类型的数据库来支撑它的电子商务应用。对于"购物篮中的商品"这种临时性数据,采用键值存储会更加高效,而当前的产品和订单信息则适合存放在关系数据库中,大量的历史订单信息则保存在类似 MongoDB 的文档数据库中。

4. NoSQL 的四大类型

近些年,NoSQL 数据库(http://nosql-database.org)发展势头非常迅猛。比较常见的 NoSQL 数据库包括 Riak、MongoDB、Apache CouchDB、Neo4j 和 Redis 等。NoSQL 数据库一般划分为键值数据库、列族数据库、文档数据库和图数据库,如图 2-2 所示。

1) 键值数据库

键值数据库(key-value database)使用了哈希表,这种表中有一个特定的键和一个指向特定的值的指针。键可以用来定位值,即存储和检索具体的值。值对数据库是透明不可见的,不能对值进行索引和查询,只能通过键进行查询。值可以用来存储任意类型的数据,包括整型数据、字符型数据、数组、对象等。在存在大量写操作的情况下,键值数据库具有比关系数据库更好的性能。这是因为,关系数据库需要建立索引来加速查询,当存在大量写操作时,索引会频繁更新,由此会产生高昂的索引维护代价。关系数据库通常很难水平扩展,但是键值数据库具有良好的伸缩性,理论上几乎可以实现数据量的无限扩容。键值数据库可以进一步划分为内存键值数据库(数据保存在内存中,如 Memcached、Redis 数据库)和持久化键值数据库(数据保存在磁盘中,如 Berkeley DB 数据库、Riak 数据库)。

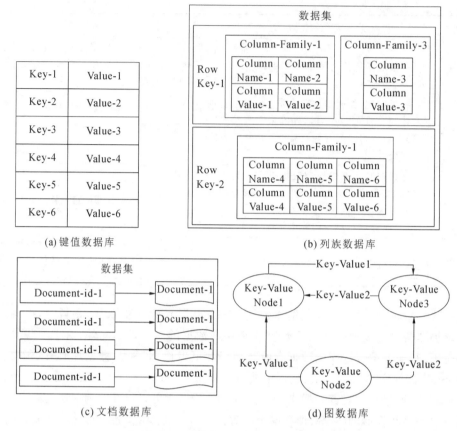

图 2-2　不同类型的 NoSQL 数据库

键值数据库的局限性主要体现在条件查询方面，如果只对部分值进行查询或更新，效率就会比较低下。此外，键值数据库在发生故障时不支持回滚操作，因此无法支持事务。

2）列族数据库

列族数据库由多个数据行构成，每行数据包含多个列族，不同的行可以具有不同数量的列族，属于同一列族的数据会被存放在一起。每行数据通过行键进行定位，与这个行键对应的是一个列族。列族可以被配置成支持不同类型的访问模式，一个列族也可以被设置成放入内存当中，以消耗内存为代价来换取更好的响应性能。

3）文档数据库

在文档数据库中，文档是数据库的最小单位。虽然每一种文档数据库的部署都各不同，但都假定文档以某种标准化格式封装，同时用多种格式进行解码，包括 XML、YAML、JSON 和 BSON 等，或者使用二进制格式（如 PDF、微软 Office 文档等）。文档数据库通过键来定位一个文档，因此可以看成是键值数据库的一个衍生品，而且前者比后者具有更高的查询效率。对于那些可以把输入数据表示成文档的应用而言，文档数据库是非常合适的。一个文档可以包含非常复杂的数据结构，如嵌套对象，并且不需要采用特定的数据模型，每个文档可能具有完全不同的结构。文档数据库既可以根据键来构建索引，也可以基于文档内容来构建索引。基于文档内容的索引和查询能力是文档数据库不同于键值数据库的地方，因为在键值数据库中，值对数据库而言是透明不可见的，不能根据值来构建索引。

4）图数据库

"图"是图论中的数学概念,用来表示一个对象集合,包括顶点以及连接顶点的边。图数据库使用图作为数据模型来存储数据,可以高效地存储不同顶点之间的关系。图数据库用于处理高度相关的数据,可以高效地处理实体之间的关系,比较适合于社交网络、推荐系统,以及模式识别、依赖分析、路径寻找等问题。有些图数据库(如 Neo4j)完全遵循 ACID 原则。图数据库在图和关系的处理等方面具有很好的性能,但在别的方面性能不如其他 NoSQL 数据库。

不同类型的 NoSQL 数据库的特性比较如表 2-2 所示。

表 2-2　不同类型的 NoSQL 数据库的特性比较

比较项目	键值数据库	列族数据库	文档数据库	图数据库
相关产品	Redis、Riak、Memcached、SimpleDB、Chordless、Scalaris	BigTable、Cassandra、HBase、HadoopDB、GreenPlum	MongoDB、Terrastore、ThruDB、RavenDB、SisoDB、CloudKit	Neo4j、OrientDB、InfoGrid、Hyper GraphDB
优点	扩展性好,灵活性好,进行大量写操作时性能高	查找速度快,可扩展性强,容易进行分布式扩展,复杂性低	性能好,灵活性高,复杂性低,数据结构灵活	灵活性高,支持复杂的图算法,可用于构建复杂的关系图谱
缺点	无法存储结构化信息,条件查询效率较低	功能较少,大都不支持强事务一致性	缺乏统一的查询语法	复杂性高,只能支持一定的数据规模
典型应用	内容缓存,如会话、配置文件、购物车缓存等	分布式数据存储与管理	存储、索引并管理面向文档的数据或者类似的半结构化数据	应用于大量复杂、互连接、低结构化的图结构场合,如社交网络、推荐系统等
应用案例	百度云数据库,GitHub、Best Buy、Twitter、Instagram、YouTube、Wikipedia 数据库	eBay、Instagram、Twitter、Facebook、雅虎数据库	百度云数据库,SAP、Foursquare、NBC News 数据库	Adobe、Cisco、T-Mobile 数据库

2.2.2　HDFS

HDFS 是 Hadoop 项目的两大核心之一。HDFS 是为在廉价的大型服务器集群上的应用而设计的,因此在设计之初就把硬件故障作为一种常态来考虑,在部分硬件发生故障的情况下仍然能够保证文件系统的整体可用性和可靠性。HDFS 放宽了一部分可移植操作系统接口(POSIX)要求,从而实现以流的形式访问文件系统中的数据。HDFS 在访问应用程序数据时可以具有很高的吞吐率,因此对超大数据集的应用程序而言,选择 HDFS 用于底层数据存储是较好的选择。

2.2.3　MapReduce

Hadoop MapReduce 是谷歌 MapReduce 的开源实现。MapReduce 用于大规模(大于 1 TB)数据集的并行运算,它将复杂的、运行于大规模集群上的并行计算过程高度地抽象到了两个函数——Map 函数和 Reduce 函数上,并且允许用户在不了解分布式系统底层细节的情况下开发并行应用程序,并将其运行在廉价计算机集群上,以完成海量数据的处理。通俗地说,MapReduce 的核心思想就是"分而治之",它把输入的数据集切分为若干独立的数据块,分发给一个主节点管理下的各个分节点来共同并行完成;最后,通过整合各个节点的中间结果得到最终结果。

2.2.4　HBase

HBase 是一个提供高可靠性、高性能的可伸缩、实时读写、分布式列式数据库,一般采用 HDFS 作为其底层数据存储系统。HBase 是谷歌 BigTable 的开源实现,二者都采用了相同的数据模型,具有强大的非结构化数据存储能力。HBase 与传统关系数据库的一个重要区别是,前者采用基于列的存储方式,而后者采用基于行的存储方式。HBase 具有良好的横向扩展能力,可以通过不断增加廉价的商用服务器来增加存储能力。

2.2.5　Hive

数据仓库系统在大型企业内部十分常见,随着数据量的迅猛增长,使用关系数据库的传统数据仓库系统已经无法支持海量数据的存储与分析。MapReduce 虽然可以处理海量数据,但其编程模型与传统数据仓库系统差异巨大,系统开发和程序移植难度过高。

Hive 的出现正好解决了这类问题,弥补了 Hadoop 体系中数据仓库系统的空白。作为 Hadoop 系统中的数据仓库,Hive 构建在 HDFS 之上。Hive 通过引入 schema 元数据的概念,使数据可以使用关系型模型存储在其中。同时 Hive 还对外提供了标准的 SQL 数据查询接口,底层再将 SQL 数据转化为 MapReduce 任务。这样一来就大大降低了学习编程和程序移植的难度。

Hive 是一个基于 Hadoop 的数据仓库工具,可以用于对 Hadoop 文件中的数据集进行数据整理、特殊查询和分析存储。Hive 的学习门槛较低,因为它提供了类似于关系数据库 SQL 的查询语言——Hive QL,可以通过 Hive QL 语句快速实现简单的 MapReduce 统计,Hive 自身可以将 Hive QL 语句转换为 MapReduce 任务运行,而不必开发专门的 MapReduce 应用,因而十分适合用来进行数据仓库的统计分析。

2.2.6　Pig

Pig 是一种数据流语言和运行环境,适合于使用 Hadoop 和 MapReduce 平台来查询大型半结构化数据集。虽然 MapReduce 应用程序的编写不是十分复杂,但也需要一定的开发经验。Pig 的出现大大简化了 Hadoop 常见的工作任务,它在 MapReduce 的基础上创建了简单的过程语言抽象模型,为 Hadoop 应用程序提供了一种更加接近结构化查询语言(SQL)的接口。Pig 语言相对简单,当需要从大型数据集中搜索满足某个给定搜索条件的记录时,采用 Pig 要比采用 MapReduce 的优势明显,前者只需要编写一个简单的脚本在集群中进行自动并行处理与分发即可,而后者则需要编写一个单独的 MapReduce 应用程序。

2.2.7　其他主要的大数据工具

1. Mahout

它是 Apache 旗下的一个开源项目,提供了一些可扩展的机器学习领域经典算法,用于帮助开发人员更加方便快捷地创建智能应用程序。Mahout 包含许多算法,如聚类、分类、推荐过滤、频繁项集挖掘算法。此外,通过使用 Apache Hadoop 库,Mahout 可以有效扩展到数据云中。

2. Zookeeper

它是谷歌 Chubby 的开源实现,是高效和可靠的协同工作系统,提供分布式锁之类的基本服务(如统一命名服务、状态同步服务、集群管理、分布式应用配置项的管理等),用于构建分布式应用,减轻分布式应用程序所承担的协调任务。Zookeeper 使用 Java 编写,很容易实现编程接入。它使用了一个和文件树结构相似的数据模型,可以使用 Java 或者 C 语言来进行编程接入。

3. Flume

它是 Cloudera 提供的一个高可用的、高可靠的、分布式的海量日志采集、聚合和传输系统。Flume 支持在日志系统中定制各类数据发送方,用于收集数据;同时,Flume 提供了对数据进行简单处理并将数据写入各种数据接收方的能力。

4. Sqoop

它是 SQL-to-Hadoop 的缩写,主要用来在 Hadoop 和关系数据库之间交换数据,可以改进数据的互操作性。通过 Sqoop 可以方便地实现数据在 MySQL、Oracle 等传统关系数据库与 Hadoop 数据库之间的迁移,使得关系数据库和 Hadoop 数据库之间的数据迁移变得非常方便。Sqoop 主要通过 JDBC(Java database connectivity)接口与关系数据库进行交互,理论上,支持 JDBC 接口的关系数据库都可以实现 Sqoop 和 Hadoop 之间的数据交互。Sqoop 专门为大数据集设计,支持增量更新,可以将新记录添加到最近一次导出的数据源上,或者指定上次修改的时间戳。

5. Ambari

它是一种基于 Web 的工具,支持 Hadoop 集群的安装、部署、配置和管理。Ambari 支持大多数 Hadoop 组件,包括 HDFS、MapReduce、Hive、Pig、HBase、Zookeeper、Sqoop 等。

2.3　大数据的分布式处理平台

2.3.1　MapReduce 编程框架原理

1. MapReduce 模型简介

MapReduce 的设计理念是"计算向数据靠拢",而不是"数据向计算靠拢"。因为在大规模数据环境下,移动数据需要的网络传输开销十分惊人,所以,移动计算比移动数据更加经济。本着这个理念,在一个集群中,只要有可能,MapReduce 框架就会在 HDFS 数据所在的节点运行 Map 程序,即将计算节点和存储节点放在一起运行,从而减少节点间的数据移动开销。

根据上述理念,MapReduce 将存储在分布式文件系统中的大规模数据集切分成许多独立的小数据块,这些小数据块可以被多个 Map 任务并行处理。MapReduce 框架为每个 Map 任务输入一个数据子集,Map 任务生成的结果继续作为 Reduce 任务的输入,最终由 Reduce 任务输出最后的结果,并写入分布式文件系统。由此可以看出,数据集需要满足一个前提条件才适合采用 MapReduce 来处理:可以分解成许多小的数据集,而且每一个小数据集都可以完全并行地得到处理。

MapReduce 模型的核心是 Map 函数和 Reduce 函数。MapReduce 框架负责处理编程中的其他各种复杂问题,如分布式存储、工作调度、负载均衡、容错处理、网络通信等,程序员只要关注如何编程实现 Map 函数和 Reduce 函数,由此降低了 MapReduce 编程的开发难度。

2. MapReduce 的工作流程

Map 函数和 Reduce 函数都是以〈key,value〉作为输入,按一定的映射规则转换成另一批〈key,value〉进行输出的。

Map 函数的输入来自分布式文件系统的文件块,这些文件块的格式是任意的,可以是文档格式,也可以是二进制格式。文件块是一系列元素的集合,这些元素也是任意类型的,同一个元素不能跨文件块存储。Map 函数将输入的元素转换成〈key,value〉形式的键值对,键和值的类型也是任意的,其中键不同于一般的标志属性,即键没有唯一性,不能作为输出的身份标识,即使是同一输入元素,也可通过一个 Map 任务生成具有相同键的多个键值对。

Reduce 函数的任务是将输入的一系列具有相同键的键值对以某种方式组合起来,输出处理后的键值对,输出结果会合并成一个文件。用户可以指定 Reduce 任务的个数,并通知实现系统,然后主控进程通常会选择一个哈希(Hash)函数,Map 任务输出的每个键都会经过哈希函数计算,并根据哈希结果将该键值对输入相应的 Reduce 任务来处理。对于处理键为 K 的 Reduce 任务,输入为〈k,〈$v_1,v_2,\cdots,v_n$〉〉,输出为〈k,V〉。

下面以"单词计数"为例来分析 MapReduce 的逻辑过程,如图 2-3 所示。MapReduce 程序一般会经过以下几个阶段:输入(input)、输入分片(splitting)、映射(map)、洗牌(shuffle)、归约(reduce)、输出(output)。

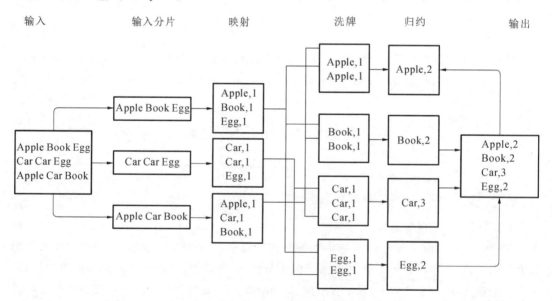

图 2-3　Hadoop MapReduce 单词计数逻辑

(1) 输入阶段:数据一般放在 HDFS 中,而且文件是被分块的。

(2) 输入分片阶段:MapReduce 框架会根据输入文件计算输入分片,每个输入分片对应一个 Map 任务,输入分片与 HDFS 块的大小有关。例如,HDFS 块的大小是 128 MB,如果输入两个文件,大小分别是 29 MB、129 MB,那么 29 MB 的文件会作为一个输入分片(不足 128 MB 的文件会被当作一个输入分片),而 129 MB 文件则是两个输入分片(129 MB−128 MB=1 MB,不足 128 MB,所以 1 MB 的部分也会被当作一个输入分片)。所以,一般来说,一个文件块会对应一个分片。

（3）映射阶段：这个阶段需要用户编写 Map 函数。因为一个输入分片对应一个 Map 任务，并且是对应一个文件块，所以这里其实是数据本地化的操作，也就是所谓的移动计算而不是移动数据。如图 2-3 所示，这里的操作是把每句话进行分割，然后得到每个单词，再对每个单词进行映射，得到单词和"1"的键值对。

（4）洗牌阶段：MapReduce 的核心就是"洗牌"。洗牌就是将 Map 任务的输出进行整合，然后作为 Reduce 的输入发送给 Reduce。简单理解就是把所有 Map 任务的输出按照键进行排序，并且把相同键的键值对整合到同一个组中。如图 2-3 所示，"Apple""Book""Car""Egg"是经过了排序的，并且"Book"这个键有两个键值对。

（5）归约阶段：与 Map 类似，Reduce 也是用户编写的程序，可以针对分组后的键值对进行处理。如图 2-3 所示，针对同一个键 Book 的所有值进行一个加法操作，得到〈Book,2〉这样的键值对。

（6）输出阶段：Reduce 的输出直接写入 HDFS，同样这个输出文件也是分块的。

总结起来，MapReduce 的本质可以用一张图完整地表现出来，如图 2-4 所示。把一组键值对〈K_1,V_1〉经过映射阶段映射成新的键值对〈K_2,V_2〉；接着进行洗牌和排序，把键值对排序，同时把相同的键的值进行整合；最后经过归约阶段，对整合后的键值对组进行逻辑处理，输出到新的键值对〈K_3,V_3〉。这样的一个过程，其实就是 MapReduce 的本质。

图 2-4　MapReduce 的本质

3. MapReduce 过程解析

总结起来说，MapReduce 过程可以解析为如下过程：

（1）文件在 HDFS 中被分块存储，DataNode 存储实际的块。

（2）在 Map 阶段，针对每个文件块建立一个 Map 任务，Map 任务直接运行在 DataNode 上，即移动计算，而非数据。

（3）每个 Map 任务处理自己的文件块，然后输出新的键值对，如图 2-5 所示。

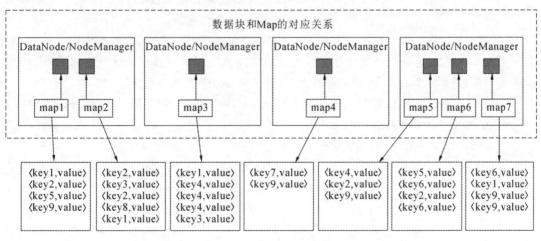

键值对经过Map处理后输出

图 2-5　Map 处理阶段

（4）Map 任务输出的键值对经过洗牌阶段后，相同键的记录会被输送到同一个 Reducer 中，同时键是经过排序的，值被放入一个列表中，如图 2-6 所示。

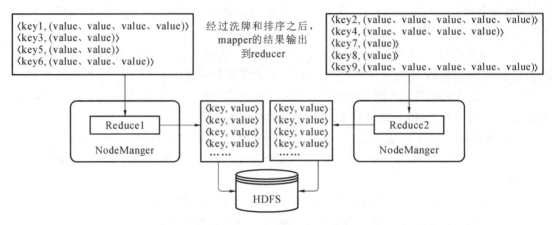

图 2-6　Map 输出结果阶段流程

（5）每个 Reducer 处理 Map 任务输送过来的键值对，然后输出新的键值对，一般输出到 HDFS 中。

2.3.2　Spark 结构与原理

1. Spark 概述

Spark 是基于 MapReduce 算法的通用并行计算框架，其拥有 MapReduce 的所有优点。它们之间的不同点在于，Spark 将中间结果、计算数据都存储在内存中，从而不需要读写 HDFS，因此 Spark 更适合迭代运算比较多的数据挖掘与机器学习。

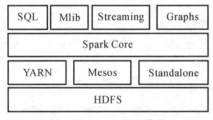

图 2-7　Spark 核心模块

Spark 的突出特点是"快"，在诸如大数据或集群等相关工作场景中需要快速计算，Spark 无须再学习其他架构，就能很好地满足需求。Spark 的数据全部在内存中，而不涉及类似于磁盘等低传输速率的硬件，以此保证数据处理快速而有效。但这也意味系统需要很好的硬件配置。

同时，Spark 提供了很多高级 API，如 Java、Scala、Python、R、SQL 等数据分析和数据挖掘常用的高级编程语言接口。这就意味着，操作人员即使只接触过 SQL 或者 R 等编程语言，也能利用 Spark 挖掘大数据。

Spark 包含几个核心模块，如图 2-7 所示。下面简要介绍 Spark Core、SQL、Mlib、Streaming 和 Graphs 模块。

（1）Spark Core 模块，提供底层框架及核心支持。

（2）SQL 模块，即根据 SQL 使用 Spark 挖掘大数据的模块。同时 Spark SQL 也提供了 Hive、HBase 及 RDBMS（关系数据库管理系统，如 MySQL、Oracle、Derby 等）的相应接口，在已拥有 Hadoop 的一整套家族产品的情况下，可以直接使用 Spark 来完成相应的操作。

（3）Mlib 模块，即数据挖掘算法库，类似于 Hadoop 的家族产品 Mahout。使用 Mahout 处理一些多类型数据挖掘算法时，存在支持度较差的情况。2014 年 Mahout 社区宣布不再开发 MapReduce 程序，转而支持 Spark 开发的程序。

（4）Streaming 模块，即流式计算模块。例如，网站的流量是每时每刻都在发生的，若需要了解过去 1 小时或 15 分钟的流量，就可以使用 Streaming 模块来解决这个问题。需要说明的是，对于流式处理，现在一般会考虑使用 Storm 流式框架。

（5）Graphs 模块，即图计算应用模块。在大多数情况下，图计算应用需处理的数据量都相对庞大，利用图相关算法进行处理和挖掘，Graphs 可以解决用户所编写相关图计算算法在集群中应用难度巨大的问题。

Spark 与 Hadoop 之间的不同点如图 2-8 所示。

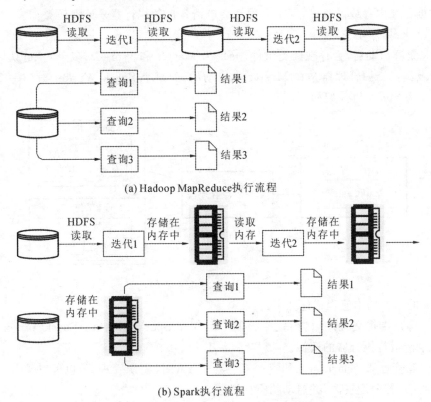

(a) Hadoop MapReduce执行流程

(b) Spark执行流程

图 2-8　Hadoop 与 Spark 的执行流程对比

一方面，Spark 的中间数据放在内存中，有更高的迭代运算效率，而 Hadoop 每次迭代的中间数据存放在 HDFS 中，涉及硬盘的读写，明显降低了运算效率。因此 Spark 更适合于迭代运算较多的机器学习和数据模型运算。另一方面，Hadoop 只提供了 Map 和 Reduce 两种操作，而 Spark 提供了更多针对数据集的操作类型。Spark 针对数据集提供了诸如 map、filter、sample、groupByKey、reduceByKey、join、mapValues、sort、partionBy 等多种类型的转换（transformations）操作，同时提供了 count、collect、reduce、lookup、save 等多种行为（actions）操作。

但是，由于 Spark 中的数据集 RDD（弹性分布式数据集）的特性，Spark 不适合异步细粒度更新状态的应用，例如 Web 服务的存储或者增量的 Web 爬虫和索引。即对于增量修改的应用模型，Spark 并不适用。

2. Spark 运行架构

Spark 运行架构包括集群资源管理器（ClusterManager）、运行作业任务的工作节点（Worker Node）、每个应用的任务控制节点（Driver）和每个工作节点上负责具体任务的执行器(Executor)。其中,集群资源管理器可以是 Spark 自带的资源管理器,也可以是 YARN 或 Mesos 等资源管理框架。对其组件的简单描述如下。

(1) Driver:运行应用(Application)的 main 函数并创建 SparkContext 实例。

(2) SparkContext:应用上下文,控制应用生命周期。

(3) ClusterManager:集群资源管理器。

(4) Spark Work:集群中任何可以运行应用代码的节点,运行一个或多个Executor进程。

(5) Executor:运行在工作进程中的任务执行器,Executor 启动线程池运行任务,并且负责将数据存在内存或磁盘中,每个应用都会申请各自的执行器来处理任务。

(6) Task:具体任务。

Spark 集群启动后,会存在两类组件,分别为 Master 和 Worker(多个)。可认为任务控制节点以及集群资源管理器是在 Master 中启动的,而每个 Spark Worker 对应一个工作进程。图 2-9 为 Spark 组件架构图。

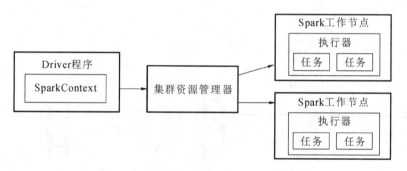

图 2-9　Spark 组件架构图

Spark 的运行基本流程描述如下:

(1) 当客户端提交程序时,由任务控制节点创建 SparkContext。SparkContext 会向资源管理器申请运行执行器的资源。

(2) 资源管理器(Spark 自己的资源管理器或 YARN 资源管理器,也可以是 Mesos 资源管理器)为执行器分配资源,并启动执行器进程。

(3) SparkContext 根据 RDD 的依赖关系构建有向无环图(DAG),并将有向无环图提交给有向无环图调度器(DAGScheduler)进行解析,将有向无环图分解成多个“阶段”(每个阶段都是一个任务集),并且计算出各个阶段之间的依赖关系,然后把一个个“任务集”提交给底层的任务调度器(TaskScheduler)进行处理;同时 SparkContext 将应用程序代码(如 JAR 文件、Python 文件等)发放给执行器。

(4) 任务在执行器上运行,把执行结果反馈给任务调度器,运行完毕后写入数据并释放资源。

总体而言,在 Spark 中,一个应用由一个任务控制节点和若干个作业(Job)构成,一个作业由多个阶段(Stage)构成,一个阶段由多个任务(Task)组成,如图 2-10 所示。当执行一个应用时,任务控制节点会向集群资源管理器申请资源,启动执行器,并向执行器发送应用程序代码和文件,然后在执行器上执行任务,运行结束后执行结果会返给任务控制节点,或者写入 HDFS 或者其他数据库。

3. RDD 的设计与运行原理

Spark 的核心建立在统一的抽象 RDD 之上,使得 Spark 的各个组件可以无缝地进行集

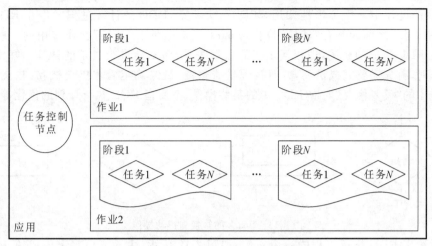

图 2-10 Spark 中各种概念之间的相互关系

成,在同一个应用程序中完成大数据计算任务。

1) RDD 设计背景

在实际应用中,存在许多迭代式算法(比如机器学习算法、图算法等)和交互式数据挖掘工具,这些工具的应用场景的共同之处是,不同计算阶段之间会重用中间结果,即一个阶段的输出结果会作为下一个阶段的输入。但是,MapReduce 框架都是将中间结果写入 HDFS 的,这样就带来了大量的数据复制、磁盘 I/O 和序列化开销。虽然诸如 Pregel 等图计算框架也是将结果保存在内存当中的,但是这些框架只能支持一些特定的计算模式,并没有提供一种通用的数据抽象方法。RDD 针对这种需求,提供了一个抽象的数据架构,用户不必担心底层数据的分布式特性,只需将具体的应用逻辑表达为一系列转换处理操作,不同 RDD 之间的转换操作形成依赖关系,从而避免了中间结果的存储开销。

2) RDD 的概念

RDD 可认为是 Spark 在执行分布式计算时的一批具有相同来源、相同结构、相同用途的数据集,也可理解为一个分布式数组,而数组中每个记录可采用用户自定义的任何数据结构。RDD 本质上是一个只读的分区记录集合,每个 RDD 可以分成多个分区,每个分区就是一个数据集片段,并且一个 RDD 的不同分区可以被保存到集群中不同的节点上,从而可以在集群中的不同节点上进行并行计算。

RDD 提供了高度受限的共享内存模型,即 RDD 是只读的记录集合,不能直接修改,只能基于稳定的物理存储中的数据集来创建 RDD,或者通过在其他 RDD 上执行确定的转换操作(如 map、join 和 groupBy)来创建新的 RDD。RDD 针对数据运算提供的操作类型主要分为两大类,如表 2-3 所示。

表 2-3 RDD 针对数据运算提供的操作类型

类型	功能	数据转换操作	主要区别
行动 (action)	用于执行计算并指定输出的形式,即把 RDD 存储到硬盘或触发转换执行	如 count、collect 等	接收 RDD 但是返回非 RDD(即输出一个值或结果)
转换 (transformation)	指定 RDD 之间的相互依赖关系,即从原始数据集加载到 RDD 中以及把一个 RDD 转换为另外一个 RDD	如 map、filter、groupByKey、join 等	接收 RDD 并返回 RDD

RDD 的设计中采用了惰性调用,如图 2-11 所示,RDD 的计算过程发生在 RDD 的"行动"操作中,对于之前的所有"转换"操作,Spark 只是记录下"转换"操作应用的一些基础数据集以及 RDD 生成的轨迹,即相互之间的依赖关系,而不会进行真正的计算。好比学生在进行考试时,首先需要完成试卷,并且反复检查修改,最终确定后才提交试卷,并获得成绩。这个例子中的"反复修改"对应 RDD 中的某些操作,主要指 RDD 执行计划的优化等。

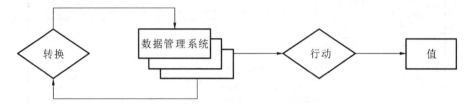

图 2-11 Spark 的转换和行动操作

下面给出 RDD 执行过程的一个实例:如图 2-12 所示,由输入逻辑上生成 A 和 C 两个 RDD,经过一系列转换操作,逻辑上生成 F(也是一个 RDD)。之所以说是逻辑上,是因为这时候计算并没有发生,Spark 只是记录了 RDD 之间的生成和依赖关系。当 F 要进行输出时,也就是当 F 进行"行动"操作时,Spark 才会根据 RDD 的依赖关系生成有向无环图,并从起点开始真正的计算。

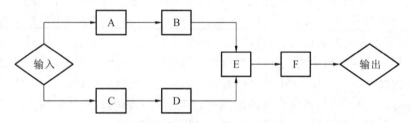

图 2-12 RDD 执行过程的一个实例

经过上述这一系列处理将建立一个"血缘关系(lineage)",即 DAG 拓扑排序的结果。采用惰性调用,通过血缘关系连接起来的一系列 RDD 操作就可以实现管道化(pipeline),避免多次转换操作之间数据同步的等待,而且不必担心有过多的中间数据,因为这些具有血缘关系的操作都管道化了,一个操作得到的结果不需要保存为中间数据,而是直接管道式地流到下一个操作进行处理。同时,这种通过血缘关系把一系列操作进行管道化连接的设计方式,也使得管道中每次操作的计算变得相对简单,保证了每个操作在处理逻辑上的单一性。相反,在 MapReduce 的设计中,为了尽可能地减少 MapReduce 过程,在单个 MapReduce 中会写入过多复杂的逻辑。

3) RDD 之间的依赖关系

上述 RDD 中不同的操作,会使得不同 RDD 中的分区产生不同的依赖关系,分为窄依赖(narrow dependency)与宽依赖(wide dependency)。两种依赖关系之间的区别,主要体现在父 RDD(Parent RDD)和子 RDD(Child RDD)之间的相互关系上。如图 2-13 所示,每个小方格代表一个分区,而一个大方格(比如包含三个或两个小方格)代表一个 RDD,线段起点为父 RDD,箭头指向子 RDD。

窄依赖表现为一个父 RDD 的分区对应于一个子 RDD 的分区,或多个父 RDD 的分区对应于一个子 RDD 的分区。会产生窄依赖关系的典型操作包括 map、filter、union 等。

宽依赖表现为存在一个父 RDD 的一个分区对应一个子 RDD 的多个分区。会产生宽依赖关系的典型操作包括 groupByKey、sortByKey 等。

总体而言,如果父 RDD 的一个分区只被一个子 RDD 的一个分区所使用就是窄依赖,否则就是宽依赖。

对于 join 操作,可以分为两种情况,如图 2-13 所示。

(1) 对输入进行协同划分,属于窄依赖。所谓协同划分(co-partitioned)是指多个父 RDD 的某一分区的所有键落在子 RDD 的同一个分区内,不会产生同一个父 RDD 的某一分区落在子 RDD 的两个分区的情况。

(2) 对输入做非协同划分,属于宽依赖。

对于窄依赖的 RDD,可以以流水线的方式计算所有父分区,不会造成网络之间的数据混合。宽依赖的 RDD 则通常伴随着洗牌操作,即首先需要计算好所有父分区数据,然后在节点之间进行洗牌操作。

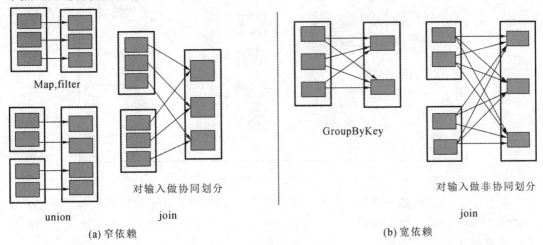

图 2-13　窄依赖和宽依赖

Spark 的这种依赖关系设计,使其具有了天生的容错性。因为 RDD 数据集通过"血缘关系"记住了它是如何从其他 RDD 中演变过来的,通过"血缘关系"记录的是粗颗粒度的转换操作行为,当这个 RDD 的部分分区数据丢失时,它可以通过"血缘关系"获取足够的信息来重新运算和恢复丢失的数据分区,由此带来性能的提升。在两种依赖关系中,窄依赖的失败恢复更为高效,它只需要根据父 RDD 分区重新计算丢失的分区即可(不需要重新计算所有分区),而且可以并行地在不同节点上进行重新计算。而对宽依赖而言,单个节点失效通常意味着重新计算过程会涉及多个父 RDD 分区,开销较大。

4) 分区划分

Spark 将每一个 Job 分为多个不同的阶段,而各个阶段之间的依赖关系则形成了有向无环图。Spark 通过分析各个 RDD 分区之间的依赖关系来决定如何划分阶段,具体方法是:在有向无环图中进行反向解析,遇到窄依赖关系就把当前的 RDD 分区加入当前的阶段;将具有窄依赖关系的 RDD 分区尽量划分在同一个阶段中,可以实现流水线计算。而遇到具有宽依赖关系的 RDD 分区就断开,由于宽依赖关系通常意味着洗牌操作,因此 Spark 会将洗牌操作定义为阶段的边界。

图 2-14 所示为根据 RDD 分区的依赖关系划分阶段。假设从 HDFS 中读入数据后生成三个不同的 RDD 分区(即 A、C 和 E),通过一系列转换操作后再将计算结果返回 HDFS 保存。对有向无环图进行解析时,在依赖图中进行反向解析,由于从 RDD A 到 RDD B 的转换以及从 RDD B 和 RDD F 到 RDD G 的转换都属于宽依赖,因此在断开后可以得到三个阶段,即阶段 1、阶段 2 和阶段 3。由图 2-14 可以看出,在阶段 2 中,从 Map 到 Union 都是窄依

赖,这两步操作可以形成一个流水线操作。这样的流水线操作大大提高了计算的效率。

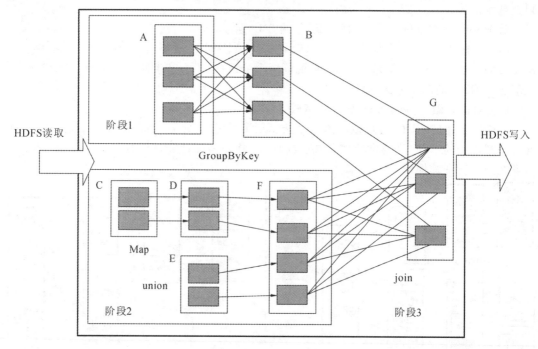

图 2-14　Spark 的阶段划分

　　由上述论述可知,把一个有向无环图划分成多个阶段以后,每个阶段都代表了一组关联的、相互之间没有依赖关系的任务组成的任务集合。每个任务集合会被提交给任务调度器进行处理,由任务调度器将任务分发给执行器运行。

　　5) Spark 的核心原理

　　通过上述对 RDD 概念、依赖关系和阶段划分的介绍,结合之前介绍的 Spark 运行基本流程,可以总结 RDD 在 Spark 架构中的运行过程,如图 2-15 所示。用户代码(如 RDD1.join...)转换为有向无环图后,交给 DAGScheduler,由其将 RDD 的有向无环图分割成各个阶段的有向无环图,并形成任务集(TaskSet),再提交到任务调度器中,由任务调度器把任务提交给每个工作进程上的执行器执行具体的任务。任务调度器并不知道每个阶段的存在,只针对具体任务运行。

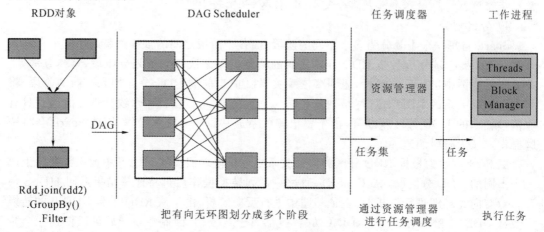

图 2-15　Spark 工作过程

2.3.3 基于 Storm 的大规模数据流的分布式处理技术

大数据包括静态数据和流数据(动态数据),相应地,大数据计算包括批量计算和实时计算。传统的 MapReduce 框架采用离线处理计算的方式,主要用于静态数据的批处理,并不适合用于流数据的处理,因此业界设计出了 Storm 等流处理框架,用于流计算。

1. 流计算概述

数据总体上可以分为静态数据和流数据。

1) 静态数据

数据仓库系统为了支持决策分析,存放了大量静态历史数据。这些数据来自不同的数据源,利用 ETL(extract-transform-load,抽取-转换-加载)工具加载到数据仓库中,不会发生数据更新,程序员利用联机分析处理(on line analytical processing,OLAP)工具从这些静态数据中找到有价值的信息。这类业务分析采用分布式离线计算方式,即将数据先保存起来,然后间隔一定的时间进行离线分析,其结果必然会导致一定的时延。

2) 流数据

在 Web 应用、网络监控、传感监测、电信金融、生产制造等领域,分析业务对实时性要求高,以利于根据实时分析结果及时地做出决策。由此在业界兴起了一种密集型应用数据——流数据(或数据流),即以大量、快速、时变的流形式持续到达的数据。

流数据是指在时间分布和数量上无限的一系列动态数据集合体;数据记录是流数据的最小组成单元。流数据具有如下特征:

(1) 数据快速持续到达,潜在的量也许是无限大的。

(2) 数据来源众多,格式复杂。

(3) 数据量大,但不特别关注存储,数据中的元素经过处理后要么丢弃,要么归档存储。

(4) 注重数据的整体价值,不过分关注个别数据。

(5) 系统无法控制将要处理的新到达的数据元素的顺序。

2. 批量计算和实时计算

对静态数据和流数据的处理,对应着两种截然不同的计算模式:批量计算和实时计算。批量计算以静态数据为对象,在充裕的时间内对海量数据进行批量存储和计算。Hadoop 就是典型的批处理模型:由 HDFS 和 HBase 存放静态数据,由 MapReduce 负责对海量数据执行批量计算。

流数据则不适合采用批量计算方式。流数据被处理后,一部分进入数据库成为静态数据,其他部分则直接被丢弃。流数据必须采用实时计算,实时计算最重要的一个需求是能够实时得到计算结果,一般要求响应时间为秒级。当只需要处理少量数据时,实时计算并不是问题;但是,在大数据时代,数据不仅格式复杂、来源众多,而且数据量巨大,这就对实时计算提出了很大的挑战。因此,针对流数据的实时计算——流计算应运而生。

流计算适合于需要处理持续到达的流数据、对数据处理有较高实时性要求的场景,比较典型的几个流计算应用场景如下。

(1) 传感监测:PM2.5 传感器实时监测大气污染浓度,监测数据源源不断地实时传输回数据中心,监测系统对回传数据进行实时分析,预测空气质量变化趋势,以便及时地启动应急响应机制。

(2) 个性化推荐:在淘宝网"双 11"的促销活动中,商家在淘宝店铺上投放广告来吸引用户,同时基于用户访问行为的分析,对广告样式、文案进行调整。以往这类分析采用分布式离线分析,而"双 11"的促销活动只持续一天,较长时间后的分析结果便失去了价值。

(3) 实时交通导航:导航系统要达到根据实时交通状态进行导航路线规划,需要获取海量的实时交通数据并进行实时分析,这对传统的导航系统来说是一个巨大的挑战。而借助于流计算的实时特性,导航系统不仅可以根据交通情况确定路线,而且在行驶过程中可以根据交通情况的变化实时更新路线,始终为用户提供最佳的行驶路线。

3. 流计算的概念及主流框架

流计算的设计原则,是数据出现时就立即进行分析,而不是存储起来进行批处理。因此,为了及时处理流数据,需要一个低时延、可扩展、高可靠性的处理引擎。这样的流计算系统需要具备以下性能特征。

(1) 高性能,如每秒处理几十万条数据,这是大数据处理的基本要求。

(2) 海量式,支持 TB 级甚至是 PB 级的数据规模。

(3) 实时性,必须保证时延较短,达到秒数量级,甚至是毫秒数量级。

(4) 分布式,支持大数据的基本架构,必须能够平滑扩展。

(5) 易用性,能够快速进行开发和部署。

(6) 可靠性,能可靠地处理流数据。

针对不同的应用场景,相应的流计算系统会有不同的需求,但是针对海量数据的流计算,无论在数据采集还是在数据处理中时延都应达到秒数量级。

Hadoop 是面向大规模数据的批处理而设计的,在使用 MapReduce 处理大规模文件时,一个大文件会被分解成许多个块分发到不同的机器上,每台机器并行运行 MapReduce 任务,最后对结果进行汇总输出。有时候,完成一个任务甚至要经过多轮的迭代。因此,这种批量任务处理方式在时延方面是无法满足流计算的实时响应需求的。这时,我们可能会很自然地想到用一种变通的方案来降低批处理的时延——将基于 MapReduce 的批处理转为小批处理,将输入切分成小的片段,每隔一个周期就启动一次 MapReduce 作业。但是这种方案会存在以下问题。

(1) 将输入切分成小的片段虽然可以降低时延,但是也会增加任务处理的附加开销,而且还要处理片段之间的依赖关系,因为后一个片段可能需要用到前一个片段的计算结果。

(2) 需要对 MapReduce 进行改造以支持流式处理,Reduce 阶段的结果不能直接输出,而是保存在内存中,这会大大增加 MapReduce 框架的复杂程度,导致系统难以维护和扩展。

(3) 降低了用户程序的可伸缩性,因为用户必须使用 MapReduce 接口来定义流式作业。

总之,流数据处理和批量数据处理是两种截然不同的数据处理模式,MapReduce 是专门面向静态数据的批处理的,内部各种实现机制都为批处理做了高度优化,不适合用于处理持续到达的动态数据。正所谓"鱼和熊掌不可兼得",设计一个既适合流计算又适合批处理的通用平台是很难的。因此,当前业界诞生了许多专门的流数据实时计算系统来满足数据流处理需求。目前业内的流计算平台大致分为三大类:

第一类是商业级的流计算平台,代表系统有 IBM InfoSphere Streams 和 IBM Stream-Base。

第二类是开源流计算平台,主要是 Twitter Storm 平台和 Yahoo! S4 平台。

第三类是公司为支持自身业务开发的流计算框架,主要有 Facebook Puma 平台、Dstream 平台(百度旗下)、银河流数据处理平台(淘宝旗下)等。

4. 流计算的处理流程

图 2-16 所示为传统数据处理流程与流计算处理流程对比。

在传统的数据处理流程中，需要先采集数据并将其存储在关系数据库等数据管理系统中，之后用户便可以通过查询操作和数据管理系统进行交互，最终得到查询结果。但是，这样的处理流程隐含了两个前提。

（1）存储的数据是旧的。当对数据进行查询时，存储的静态数据已经是过去某一时刻的快照，这些数据在查询时可能已不具备时效性了。

（2）需要用户主动发出查询。也就是说，用户主动发出查询来获取结果。

流计算的处理流程一般包含三个阶段：数据实时采集、数据实时计算、实时查询服务。

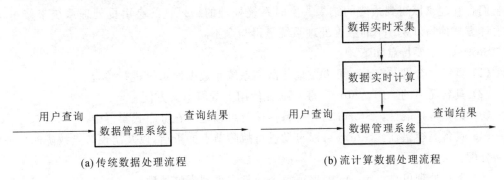

(a) 传统数据处理流程　　　　　(b) 流计算数据处理流程

图 2-16　数据处理流程

1）数据实时采集

通常采集多个数据源的海量数据，需要保证实时性、稳定性、可靠性以及低时延。以日志数据为例，由于分布式集群的广泛应用，数据分散存储在不同的机器上，因此需要实时汇总来自不同机器的日志数据。目前有许多互联网公司发布的开源分布式日志采集系统，如 Facebook 的 Scribe、LinkedIn 的 Kafka、淘宝的 TimeTunnel，以及基于 Hadoop 集群的 Chukwa 和 Flume 等均可满足每秒数百兆字节的数据采集和传输需求。

2）数据实时计算

流处理系统接收数据采集系统不断发来的实时数据，实时地进行分析计算，并反馈实时结果。经流处理系统处理后的数据，可视情况进行存储，以便之后再进行分析计算。在时效性要求较高的场景中，处理之后的数据也可以直接丢弃。

3）实时查询服务

经由流计算框架得出的结果可供用户进行实时查询、展示或存储。传统的数据处理流程中，用户需要主动发出查询才能获得想要的结果。而在流处理流程中，实时查询服务可以不断更新结果，并将用户所需的结果实时推送给用户。虽然通过对传统的数据处理系统进行定时查询也可以实现不断更新结果和推送结果，但通过这样的方式获取的结果仍然是根据过去某一时刻的数据得到的结果，与实时结果有着本质的区别。

由此可见，流处理系统与传统的数据处理系统有如下不同之处。

（1）流处理系统处理的是实时的数据，而传统的数据处理系统处理的是预先存储好的静态数据。

（2）用户通过流处理系统获取的是实时结果，而通过传统的数据处理系统获取的是过去某一时刻的结果。并且，流处理系统不需用户主动发出查询，它可以通过实时查询服务主动将实时结果推送给用户。

5. 开源计算框架 Storm

Storm 是 Twitter 开源的分布式实时计算系统,可以简单、高效、可靠地处理流数据,并支持多种编程语言。Storm 框架可以方便地与数据库系统进行整合,从而开发出强大的实时计算系统。目前,Storm 框架已成为 Apache 项目。

Twitter 是全球访问量最大的社交网站之一,Twitter 之所以开发 Storm 流处理框架也是为了应对其不断增长的流数据实时处理需求。为了处理实时数据,Twitter 采用了由实时系统和批处理系统组成的分层数据处理架构。一方面,由 Hadoop 和 ElephantDB(专门用于从 Hadoop 中导出键/值数据的数据库)组成批处理系统;另一方面,由 Storm 框架和 Cassandra 数据库组成实时系统。在计算查询时,该系统会同时查询批处理视图和实时视图,并把它们合并起来以得到最终的结果。实时系统处理的结果最终会由批处理系统来修正,这种设计方式使得 Twitter 的数据处理系统显得与众不同。

Storm 的主要特点如下。

(1) 具备整合性。Storm 可方便地与队列系统和数据库系统进行整合。

(2) 具备简易的 API。Storm 的 API 在使用上既简单又方便。

(3) 具备可扩展性。Storm 的并行特性使其可以运行在分布式集群中。

(4) 具备高容错性。Storm 可以自动进行故障节点的重启,以及出现节点故障时任务的重新分配。

(5) 消息处理可靠。Storm 能保证每个消息都得到完整处理。

(6) 支持各种编程语言。Storm 支持使用各种编程语言来定义任务。

(7) 能实现快速部署。Storm 仅需要少量的安装和配置就可以快速进行部署和使用。

(8) 免费、开源。Storm 作为开源框架,可以免费学习使用。

Storm 可以用于许多领域中,如实时分析、在线机器学习、持续计算、远程过程调用(RPC)、数据提取加载转换等。Storm 目前已经广泛应用于流计算。

6. Storm 的框架设计

Storm 运行在分布式集群中,其运行任务的方式与 Hadoop 类似:在 Hadoop 上运行的是 MapReduce 作业,而在 Storm 上运行的是 Topology(拓扑)作业。但两者的任务大不相同,其中主要的不同是 MapReduce 作业最终会完成计算并结束运行,而 Topology 将持续处理消息,直至人为终止处理。

Storm 集群采用"Master-Worker"的节点方式,其中 Master 节点运行名为"Nimbus"的后台程序(类似 Hadoop 中的 JobTracker),负责在集群范围内分发代码、为 Worker 节点分配任务和监测故障。而每个 Worker 节点运行名为"Supervisor"的后台程序,负责监听分配给它所在机器的工作,即根据 Nimbus 分配的任务来决定启动或停止工作进程。

Storm 集群架构如图 2-17 所示。Storm 采用了 Zookeeper 来作为分布式协调组件,负责 Nimbus 和多个 Supervisor 之间的所有协调工作。

此外,Nimbus 后台进程和 Supervisor 后台进程都是快速失败(fail-fast)和无状态(stateless)的,Master 节点并不直接和 Worker 节点通信,而是借助 Zookeeper 将状态信息存放在 Zookeeper 中或本地磁盘中,以便出现节点故障时进行快速恢复。这意味着,在 Nimbus 进程或 Supervisor 进程终止后,一旦进程重启,它们将恢复到之前的状态并持续工作。这种设计使 Storm 极其稳定。

基于这样的架构设计,Storm 的工作流程如图 2-18 所示,包含四个过程。

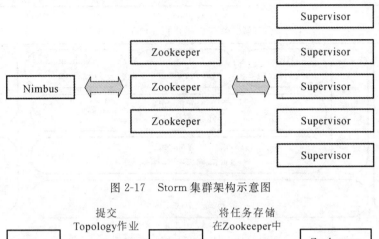

图 2-17　Storm 集群架构示意图

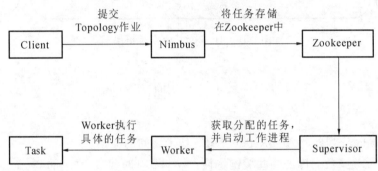

图 2-18　Storm 工作流程示意图

（1）客户端提交 Topology 到 Storm 集群中。

（2）Nimbus 将分配给 Supervisor 的任务写入 Zookeeper。

（3）Supervisor 从 Zookeeper 中获取所分配的任务，并启动 Worker 进程。

（4）Worker 进程执行具体的任务。

本 章 小 结

Hadoop 被视为事实上的大数据处理标准，具备高可靠性、高可扩展性、高容错性，并具有低成本、支持多种语言等特性。其目前已经在各个领域得到广泛的应用，如 Facebook、百度、阿里巴巴等公司都建立了自己的 Hadoop 集群。

本章首先介绍了 NoSQL 数据库的相关知识，并由此介绍了 HDFS 在大数据时代解决大规模数据存储问题的解决方案。其后，本章介绍了 MapReduce 模型的相关知识。MapReduce 将复杂的、运行于大规模集群上的并行计算过程抽象为 Map 和 Reduce 两个函数，极大地方便了分布式编程开发工作。

经过多年发展，Hadoop 生态系统已经变得非常成熟和完善。图 2-19 所示为 Hadoop 生态系统框架，其中包括 Zookeeper、HDFS、MapReduce、HBase、Hive 等子项目。其中，HDFS 和 MapReduce 是 Hadoop 的两大核心组件。

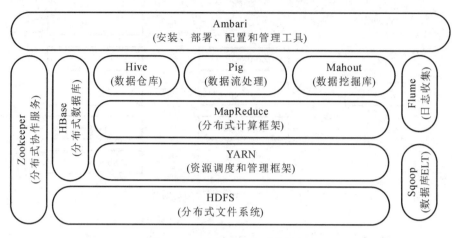

图 2-19　Hadoop 生态系统框架

习　　题

1. 试述 Hadoop 和谷歌 MapReduce、GFS 技术之间的关系。

2. 为什么说关系数据库的一些关键特性在 Web2.0 时代成为"鸡肋"?

3. 试述关系数据库与 NoSQL 数据库的优缺点。

4. 试说明适合用 MapReduce 来进行大数据处理的任务或者数据集需要满足怎样的要求。

5. MapReduce 的设计原则：移动计算比移动数据更经济。试论述 MapReduce 为什么要采用本地计算。

6. 试作图说明使用 MapReduce 对英文句子"Whatever is worth doing is worth doing well"进行词频统计的过程。

7. Spark 是基于内存计算的大数据平台,其出现是为了弥补 MapReduce 的不足,试述 Spark 的优点。

8. MapReduce 框架为什么不适合用于处理流数据?

第3章 Python 编程基础

3.1 基本数据类型及相关操作

Python 的基本数据类型有数字(number)、字符串(string)、元组(tuple)、列表(list)、字典(dictionary)、集合(set),其中数字、字符串、元组型数据是不可变数据,列表、字典、集合型数据是可变数据。

(1) 数字:此类数据组成是数字。

(2) 字符串:此类数据组成是字符。

(3) 列表:列表用来表示一组有序元素,后期数据可以修改。

(4) 元组:元组用来表示一组有序元素,后期数据不可修改。

(5) 集合:集合用来表示一组无序不重复元素。

(6) 字典:此类数据用来以键值对的形式保存一组元素。

3.1.1 数字

数字型数据包含:整型(int)数据、浮点型(float)数据、布尔型(bool)数据、复数型(complex)数据。

1. 整型数据

整型数据是用于定义整数类型变量的标识符,整型数据的范围是 $-2147483648\sim 2147483647$,如 10、660、$-88$、1995 等。整型数据的相关操作方法如下。

(1) 直接赋值。如将一个整数直接赋给 number1,输入以下程序代码:

```
number1=1216
print(number1)
```

则系统输出结果:

```
1216
```

(2) 转换数据类型。如将字符串'200'赋值给 str1,再用 int 函数强制将字符串型数据转换为整型数据,输入以下程序代码:

```
str1='200'
number2=int(str1)
print(number2)
```

则系统输出结果：

```
200
```

2. 浮点型数据

关于浮点型数据的相关操作方法如下。

（1）直接赋值。如将一个浮点数直接赋给 number3，输入以下程序代码：

```
number3=15.0
print(number3)
```

则系统输出结果：

```
15.0
```

（2）转换数据类型。float 函数用于将整数和字符串转换成浮点数。例如，输入以下程序代码：

```
number4=float(1995)
print(number4)
```

则系统输出结果：

```
1995.0
```

3. 布尔型数据

布尔型数据是整型数据的子类，布尔型数据指 1(True) 和 0(False)，用于判断对错。布尔型数据的相关操作方法如下。

（1）直接使用。例如，输入以下程序代码：

```
t=True
f=False          #  注意布尔型数据要区分大小写
print(t,f)
```

则系统输出结果：

```
True False
```

（2）使用 bool 函数强制转换。bool 函数用于将给定参数转换为布尔型数据，如果没有参数，返回 False。例如，输入以下程序代码：

```
F=bool(0)
T=bool(9)
print(F,T)
```

则系统输出结果：

```
False True
```

（3）判断表达式的对错。例如，输入以下程序代码：

```
a=3
b=4
print(a>b)
```

则系统输出结果：

```
False
```

4. 复数型数据

复数类型数据的基本结构为 $a+bj$，其中 a 为实部，a、b 分别为常数，必须满足复数组合要求，数据类型必须是浮点型，虚数必须有 j 或 J。

3.1.2　字符串

字符串是一系列的字符，如'hello!'、'1234'、"Up and down"等等。字符包括字母、数字、标点符号以及其他一些特殊符号和不可打印的字符。

1. 字符串的标识

在 Python 中,字符串主要以下三种形式来标识:

(1) 单引号,如'data'、'23'、'jdk_ijk'、'1.995';

(2) 双引号,如"Zxx"、"sqs1"、"12,lza"、"8399";

(3) 三引号,如""" "hello python" """。

注:在字符串中可以包含'或",如"It's beautiful"。

2. 字符串的长度

字符串的长度可用函数 len(s)来得到。例如,输入以下程序代码:

```
A=len("numpy")
Print(A)
```

则系统输出结果:

```
5
```

输入以下程序代码:

```
B=len('numpy,scipy,pandas')
Print(B)
```

则系统输出结果:

```
18
```

输入以下程序代码:

```
C=len('')
Print(C)        # 表示空字符串,还可用" "来表示
```

则系统输出结果:

```
0
```

3. 字符串的拼接

将两个或多个字符串"相加",得到一个新的字符串,这种运算被称为拼接。也可以通过"乘法运算",快速得到同一个字符串的多次拼接结果。

例如,输入以下程序代码:

```
A='zhang'+'xingxing'
print(A)
```

则系统输出结果:

```
zhangxingxing
```

输入以下程序代码:

```
B='I'+'love'+'python'
print(B)
```

则系统输出结果:

```
I love python
```

输入以下程序代码:

```
C=3*'numpy'+3*'?'
print(C)
```

则系统输出结果:

```
numpynumpynumpy???
```

3.1.3 元组

元组是一种不可变的序列,也就是说创建元组后将不能对其进行修改。它包含零个或者更多个值并且可以包含任何 Python 值或是其他元组。元组用圆括号括起来,元素之间用逗号隔开。

输入以下程序:

```
yuanzu=((1,4),'python',1216)        # 创建元组
print(yuanzu)
```

则系统输出结果:

```
((1,4),'python',1216)
```

在上述代码下继续输入以下程序代码:

```
A=len(yuanzu)      # 元组的长度
print(A)
```

则系统输出结果:

```
3
```

在上述代码下继续输入以下程序代码:

```
B=yuanzu[-2]        # 元组的索引,从后往前数第二个值
print(B)
```

则系统输出结果:

```
'python'
```

在上述代码下继续输入以下程序代码:

```
C=yuanzu[0][1]       # 从左边数的第一个元组里的第二个值
print(C)
```

则系统输出结果:

```
4
```

只有一个元素的元组称为单元素元组,采用固定的表示方法$(x,)$,末尾必须有逗号,多元素元组中末尾的逗号可有可无,如(1,2,3,4,)等价于(1,2,3,4)。

输入以下程序代码:

```
star=(1,)
print(star)
```

则系统输出结果:

```
(1,)
```

输入以下程序代码:

```
star1=(1,2,3,4)
star2=(1,2,3,4,)
print(star1,star2)
```

则系统输出结果:

```
(1,2,3,4) (1,2,3,4)
```

若省略单元素元组中的逗号,则数据类型将变为整型。例如,输入以下程序代码:

```
A=type(())
print(A)
```

则系统输出结果:

```
tuple
```
输入以下程序代码：
```
B=type((5,))
print(B)
```
则系统输出结果：
```
tuple
```
输入以下程序代码：
```
C=type((5) )
print(C)
```
则系统输出结果：
```
int
```
常用的元组函数如表 3-1 所示。

表 3-1　元组函数

函数名	返回值
i in tp	若 i 是元组 tp 中的一个元素,则返回 true,否则返回 false
len(tp)	元组 tp 包含的元素个数
tp.count(i)	元素 i 在元组 tp 中出现的次数
tp.index(i)	元组 tp 中第一个元素 i 的索引

以上函数的应用实例如下。

输入以下程序代码：
```
mla=('KNN','BAYS','DTREE','CNN')
print(mla)
```
则系统输出结果：
```
('KNN','BAYS','DTREE','CNN')
```
在上述代码下继续输入以下程序代码：
```
print('KNN' in mla)
```
则系统输出结果：
```
True
```
在上述代码下继续输入以下程序代码：
```
A=len(mla)
print(A)
```
则系统输出结果：
```
4
```
在上述代码下继续输入以下程序代码：
```
B=mla.count('BAYS')
print(B)
```
则系统输出结果：
```
1
```
在上述代码下继续输入以下程序代码：

```
C=mla.index('CNN')
print(C)
```

则系统输出结果：

```
3
```

3.1.4　列表

1. 列表的创建与删除

列表的创建方法有两种。

（1）直接赋值给变量，创建空列表。

输入以下程序代码：

```
zhang=[ ]
xing=['zhang','xing','xing']
print(xing)
```

则系统输出结果：

```
['zhang','xing','xing']
```

（2）用 list()函数创建列表。

输入以下程序代码：

```
zhang=list()
print(zhang)
```

则系统输出结果：

```
[ ]
```

输入以下程序代码：

```
xing1=list((2,4,6,7))
print(xing1)
print(list(range(1,10,3)))
```

则系统输出结果：

```
[2,4,6,7]
[1,4,7]
```

删除列表则可采用以下代码：

```
del zhang        # 删除列表
print(zhang)     # 删除后该列表将不存在,输出将报错
```

2. 常用列表函数

常用列表函数如表 3-2 所示。

表 3-2　常用列表函数

函数名	返回值
list()函数	把元组、字符串等转换为列
append()函数	在列表末尾追加新对象
count()函数	统计某个元素在列表中出现的次数
extend()函数	可以通过写列表扩展原来的列表
index()函数	找到元素下标
insert()函数	将对象插入列表
pop()函数	移除列表元素,默认移除列表的最后一个元素

函数名	返回值
remove()函数	移除列表中第一个匹配项
reverse()函数	将列表中元素反向存放

以上函数的实例演示如下。

1）添加列表元素

添加列表元素有以下三种情况。

（1）在列表最后面添加一个元素。例如，输入以下程序代码：

```
list= [1,2,3,'hello world',[1,2,3]]
list.append(2)     # 在列表最后添加一个元素 2
print('append:',list)
```

则系统输出结果：

```
append:[1,2,3,'hello world',[1,2,3],2]
```

append(A)表示在列表最后添加一个元素 B。

（2）在列表最后面添加多个元素。例如，输入以下程序代码：

```
list= [1,2,3,'hello world',[1,2,3],2]
list.extend([12,4,'python'])     # 在列表最后一个元素后面添加 12,4,'python'
print('extend:',list)
```

则系统输出结果：

```
extend:[1,2,3,'hello world',[1,2,3],2,12,4,'python']
```

extend([A,B,…])表示在列表的最后一个元素后面添加元素 A、B 等。

（3）在列表某处添加元素。例如，输入以下程序代码：

```
list= [1,2,3,'hello world',[1,2,3],2,12,4,'python']
list.insert(1,2019)       # 在列表第 1 个元素后面加入 2019
print('insert:',list)
```

则系统输出结果：

```
insert:[1,2019,2,3,'hello world',[1,2,3],2,12,4,'python']
```

insert(A,B)表示在列表里的第 A 个元素后面加入元素 B。

2）删除列表元素

删除列表元素有以下三种情况。

（1）删除列表中某个指定的元素。例如，输入以下程序代码：

```
list = [1,2019,2,3,'hello world',[1,2,3],2,12,4,'python']
list.remove('hello world')     # 删除列表里的'hello world'
print('remove:',list)
```

则系统输出结果：

```
remove:[1,2019,2,3,[1,2,3],2,12,4,'python']
```

remove(A)表示移除列表中的元素 A。

（2）删除列表中指定索引位置的某个元素。例如，输入以下程序代码：

```
list= [1,2019,2,3,[1,2,3],2,12,4,'python']
del list[4]     # 删除列表索引位置为 4 的元素,即第 5 个元素
print('del:',list)
```

则系统输出结果：

```
del:[1,2019,2,3,2,12,4,'python']
```

（3）删除列表中的最后一个元素。例如，输入以下程序代码：

```
list= [1,2019,2,3,2,12,4,'python']
final = list.pop()
print('pop:',list)
print('final:',final)     # 列表里最后一个元素
```

则系统输出结果：

```
pop:[1,2019,2,3,2,12,4]
final:python
```

pop()表示删除列表的最后一个元素。

3）其他命令

这些操作命令包括列表分片、计数、索引、翻转、排序等。

（1）列表分片。例如，输入以下程序代码：

```
list= [1,2019,2,3,2,12,4]
m= list[2 :5]     # 选取列表里索引分别为 2,3,4 的元素,即第 3,4,5 个元素
print('m:',m)
```

则系统输出结果：

```
m:[2,3,2]
```

list[:]表示列表切片。

（2）计数，即计算某元素在列表中出现的次数。例如，输入以下程序代码：

```
list= [1,2019,2,3,2,12,4]
count= list.count(2)     # 元素 2 在列表中出现的次数
print('count:',count )
```

则系统输出结果：

```
count:2
```

count(A)表示元素 A 在列表中出现的次数。

（3）索引，即求某元素在列表中的索引值，采用 index()函数实现。例如，输入以下程序代码：

```
list= [1,2019,2,3,2,12,4]
index= list.index(2019)     # 求元素 2019 在列表中的索引值
print('index:',index)
```

则系统输出结果：

```
index:1
```

index(A)表示求元素 A 在列表中的索引值。

（4）翻转，即将列表进行前后翻转，采用 reverse()函数实现。例如，输入以下程序代码：

```
list= [1,2019,2,3,2,12,4]
list.reverse( )
print('list:',list)
print('reverse:',list)
```

则系统输出结果：

```
list:[4,12,2,3,2,2019,1]
reverse:[4,12,2,3,2,2019,1]
```

（5）排序，即对列表元素进行排序，采用 sort() 函数实现。例如，输入以下程序代码：

```
list= [1,2019,2,3,2,12,4]
list.sort(reverse = True)      # 将列表元素从大到小排序
print('sort1:',list)
list.sort(reverse = False)     # 将列表元素从小到大排序
print('sort2:',list)
```

则系统输出结果：

```
sort1:[2019,12,4,3,2,2,1]
sort2:[1,2,2,3,4,12,2019]
```

3.1.5 字典

1. 字典的创建与删除

字典的删除命令同列表。

（1）用 { } 来创建字典。例如，输入以下程序代码：

```
zhang={ }
zhang1={'z' :1,'x' :2,'h' :3}
print(zhang1)
```

则系统输出结果：

```
{'z' :1,'x' :2,'h' :3}
```

字典的基本形式为键:值，构成键值对。

（2）用内置函数 dict( ) 根据给定的键值对来创建字典。例如，输入以下程序代码：

```
star=dict(name='xingxing',age='22')
print(star)
```

则系统输出结果：

```
{'name' :'xingxing','age' :'22'}
```

2. 常用字典函数

常用字典函数如表 3-3 所示。

表 3-3　常用字典函数

函数名	返回值
len()函数	返回字典 x 中键值对的数量,len(x)
clear()函数	清除字典中所有的项,类似于 list.sort(),没有返回值
copy()函数	这里是指浅复制,返回具有相同键值对的新字典
fromkeys()函数	使用给定的键,建立新的字典,值为 None,返回新的字典
get()函数	访问字典,一般用 d[]访问,如果字典不存在,会报错,用 d.get('name'),会返回 None
keys()函数	获得键的列表 d.keys(),将键以列表形式返回
values()函数	获得值的列表,同上
pop()函数	删除键值对 d.pop(k),没有返回值
update()函数	更新成员,若成员不存在,相当于加入,没有返回值
items()函数	获得由键值对组成的列表,返回列表,d.items()

例如，输入以下程序代码：

```
d={ 1:'a',2:'b',3:'c',4:'d'}
print(len(d))
c=d.copy()
print(c)
print( {}.fromkeys(['str']))
print(d.get(1) )
print(d.get(888) )
print(d.keys())
print(d.values())
d.pop(1)
print(d)
print(d.items())
```

则系统输出结果：

```
4
{ 1:'a',2:'b',3:'c',4:'d'}
{'str' :None}
a
None
dict_keys([1,2,3,4])
dict_values(['a','b','c','d'])
{2:'b',3:'c',4:'d'}
dict_items([(2,'b'),(3,'c'),(4,'d')])
```

3.1.6　集合

在 Python 中，集合是一系列不重复的元素。集合与字典的不同之处在于，集合只有键，没有对应的值。集合可分为可变集合和不可变集合，可变集合创建后还可以添加和删除元素，不可变集合创建之后就不允许做任何修改。集合函数的作用一般是去重（即删除列表中重复的元素）。

1. 集合的创建与元素的删除

集合的创建方法有两种。

（1）用{ }来创建集合。例如，输入以下程序代码：

```
zhang={1,2,3}
zhang.add(8)
print(zhang)
```

则系统输出结果：

```
{1,2,3,8}
```

（2）用内置函数 set( )来创建集合。例如，输入以下程序代码：

```
zhang1=set(range(2,9) )
zhang1.pop( )        # 弹出并删除某个元素
zhang1.remove(3)     # 删除某个元素
print(zhang1)
```

则系统输出结果：

```
{4,5,6,7,8}
```

"del"命令也可用来删除某个元素。

2. 集合的作用

可用集合去掉列表中的重复元素。例如,输入以下程序代码:

```
zhang1=list((1,3,4,1,2,3,8,5,3))
xing=set(zhang1)
print(xing)
```

则系统输出结果:

```
{1,2,3,4,5,8}
```

3. 常用集合函数

常用集合函数如表 3-4 所示。

表 3-4　常用集合函数

函数名	返回值
add()函数	添加新元素,没有返回值,如果添加重复元素,不会报错,只是不添加而已
pop()函数	set 集合无序,这里会随机删除一个元素,返回值为删除的元素

3.2　基本控制流程

3.2.1　分支结构

1. if 嵌套结构

if 嵌套结构的形式如下。

```
if 条件 1:
        语句
if 条件 2:
        语句
...
if 条件 n:
        语句
```

例如,输入以下程序代码:

```
score=input('请输入学生成绩:')
score=int(score)
if score>90:
    print('A')
if score>=80 and score<90:
    print('B')
if score>=70 and score<80:
    print('C')
if score>=60 and score<70:
    print('D')
if score<60:
    print('E')
```

则系统输出结果：

```
请输入学生成绩:88
B
```

2. if-else 结构

if-else 嵌套结构的形式如下：

```
if 条件 1:
        语句
else:
        语句
```

例如，输入以下程序代码：

```
score=input('请输入学生成绩:')
score=int(score)
if score>60:
    print('及格')
else:
    print('不及格')
```

在系统提示用户输入学生成绩后，输入"56"，则系统输出结果：

```
不及格
```

3. if-elif-else 结构

if-elif-else 嵌套结构的形式如下：

```
if 条件 1:
        语句
elif 条件 2:
        语句
...
else:
        语句
```

例如，输入以下程序代码：

```
score=input('请输入学生成绩:')
score=int(score)
if score>90:
    print('A')
elif score>=80:
    print('B')
elif score>=70:
    print('C')
elif score>=60:
    print('D')
else
    print('E')
```

在系统提示输入学生成绩后，输入"66"，则系统输出结果：

```
D
```

3.2.2　循环结构

1. for 循环

for 循环的语法格式如下：

```
for  迭代变量  in  字符串|列表|元组|字典|集合
代码块
```

以上格式中,迭代变量用于存放从序列类型变量中读取出来的元素,所以一般不会在循环中对迭代变量手动赋值;代码块指的是具有相同缩进格式的多行代码,由于和循环结构联用,因此代码块又称为循环体。

例如,输入以下程序代码：

```
for letter in 'Python':        # 实例 1
    print('当前字母:',letter)
fruits=['banana','apple','orange']
for fruit in fruits:            # 实例 2
    print('当前水果:',fruit)
```

则系统输出结果：

```
当前字母:P
当前字母:y
当前字母:t
当前字母:h
当前字母:o
当前字母:n
当前水果:banana
当前水果:apple
当前水果:orange
```

2. while 循环

while 循环的结构如下。

```
while 判断条件:
执行语句
```

执行语句可以是单个语句或语句块。判断条件可以是任何表达式,任何非零或非空(null)表达式的值均为 true。

当判断条件假(false)时,循环结束。

例如,输入以下程序代码：

```
a=1
while a<10:
    print(a)
    a+=2
```

则系统输出结果：

```
1
3
5
7
9
```

又如,输入以下程序代码:

```
number=[3,41,66,9,107,12]
even=[ ]              #建立一个偶数的空列表
odd=[ ]              #建立一个奇数的空列表
while len(numbers)>0:              #len表示计算列表长度
    number=number.pop( )              #pop表示移除列表中元素,默认为最后一位
    if number%2 ==0:
        even.append(number)              #append表示在空列表中增加元素
    else:
        odd.append(number)
print('even:',even)
print('odd:',odd)
```

则系统输出结果:

```
even:[12,66]
odd:[107,9,41,3]
```

3.2.3 break 和 continue 命令的区别

1. break 命令

break 命令用来终止循环语句,采用 break 命令时,即使循环条件没有达到 false 条件或者序列还没被完全递归完,也会停止执行循环语句。break 命令用在 while 循环和 for 循环中。

例如,输入以下程序代码:

```
for letter in 'python':              # 第一个实例
    if letter=='h':              # 当字母等于 h 时退出
        break
    print('当前字母:',letter)
a=10              # 第二个实例
while a > 0:
    print('当前变量值:',a)
    a=a-1
    if a==5:              # 当变量 a 等于 5 时退出循环
        break
```

则系统输出结果:

```
当前字母 :p
当前字母 :y
当前字母 :t
当前变量值 :10
当前变量值 :9
当前变量值 :8
当前变量值 :7
当前变量值 :6
```

2. continue 命令

continue 命令用来通知 Python 系统跳过当前循环的剩余语句,继续进行下一轮循环。

continue 命令用在 while 和 for 循环中。

例如,输入以下程序:

```
for letter in 'python':        # 第一个实例
    if letter =='h':           # 当字母等于 h 时退出局部循环
        continue
    print('当前字母:',letter)
a=10                           # 第二个实例
while a>0:
    print('当前变量值:',a)
    a=a-1
    if a ==5:                  # 当变量 a 等于 5 时退出局部循环
        continue
    print('当前变量值:',a)
```

则系统输出结果:

```
当前字母 :p
当前字母 :y
当前字母 :t
当前变量值 :9
当前变量值 :8
当前变量值 :7
当前变量值 :6
当前变量值 :5
当前变量值 :4
当前变量值 :3
当前变量值 :2
当前变量值 :1
当前变量值 :0
```

结论:continue 命令用于跳出本次循环,而 break 命令用于跳出整个循环。

3.3　Numpy、Scipy 和 Pandas

3.3.1　Numpy

Numpy(Numerical Python)是 Python 语言的一个扩展程序库,支持大量的维度数组与矩阵运算,此外也针对数组运算提供了大量的数学函数库。

Numpy 是一个运行速度非常快的数学库,主要用于数组计算,它包含一个强大的 N 维数组对象 ndarray,以及广播功能函数、整合 C/C++/Fortran 代码的工具,并提供了线性代数、傅里叶变换、随机数生成等功能。

根据 Python 语言的习惯,可以使用 import 命令来导入 Numpy 模块,命令如下:

```
import numpy as np
```

import 的作用和 C 语言中"include"一样,表示将文件加入该程序。"as np"表示将

"numpy"重命名为"np",这样做的目的是减少单词拼写量。

1. 利用 Numpy 创建数组

（1）创建一维数组。例如，输入以下程序代码：

```
import numpy as np
data1=[1,4,7,10]      # 列表,创建一维数组
arr1=np.array(data1)
print(arr1)
```

则系统输出结果：

```
array([1,4,7,10])
```

也可以按以下方式创建一维数组：

```
import numpy as np
data2=(1,4,7,10)      # 列表,创建一维数组
arr2=np.array(data1)
print(arr2)
```

则系统输出结果：

```
array([1,4,7,10])
```

（2）创建多维数组。例如，输入以下程序代码：

```
import numpy as np
data3=[[1,4,7,10],[95,12,16,9]]      # 创建多维数组
arr3=np.array(data3)
print(arr3)
```

则系统输出结果：

```
array([[1,4,7,10],
      [95,12,16,9]])
```

2. 生成全 0 数组

（1）生成全 0 一维数组。例如：输入以下程序代码：

```
import numpy as np
A=np.zeros(8)      # 生成全 0 一维数组
print(A)
```

则系统输出结果：

```
array([0.,0.,0.,0.,0.,0.,0.,0.])
```

（2）生成全 0 多维数组。例如，输入以下程序代码：

```
import numpy as np
B=np.zeros((3.4))      # 生成全 0 多维数组
Print(B)
```

则系统输出结果：

```
array([[0.,0.,0.,0.]
      [0.,0.,0.,0.]
      [0.,0.,0.,0.]])
```

3. 生成全 1 数组

（1）生成全 1 一维数组。例如，输入以下程序代码：

```
import numpy as np
A=np.ones(8)      # 生成全 1 一维数组
print(A)
```

则系统输出结果：

```
array([1.,1.,1.,1.,1.,1.,1.,1.])
```

（2）生成全 1 多维数组。例如，输入以下程序代码：

```
import numpy as np
B=np.ones((3.4))        # 生成全 1 多维数组
print(B)
```

则系统输出结果：

```
array([[1.,1.,1.,1.]
       [1.,1.,1.,1.]
       [1.,1.,1.,1.]])
```

4. 生成单位矩阵

例如，输入以下程序代码：

```
import numpy as np
np.eye(3)        # 3 表示 3×3 的矩阵
```

则系统输出结果：

```
array([[1.,0.,0.]
       [0.,1.,0.]
       [0.,0.,1.]])
```

5. 数组与数组的算术运算

（1）数组与数组的乘除法运算。例如，输入以下程序代码：

```
import numpy as np
m=np.array((1,6,3))
n=np.array(([1,3,5],[2,4,6],[7,9,1]))
q=m*n      # 数组与数组的乘法运算
print(q)
```

则系统输出结果：

```
array([ [1,18,15],
        [2,24,18]
        [7,54,3] ])
```

接着输入以下程序代码：

```
print(q/m)
```

则系统输出结果：

```
array([ [1.,3.,5.],
        [2.,4.,6.]
        [7.,9.,1.] ])
```

（2）数组的加法运算。例如，输入以下程序代码：

```
m=np.array((1,6,3))
n=np.array((1,3,5))
print(m+n)      # 数组的加法
```

则系统输出结果：

```
array([2,9,8])
```

6. 二维数组转置

例如,输入以下程序代码:

```
import numpy as np
z=np.array([1,3,5],[2,4,6],[7,9,1])
print(z.T)
```

则系统输出结果:

```
array([ [1,2,7],
        [3,4,9],
        [5,6,1]])
```

7. 向量内积

采用 dot()函数来求向量内积。例如,输入以下程序代码:

```
import numpy as np
m=np.array((1,2,3))
n=np.array((1,3,2))
print(np.dot(m,n))      # dot()函数用于求 m 和 n 的内积
```

则系统输出结果:

```
13
```

8. 对数组不同维度上的元素计算

(1) 采用 arrange()函数可在一定范围内生成一个序列,采用 reshape()可函数改变一个数组的格式。例如,输入以下程序代码:

```
import numpy as np
x=np.arange(0,10) .reshape(2,5)
print(x)
```

则系统输出结果:

```
array([ [0,1,2,3,4],
        [5,6,7,8,9] ])
```

(2) 求数组中所有元素的和。例如,输入以下程序代码:

```
import numpy as np
x=np.arange(0,10) .reshape(2,5)
A=np.sum(x)      # sum(x)表示对 x 内所有的数求和
print(A)
```

则系统输出结果:

```
45
```

(3) 求数组中各列元素的和。例如,输入以下程序代码:

```
import numpy as np
x=np.arange(0,10) .reshape(2,5)
B=np.sum(x,axis=0)      # axis 表示将该数组中各列元素相加
print(B)
```

则系统输出结果:

```
array([5,7,9,11,13])
```

(4) 求数组中各行元素的和。例如,输入以下程序代码:

```
import numpy as np
x=np.arange(0,10) .reshape(2,5)
C=np.sum(x,axis=(1) )      # axis(1)表示将该数组中各行元素相加
print(C)
```

则系统输出结果：

```
array([10,35])
```

9.计算矩阵不同维度上元素的均值

array(a,axis＝0)表示对数组的列求均值,average(x,axis＝1)表示对数组的行求均值。例如,输入以下程序代码：

```
import numpy as np
x=np.arange(0,10) .reshape(2,5)
A=np.array(a,axis= 0)     # 对数组的列求均值
print(A)
```

则系统输出结果：

```
array([2.5,3.5,4.5,5.5,6.5])
```

输入以下程序代码：

```
import numpy as np
x=np.arange(0,10) .reshape(2,5)
B=np.average(x,axis=1)      # 对数组的行求均值
print(B)
```

则系统输出结果：

```
array([2.,7.])
```

10.计算数据的标准差和方差

输入以下程序代码：

```
import numpy as np
x=np.random.randint(0,10,size=(3,3) )        # 0~10之间的数随机产生一个 3*3 的数组
print(x)
```

则系统输出结果：

```
array([ [3,4,8],
        [5,2,4],
        [6,1,2] ])
```

在上述代码下继续输入以下程序代码：

```
print(np.std(x)) #  用函数 std( )求标准差
```

则系统输出结果：

```
2.8588178511708016
```

接着再输入以下程序代码：

```
print(np.var(x)     #  用函数 var( )求方差
```

则系统输出结果：

```
8.172839506172838
```

11. 切片操作

在利用 Python 解决各种实际问题的过程中,经常会遇到从某个对象中抽取部分值的情况,切片操作正是专门用于完成这一任务的操作。

```
import numpy as np
x=np.arange(0,50,10) .reshape(-1,1)          # 在 0~50 中每间隔 10 个数字取一个值
y=np.arange(0,5)
print(x+y)
```

则系统输出结果：

```
array([[ 0, 1, 2, 3, 4],
       [10, 11, 12, 13, 14],
       [20, 21, 22, 23, 24],
       [30, 31, 32, 33, 34],
       [40, 41, 42, 43, 44]])
```

12. 广播

广播是指在不同维度的数组之间进行算术运算的一种执行机制，其通过对矢量数据进行高效的运算，而不是按照传统的方法对标量数据进行循环运算来达到目的。广播是 Numpy 中一种非常强大的功能，可以实现高效快速的矢量化数据运算。

例如，输入以下程序代码：

```
import numpy as np
x=np.arange(10)
print(x)
print(x[::- 1])        # 将输出倒序排列
print(x[::2])          # 将输出按偶数间隔取值
print(x[:5])           # 取输出的前五个值输出
```

则系统输出结果：

```
[0 1 2 3 4 5 6 7 8 9]
[9 8 7 6 5 4 3 2 1 0]
[0 2 4 6 8]
[0 1 2 3 4]
```

13. 分段函数

分段函数根据自变量的取值范围决定不同的计算方式，Numpy 中提供了多种计算分段函数的方法。

例如，输入以下程序代码：

```
import numpy as np
x=np.random.randint(0,10,size=(1,10))       # 用 0~10 之间的数随机产生一个 1*10 的数组
print(x)
```

则系统输出结果：

```
array([[1,4,2,7,8,7,4,1,1,2]])
```

在上述代码下继续输入以下程序代码：

```
y=np.where(x<5,0,1)        # 如果小于 5 就返回 0，大于或等于 5 就返回 1
```

则系统输出结果：

```
array([[0,0,0,1,1,1,0,0,0,0]])
```

输入以下程序代码：

```
import numpy as np
B=[8,8,5,6,1,5,6,3,7]
B=np.piecewise(x,[x>7,x<4],[lambda x:x* 2,lambda x:x* 3,0])        # 如果大于 7 就返回 x*2，
                                                                     表示小于 4 就返回 x*3，否则返回 0
print(B)
```

则系统输出结果：

```
array([[16,16,0,0,3,0,0,0,9,0]])
```

14. 矩阵运算

例如，输入以下程序代码：

```
import numpy as np
x_list=[1,4,5]
x_mat=np.matrix(x_list)
print(x_mat)
```

则系统输出结果：

```
matrix([[1,4,5]])
```

在上述代码下继续输入以下程序代码：

```
A=np.shape(x_mat)          # 返回数组的行列维数
print(A)
```

则系统输出结果：

```
(1,3)
```

接着再输入以下程序代码：

```
import numpy as np
y_mat=np.matrix((2,5,3))
print(y_mat)
```

则系统输出结果：

```
matrix([[2,5,3]])
```

继续输入以下程序代码：

```
B=x_mat * y_mat.T    # T表示转置
print(B)
```

则系统输出结果：

```
[[3  7]]
```

3.3.2　Scipy 模块

Scipy 模块是在 Numpy 函数的基础上增加了大量用于数学计算、科学计算以及工程计算的模块，包括线性代数、常微分方程数值求解、信号处理、图像处理和稀疏矩阵模块等。Scipy 主要模块如表 3-5 所示。

表 3-5　Scipy 主要模块

模　　块	说　　明
Constants	定义的值为常量，且在程序执行过程中不可改变
Optimize	用于数值优化算法，可生成拟合数据
Interpolate	主要用于插值计算
Integrate	实现对一维数值和二维数值积分
Signal	基于 Linux 系统进行信号处理
Ndimage	用于删除图像
Stats	用于实现特定的数值统计

3.3.3　Pandas 模块

Pandas（Python 数据分析库）是基于 Numpy 的数据分析模块，提供了大量标准数据模型和高效操作大型数据集所需要的工具，可以说 Pandas 是 Python 能够成为高效且强大的数据分析平台的重要因素之一。

Pandas 主要提供了三种数据结构：①Series，带标签的一维数组；②DataFrame，带标签且大小可变的二维表格结构；③Panel，带标签且大小可变的三维数组。

可以在命令提示符环境下使用 Pip 工具下载和安装 Pandas，然后按照 Python 社区的习惯，使用下面的语句导入 Pandas：

```
import pandas as pd
```

Pandas 模块可以实现以下功能。

1. 生成一维数组

导入 Pandas 提供的数据结构 Series，便可生成带标签的一维数组。Pandas 会默认使用 $0\sim n-1$ 来作为 Series 的标签。例如，输入以下程序代码：

```
from pandas import Series,DataFrame
import pandas as pd
obj=Series([1,-2,3,-4])
print(obj)
```

则系统输出结果：

```
0    -1
1    -2
2     3
3    -4
dtype:int64
```

2. 生成二维数组

首先，利用 Nmupy 生成一个二维数组 narr，然后通过 DataFrame 创建列表型数据结构。DataFrame 既有行索引也有列索引，可以看作是由 Series 组成的字典。例如，输入以下程序：

```
import pandas as pd
import numpy as np
narr= np.arange(12).reshape(3,4)
# DataFrame 对象里包含两个索引,行索引(0轴,axis=0),列索引(1轴,axis=1)
DF=pd.DaraFrame(data=narr,index=['A','B','C'],
            Columns=['views','loves','comments','transfers'])
print(DF)
```

则系统输出结果：

```
      views    loves    comments    transfers
A       0        1          2            3
B       4        5          6            7
C       8        9         10           11
```

3. 查看二维数据

查看二维数据的目的是简单快速地获取列表中的数据。例如，输入以下程序代码：

```
C=DF.values #  查看二维数据
print(C)
```

则系统输出结果：

```
array([[ 0, 1, 2, 3],
       [ 4, 5, 6, 7],
       [ 8, 9, 10,11]])
```

4. 排序

sort()函数用于对原列表进行排序。如果参数已指定,则使用指定的比较函数。例如,输入以下程序代码:

```
DF.sort_index(axis=1,ascending=False)          # 对 1 轴进行排序
DF.sort_index(axis=0,ascending=False)          # 对 0 轴进行排序
DF.sort_values(by='views')                     # 对数据进行排序
DF.sort_values(by='views',ascending=False)     # 对数据进行降序排列
DF.head( )                                     # 默认显示前 5 行
DF.head(2)                                     # 查看前 2 行
DF.tail(2)                                     # 查看最后 2 行
A=DF.index                                     # 查看二维数据的索引
print(A)
```

则系统输出结果:

```
Index([ 'A','B','C' ],dtype='object')
```

在上述代码下继续输入以下程序:

```
B=DF.columns     # 查看二维数据的列名
print(B)
```

则系统输出结果:

```
Index( ['views','loves','comments','transfers'],dtype='object')
```

5. 数据选取

Pandas 作为著名的 Python 数据分析工具包,提供了多种数据选取的方法。本书主要介绍 Pandas 的几种数据选取的方法。在 DataFrame 中选取数据大致包括三种情况:

(1) 行(列)选取(单维度选取):DF[]。这种情况一次只能选取行或者列,即一次选取,只能为行或者列设置筛选条件。

(2) 区域选取(多维度选取):DF.loc[],DF.iloc[],DF.ix[]。这种方式可以同时为多个行和列设置筛选条件。

(3) 单元格选取(点选取):DF.at[],DF.iat[]。这种方式可以准确定位一个单元格。

数据选取示例代码如下。

```
DF['loves']                         # 选择列
DF[0:2]                             # 使用切片选择多行
DF.loc[:,['views','transfer']]      # 选择多列
DF.loc[['A','B'],['views','transfers']]   # 同时指定多行多列进行选择
DF.iloc[2]                          # 查询第三行数据
DF.iloc[2,1]                        # 查询第三行第二列的数据值
DF.iloc[[1,2],[0,1]]                # 查询指定的多行多列数据
DF[DF.loves <5]                     # 按指定条件查询
```

6. 数据操作

在编写程序的过程中,通常会频繁地对数据进行操作。数据操作主要包括数据的拆分、合并、移位、选择等。

数据操作示例代码如下。

```
DF.mean( )                              # 取各列的平均值
DF.mean(1)                             # 取各行的平均值
DF.shift(1)                            # 数据移位
DF['views'].value_counts( )            # 直方图统计
DF1=pd.DataFrame(np.random.randn(10,4) )    # 随机生成 10 行 4 列的数据
p1=DF1[:2]                             # 拆分数据行
p2=DF1[2:7]
p3=DF1[7:]
DF2=pd.concat([ p1,p2,p3 ])            # 合并数据行
DF1=DF2                                # 测试两个二维数据是否相等
```

3.4　Matplotlib 软件包

Matplotlib 是 Python 最流行的画二维图形和图表的软件包。它依赖于 Numpy 模块和 Tkinter 模块,可以用于绘制多种类型的图形和图表(如线形图、直方图、散点图、饼状图等等),简便快捷地实现计算结果的可视化。

Matplotlib 常用的基本函数及其功能如表 3-6 所示。

表 3-6　Matplotlib 常用函数及其功能

函 数 名	函 数 功 能
plot( )	展现变量的变化趋势
scatter( )	绘制散点图
xlim( )	设置 x 轴的数值显示范围
xlabel( )	设置 x 轴标签
annotate( )	添加图形内容细节的指向型注释文本
title( )	添加图形内容的标题
bar( )	绘制柱状图
barh( )	绘制条形图
hist( )	绘制直方图
pie( )	绘制饼状图

下面将介绍使用 Matplotlib 模块来绘制多种类型图形的方法。

1. 绘制线形图

使用 Matplotlib 常用函数 plot( )来绘制线形图。plot( )函数的基本用法如下:

```
plt.plot(x,y,ls= "_",lw= 2)
```

x 表示 x 轴上坐标,y 表示 y 轴上坐标,ls 表示线型,lw 表示线宽。示例程序代码如下:

```
import matplotlib.pyplot as plt
import numpy as np
x=np.linspace(0.5,3.5,100)                    # 在 0.5 至 3.5 之间均匀地取 100 个数
y=np.sin(x)
plt.plot(x,y,ls='-',lw=2,label='plot figure')   # label 表示标记图形内容的标签文本
plt.legend( )
plt.show( )
```

最后，通过命令 plt.show( )将线形图可视化，所得结果如图 3-1 所示。

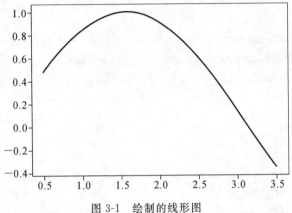

图 3-1　绘制的线形图

2. 绘制散点图

使用 Matplotlib 常用函数 scatter()来绘制散点图。scatter()函数的基本用法如下：

```
plt.scatter(x,y1,c='b',label='scatter figure')
```

x 表示 x 轴上坐标，y1 表示 y 轴上坐标，c 表示颜色，label 表示标记图形内容的图例。示例程序代码如下：

```
import matplotlib.pyplot as plt
import numpy as np
x=np.linspace(0.5,3.5,100)        # 在 0.5 至 3.5 之间均匀地取 100 个数
y1=np.random.randn(100)           # 生成标准正态分布的伪随机数 100 个
plt.scatter(x,y1,c='b',label='scatter figure')
plt.legend( )
plt.show( )
```

所得结果如图 3-2 所示。

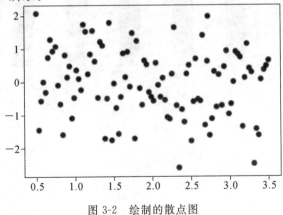

图 3-2　绘制的散点图

3. 绘制柱状图

使用函数 bar()来绘制柱状图。bar()函数的基本用法如下：

```
plt.Bar(x,y2,alpha=0.9,width=0.35,facecolor='blue',lable='xxx')
```

x 表示 x 轴上坐标，y2 表示 y 轴上坐标，alpha 表示透明度，width 表示柱状图的宽度，facecolor 表示柱状图填充的颜色，lable 表示整个图像代表的含义。示例程序代码如下：

```
import pandas as pd
import numpy as np
import matplotlib.pyplot as plt
from numpy import arange
data=pd.read_csv('fandango_scores.csv')        # 打开数据
cols=['RT_user_norm','Metacritic_user_nom','IMDB_norm','Fandango_Ratingvalue','
Fandango_Stars']
bar_heights=data.loc[0,cols].values      # 表示 cols 所对应的值
bar_positions=arange(5)+1      # arange(5)用于创建等差数组[0,1,2,3,4]
tick_position=range(1,6)
fig,ax=plt.subplots( )
ax.bar(bar_positions,bar_heights,0.4)
ax.set_xticks(tick_positions)
ax.set_xticklabels(cols,rotation=30)
ax.set_xlabel('Rating Source')      # 设置 x 轴的标签
ax.set_ylabel('Average Rating')      # 设置 y 轴的标签
ax.set.title('Average User Rating For Avengers:Age of Ultron(2015) ')      # 图形内容的
                                                                        标题

plt.show( )
```

所得结果如图 3-3 所示。

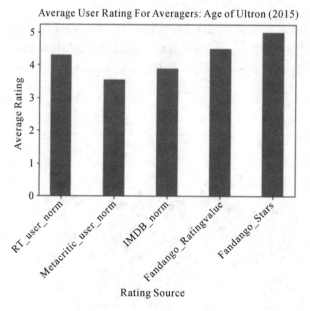

图 3-3　绘制的柱状图

4. Matplotlib 应用实例

以下是寻找函数最优值的示例程序代码：

```python
import sys
import matplotlib.pyplot as plt
b=-120
w=-4
lr=1
iteration=100000
b_history=[b]
w_history=[w]
# lr_b=0
# lr_w=0
for i in range(iteration):
    b_grad=0.0
    w_grad=0.0
    for n in range(len(x_data)):
        b_grad=b_grad-2.0*(y_data[n]-b-w*x_data[n])* 1.0
        w_grad=w_grad-2.0*(y_data[n]-b-w*x_data[n])*x_data[n]
    #lr_b=lr_b+b_grad**2
    #lr_b=lr_w+w_grad**2
    b=b -lr/np(lr_b)*b_grad
    w=w -lr/np(lr_w)*w_grad
b_history.append(b)
w_history.append(w)
plt.contourf(x,y,z,50,alpha=0.5,cmap=plt.get_cmap("jet"))
x_data=[338.,333.,328.,207.,226.,25.,179.,60.,208.,606.]
y_data=[640.,633.,619.,393.,428.,27.,193.,66.,226.,1591.]
```

得到函数最优值的输出结果如图 3-4 所示。

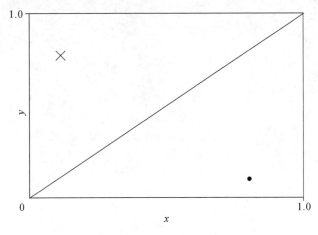

图 3-4　函数增长量的最优值

本 章 小 结

本章介绍了 Python 的六种基本数据类型,即数字型、字符串型、元组型、列表型、字典型、集合型,并介绍了这六种数据类型的定义、创建方式、相关操作方法及其常用函数;介绍了 Python 语言的基本控制流程;讨论了 Numpy、Scipy、Pandas 三种用 Python 语言进行科学计算的函数的功能和特性;介绍了用于数据可视化的程序包 Matplotlib,包括 Matplotlib 的使用方法、常用函数以及绘制线形图、散点图、柱状图等计算可视化的实例。

习　　题

1. 编写程序,生成包含 1000 个 0～100 之间的随机整数,并统计每个元素的出现次数。

2. 编写程序,至少使用两种不同的方法计算 100 以内所有奇数的和。

3. 用 0、1、2、3、4、5、6、7、8、9 来组成一个三位数,要求个位、十位和百位所使用的数字不能重复。

第4章 大数据分析技术

4.1 MapReduce 编程基础

云计算是当今 IT 产业的核心技术,它可以通过网络为用户提供各种 IT 资源。云计算以虚拟化技术为基础,可以提供低成本、可伸缩的网络资源或服务。虚拟化的资源不受物理条件的限制,能够根据实际需要进行动态调整,这也使得云计算环境是一个动态异构的计算环境。随着第三次信息化浪潮的涌现,人类进入大数据时代。海量数据的出现对数据的存储与处理提出了更高的要求。Hadoop 是云计算的一种实现,其中的 MapReduce 是一种并行编程框架,该框架可以运行在大规模计算机集群上,具备对海量数据进行并行处理的能力。传统的 MapReduce 是在静态同构的环境下设计的,这使得其计算能力在云计算动态异构的环境中受到较大影响,而且在很长一段时间内,计算机都没有很好的办法处理非关系数据库。传统的数据处理技术无法处理非关系数据,特别是关系数据和非关系数据的融合使得数据处理起来相当棘手。为了实现大规模集群的海量数据处理,Google 公司在 2004 年提出了 MapReduce 并行计算模型。它是云计算的核心之一,能从复杂的实现细节中提取简单的业务处理逻辑,通过一系列简洁强大的接口,自发地并行和分布执行海量数据的计算。开发者不用有许多的并行运算或分布式应用的开发经验就能高效地使用分布式资源。MapReduce 的出现为处理复杂类型的数据提供了一种有效的解决方案。在数据挖掘中,关联规则算法是比较常用的一种算法,这种算法在处理结构化的数据时,能够在单机有限的资源上充分发挥算法的优势,很快得到数据挖掘结果。但是,这种算法在非关系数据库处理方面,却存在着不小的问题,而这个问题在 MapReduce 框架下却可以得到很好的解决。本章将在对 MapReduce 进行分析后,提出其在云计算环境中的改进方法,力求提高分布式并行计算的性能,为云计算环境中大数据分布式并行计算的优化提供一种解决方法。

4.1.1 MapReduce 的概念

常用的基于云计算的数据挖掘的并行计算模型主要是 MapReduce。MapReduce 框架不仅有较强的容错特性,还能够对数据进行传递,让大批量的数据都能够得到高效的运算。一般来说,MapReduce 的并行计算任务可以分为两种,一种是 Map 任务,一种是 Reduce 任务。在这两种任务执行的过程中,数据挖掘系统会自动将获得的数据划分为多个独立的小模块,然后将这些小模块分布到各个数据节点中,进行统一的核算处理。这种方法可以让数据得到分布式的核算,从而加快数据处理的速度,减小服务器集中处理数据的负载,提高效率。在进行海量数据处理的时候,可以借助 MapReduce 的任务分配功能框架去设定各数据节点,并对处理阶段和核算节点进行统一分布式管理,这样便于处理 Hadoop 数据处理过程的各种问题。

MapReduce 采用了并行处理技术,可以在大规模数据上进行分布式并行计算。如前文所述,该技术对数据的处理分为 Map 和 Reduce 两个阶段,其具体执行过程为:

(1) MapReduce 使用 InputFormat 进行 Map 任务前的预处理工作,然后将输入文件逻辑上划分成若干个输入分片,同时记录要处理数据的长度和位置。

(2) RecordReader 根据输入分片中记录的信息处理数据,并转换成键值对⟨key,value⟩传送给 Map 任务。

(3) Map 任务会根据相关规则,产生一系列键值对⟨key,value⟩作为中间结果。这些中间结果会经过洗牌、排序、归约等一系列操作,转换成⟨key,value-list⟩的形式,以便 Reduce 任务进行并行处理。

(4) Reduce 任务对输入数据⟨key,value-list⟩进行并行处理,将结果输出给 OutputFormat 模块。

(5) OutputFormat 模块对输出文件和输出目录进行校验,确认无误后,将结果保存到分布式系统中。

4.1.2 MapReduce 原理

MapReduce 采用了分治算法。分治算法就是将一个复杂的问题分解成多组相同或类似的子问题,对这些子问题进行再次分解,然后又对得到的子问题进行分解直到最后的子问题可以简单地求解。经典的排序算法——归并排序算法正是采用了分治思想。归并排序采用递归的方式,每次都将一个数组分解成更小的数组,再对这两个数组进行排序,不断递归下去。当分解得到形式最简单的两个数组时,将分解后得到的各个数组进行合并,如图 4-1 所示。这就是归并排序。

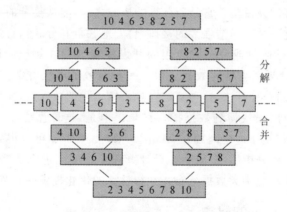

图 4-1　归并排序——分而治之

从图 4-1 可以看到,初始的数组是{10,4,6,3,8,2,5,7},第一次分解后,得到两个数组:{10,4,6,3},{8,2,5,7}。

继续分解,最后得到 5 个数组:{10,4},{6,3},{8,2},{5,7}。分别合并并排序,最后排序完成,得到数组{2,3,4,5,6,7,8,10}。

上述的例子是比较简单的情况。当这个数组很大的时候又该怎么办呢？比如这个数组达到 100 GB 大小,那么在一台机器上对其进行归并排序肯定是无法实现或是效率较为低下的。但可以将任务拆分到多台机器中去,而使用分治算法可以将一个任务拆分成多个小任务,并且这多个小任务不会相互干扰,可以独立计算。将这个数组拆分成 20 个块,每个块的大小为 5 GB。然后将这每个 5 GB 的块分散到各个不同的机器中去运行,最后再将处理的结果返回,让中央机器再进行一次完整的排序,这样无疑会使速度提升很多。上述这个过程说明了 MapReduce 的大致原理。

4.1.3　MapReduce 函数式

MapReduce 用于在集群上使用并行分布式算法生成和处理大数据集。由前文可知,MapReduce 模型是数据分析的分而治之思想的具体应用。MapReduce 框架的主要贡献不是实际的 Map 和 Reduce 功能,而是优化执行引擎来实现各种应用的可伸缩性和容错性。因此单线程的 MapReduce 实现通常不会比传统的编程模型(非 MapReduce)实现更快,任何收益通常都只能在多线程实现中看到。只有当 MapReduce 框架的优化分布式洗牌操作和容错功能发挥作用时才能使用此模型。

Map 和 Reduce 是函数式编程中的两个语义。map()函数和 for 循环类似,只不过它有返回值。比如对一个列表进行 Map 操作,它就会遍历列表中的所有元素,然后根据每个元素处理后的结果返回一个新的值。利用 map()函数,可将列表中每个元素从整型转换为字符串型。在 Python 内构建 map()和 reduce()函数。map()函数接收两个参数,一个是函数,一个是序列,map()函数将传入的函数依次作用到序列的每个元素上,并把结果作为新的列表返回。比如有一个函数 $f(x) = x^2$,要把这个函数作用在一个列表[1,2,3,4,5,6,7,8,9]上,就可以用 map()函数实现,代码如下:

```
>>>def f(x):
...     return x*x
...
>>>map(f,[1,2,3,4,5,6,7,8,9])
```

则系统输出结果:

```
[1,4,9,16,25,36,49,64,81]
```

处理流程如图 4-2 所示。

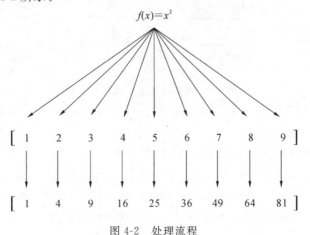

图 4-2　处理流程

map()函数传入的第一个参数是 f,即函数对象本身。若不需要 map()函数,通过一个 for 循环,也可以计算出结果,代码如下:

```
L=[]
for n in [1,2,3,4,5,6,7,8,9]:
        L.append(f(n))
print L
```

4.1.4 MapReduce 的应用

MapReduce 是谷歌运行大规模数据并行计算的核心模型。在大数据的并行挖掘处理中,Hadoop 处理大量小文件数据时会有内存消耗过高、数据读写速度慢等情况出现。为了解决这个问题,MapReduce 通过两个函数重写了优化算法,实现了海量小文件数据的并行挖掘。MapReduce 是适合海量数据处理的编程模型。Hadoop 能够运行使用各种语言编写的 MapReduce 程序,因此可使用多台机器集群执行大规模的数据分析。

MapReduce 是由两个内置函数 map()和 reduce()组成的,计算的框架由 map()函数和 reduce()函数提供。在 MapReduce 框架系统中,多个进程可以同时调用函数,进行多个输入,实现资源共享,两个函数之间的调用关系如图 4-3 所示。

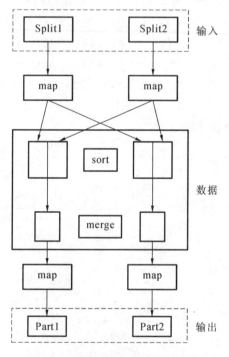

图 4-3　两个函数之间的调用关系

为了保证系统一定的吞吐量且以批处理为主,传统的 MapReduce 单个分区归约(MR)任务的最终输出会在 Reduce 过程完成后录入 HDFS 并存储。倘若正在运行的 MapReduce 任务需要用之前 MapReduce 作业的最后输出作为输入,则在任务运行完成并把输出存储到 HDFS 之前,MapReduce 不会开始当前任务的执行。因为 MapReduce 在执行调度任务时,ResourceManager 需知道 HDFS 中输入数据的路径。另外,在实际生产中的数据多数都是异构的,因此需有多个 MapReduce 任务进行字段重新组合来保证数据结构化。通常,这些

MapReduce 任务间会含有相互依托的关系,某个 MapReduce 任务的输入为其他一个(或多个)MapReduce 任务的输出,这些有依托关系的 MapReduce 任务每次在运行时,会等候之前任务把输出序列化存进磁盘之后,再从磁盘中读取序列化后的结果。由于涉及磁盘的 I/O 操作量较大,所以执行速率会大大地降低。因此系统会改进单个 MapReduce 任务的执行流程,通过把 Reduce 过程的中间结果直接传输给后续任务的 Map 过程,保证相互之间有依托关系的 MR 任务顺利完成流式处理。

在进行数据挖掘的时候,程序员可以将重点放在两个函数执行阶段的处理上,而不用过多关注分布式处理是怎么实现的。因此 MapReduce 不需用户掌握分布式并行编程,可以直接使用这两个模型进行数据挖掘。在并行数据挖掘过程中,数据处理流程主要分为两个阶段,即 map()函数的执行阶段(映射阶段)和 reduce()函数的执行阶段(归约阶段)。

Map 阶段主要是完成映射分解,将要分析的数据模块化分解成若干小数据,将这些小数据的集合交由集群中的每个节点来处理,并产生一系列的处理结果。

Reduce 阶段的主要任务就是将 Map 阶段产生的处理结果进行归纳,按照一定逻辑归纳合并,并将最终的结果呈现给用户。在这两个阶段中,Map 阶段中只是完成映射分解,并不会对原有的数据结构产生破坏,因此在这个阶段数据处理是可以高度并行的。在 Reduce 阶段,数据结构会产生一定的破坏,原有的数据要重新组合,所以并行性相对第一个阶段来说并不高,但是仍然是独立的运算过程,所以在这个阶段数据处理仍然是可以并行执行的。由此可以得出结论,MapReduce 在数据挖掘中是可以并行执行数据处理的。

由于 MapReduce 能够在数据挖掘计算中并行执行,因此它很适合用于分布式计算。MapReduce 依靠其强大的容错机制和分布式调度策略,为数据挖掘的算法提供了一个非常可靠的且容易扩展的功能强大的分布式平台。在 MapReduce 中有几个重要的概念。

(1) Job:指在数据挖掘中单次分布式过程所要完成的工作内容。

(2) Task:工作任务,是在一次分布式过程中要完成的工作任务的子任务,分为 Map 任务和 Reduce 任务两种,分别在算法的两个阶段完成。

(3) JobTracker:控制节点。在 Map 阶段中,将数据分解后交由这些节点来实现控制,一般放置在独立的服务器上,它有一个主要的任务就是监督并调度 job 的子任务,如果发现有失败的任务,则强制重新运行。

(4) TaskTracker:计算节点,主要分布在一个或多个服务器上,提供辅助服务,负责和控制节点进行通信,执行所接收到的每个任务。

(5) JobClient:用户端,每个 Job 通过 JobClient 将程序和各类参数打包成一个 JAR 文件,并且存储起来,然后将存储路径上传到控制节点中,等待工作节点生成子任务后,由任务节点去执行。

4.1.5　MapReduce 的列储存

在目前大部分针对关系数据的大数据处理系统中,更多的是"一次导入多次查询",并且只会针对数据表中的一列或者几列进行查询。基于列存储方式的数据组织特性,数据列成为分布式环境下的主流存储结构,其典型的代表有 Parquet 和 ORCW 等。尽管它们在查询处理方面已经达到了比较理想的性能,但仍然有诸多待钻研、改进之处。比如,元数据索引信息并没有像表数据一样采用页式结构作为数据组织形式,读取索引数据时,需要分别读取多个区域定位索引信息,且索引信息为一些轻量级统计信息,不能精确到具体的数据页、数据项以及数据行号等,在数据查询时不能很快过滤掉无关数据。另外,在数据压缩方面没有综合考虑数据类型和每个数据列内局部分布特征来选择更加合适的压缩算法,并且在执行查询时,不可以基于压缩数据直接处理。对企业而言,高效的数据存储不仅能够降低数据存储成本,更重要的是在密集型大数据查询领域,有助于实现数据的快速查询,减少时间开销。因此为了能够对海量数据实现合理存储以及高效查询,对列存储技术的研究势在必行。

在 MapReduce 计算环境下,列存储与行存储不同,其查询处理的操作对象为分布式存储在每个节点上的列或水平划分后的列组,因此,查询执行投影操作为每个节点上的列的操作,效率很高。查询中的每个操作都是相对独立的,这就减少了重复访问相同表格带来的 I/O 接口浪费,也为 MapReduce 框架下查询的并行执行提供了必要条件。在行存储中,下推的目标对象是表,而在列存储中,下推的目标对象具体到某个列,每个列相当于一个由(row-id,value)组成的小表。在 MapReduce 分布式环境下,小表又是分隔后存储在集群每台机器上的。因此,在列存储的 MapReduce 计算环境里,目标对象是分片小表。列存储在 MapReduce 分布式环境中的实现如图 4-4 所示。

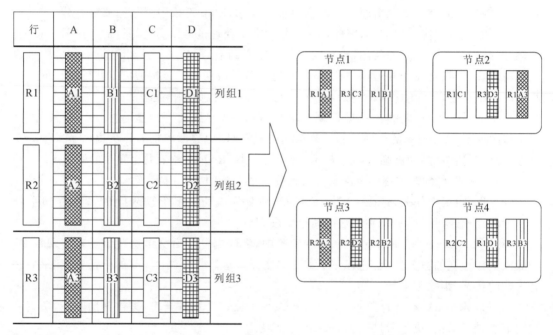

图 4-4　列存储在 MapReduce 分布式环境中的实现示意图

4.1.6　MapReduce 的特点

(1)节省网络传输的带宽和成本。

MapReduce 在进行数据处理的时候,摒弃了原有的分布式系统产生的移动数据的处理方式,将移动数据本地化,采用移动计算的方式,有效地减少了网络传输需要处理的数据,节省了带宽资源和成本,提高了分布式处理的效率。

(2)将所有分布式处理的数据以键值对的形式进行处理。

由于在大数据处理过程中存在多种数据类型,原有的结构化数据处理的方式不能统一使用,MapReduce 进行数据处理时,对结构化、非结构化、半结构化数据均采用键值对的方式进行处理,即将数据转换成⟨key,value⟩的形式。这样的处理方式可以有效提高 MapReduce 处理数据的能力,增强数据处理的扩展性。

(3) 对硬件资源要求不高,有较为强大的容错机制。

MapReduce 将移动数据本地化,不再需要强大的硬件支持,有效地降低了搭建一个分布式数据处理平台的成本。另外 MapReduce 还有较为强大的容错机制,使得分布式平台在数据处理的过程中不会频繁地卡顿。目前 MapReduce 是企业级分布式构架的最佳选择。在 MapReduce 模式下,当集群服务中有一台服务器出现故障而不能够正常运作时,这台服务器的任务自动由 MapReduce 转移到其他空闲的服务器上继续执行(处理的结果也会一并转移),转到新服务器的程序会从断点处开始执行计算。

传统 MapReduce 中的 join 运算通常会在映射阶段读入数据集并依照查询条件过滤,生成键值对,键是 join 属性,值为键本身的值与来自某个表的标签。接着经过洗牌过程,相同键进入同一个 Reduce 来完成连接。基于传统 MapReduce 连接查询,网络传输量大,且需要运行多轮,学术界近几年也在致力于对其进行优化。近几年出现了 Map-Reduce-Merge 模型,该模型通过增加一个 Merge 阶段有效地整合已在 Map 阶段和 Reduce 阶段划分和排序的数据,用来有效地处理关系数据库的相关操作。在此基础上构建文件索引可以提高性能,通过递归处理索引文件,按查询条件划分数据,从而有效地进行选择,提高查询的效率。Map-Reduce-Merge 模型保留了 Map-Reduce 的主要特性,同时能够有效地支持并行数据库的相关操作,更适用于关系操作,尤其是连接查询。在此基础上,在 Map 阶段与 Reduce 阶段之间增加 join 操作,可以从多数据源获取数据,从而提高数据连接的效率。这两种模型减少了洗牌阶段的网络传输与连接的轮数,达到了优化目的。洗牌阶段涉及排序与分组,可根据不同业务,重新进行编写,进而减少网络传输量,起到查询优化的作用。

4.1.7 MapReduce 大数据平台结构

为了保证数据的高质量,需要对数据进行预处理。去重便是预处理的一种,它能够消除冗余数据,提高后续数据的传输效率,所以在系统的前面加入去重操作,保证具体的业务需求,并满足数据格式的标准化需求,为后续的查询业务提供保障。根据关系数据的特征可知,其连接查询使用较为频繁,因此需要保证其连接查询的高效性。MapReduce 框架通过 Map 和 Reduce 两个操作对数据进行处理,并行编程必须设计符合标准的接口,以满足数据量增长所带来的任务处理要求。同时,标准的接口设计可以在一定程度上把编程实现与计算机底层进行完美隔离,从而提高编程效率。MapReduce 系统以 Hadoop 为基础构建而成,对 Hadoop 原有部分组件进行了扩展。

MapReduce 运行的环境由客户端、ResourceManager、NodeManager 和 ApplicationMaster 组成。客户端将与用户需求相关的作业提交给 ResourceManager,ResourceManager 将作业分配给 NodeManager,NodeManager 把作业分解为 Map(映射)任务和 Reduce(归约)任务,并将任务交给 ApplicationMaster 执行。

为了便于读者了解 MapReduce 对关系数据去重的思想,现以某城区 WiFi 上下线日志去重为例进行说明,如图 4-5 所示。

数据在经过去重处理后,多次重复以及字段缺失的情况大幅减少,但是由于数据量大、包含属性较多,因此数据分类存放在多张表中,所以也需要解决其异构问题。通过连接查询可以将存储在不同表中的数据通过某些共有属性连接起来,进而解决关系数据在使用过程中的异构问题。考虑到 MapReduce 在 Map 阶段可以对数据属性按需求进行组合,Reduce

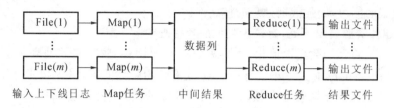

图 4-5　MapReduce 对关系数据去重的过程

可对 Map 的属性进行归并,因此可以将其用于连接查询的应用之中。针对不同情况对 Ma-pReduce 进行连接查询的方法设计如图 4-6 所示。

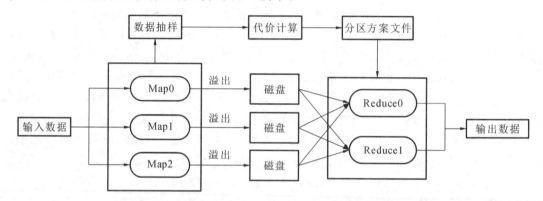

图 4-6　MapReduce 连接查询方法设计

　　基于 MapReduce 的运算框架与海量关系数据的特点,提出一套完整的海量关系数据处理平台架构。平台主要架构包含终端数据层、接入层、数据存储与处理层、数据访问接口层、应用层。海量关系数据处理平台构架如图 4-7 所示。

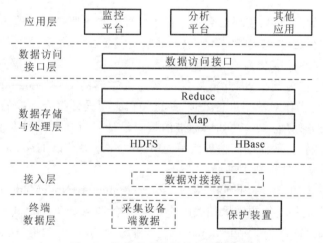

图 4-7　海量关系数据处理平台构架

　　(1)终端数据层　在终端数据层,通过接收器接收设备采集到的数据,并将数据以一定的数据流格式发送到接入层;传输过程中会用特定的算法进行信息加密,保障数据的安全性,同时保护装置会通过心跳检测手段,对采集设备进行监控,若采集设备出了问题,保护装置会进行调度,启用备用应急设备,以避免不必要的损失。

　　(2)接入层　接入层接收终端数据层发送的采集到的数据流,并进行解密操作,提供一些数据对接接口,可以按照对接规范形成海量关系数据表,并以海量表的形式把信息交付给数据存储与处理层。经过此过程后，系统会完成数据格式的归一化管理，以及相应的字段转换，避免在后续的数据处理过程中，同一字段因为发送数据源规范不同，导致在接收端这一字段格式多样的情况发生，从而便于数据的处理与使用。

（3）数据存储与处理层　该层是在 Hadoop 平台的基础上进行搭建的。HDFS 与 HBase 用于海量关系数据的存储。本层是业务流程的核心模块之一，数据处理的预处理流程就是在本层中实现的。通过 MapReduce 将处理过的历史数据和新采集到的数据进行碰撞运算，达到数据去重的目的。经过数据去重，得到质量较高的数据，保障上层的应用高效性与精确性。

（4）数据访问接口层　数据访问接口层的任务是给应用层提供一系列的数据访问接口，隐藏底层数据的处理过程，以便高级应用层调用，并与数据处理与存储层密切关联。此层要实现连接查询的功能，主要通过 MapReduce 来进行基于 Map 的连接与基于 Reduce 的连接。最后将 MapReduce 的输出结果入库，并封装调用接口供上一层调用。

（5）应用层　此层会对处理后的关系数据进行利用，用于前端展示、交互设计、数据分析等。通过可视化的平台，将之前数据访问接口层处理过的数据展示出来，可用于监控整个平台的运行状况，通过集成一些算法模型，提供相应的一些数据分析与挖掘的功能模块，对之前查询到的结果进行相应的业务组合，绘制图表，进行总结等。应用层的结构如图 4-8 所示。

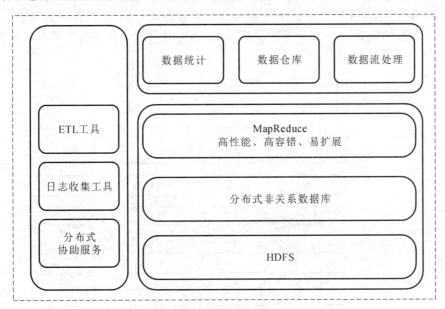

图 4-8　应用层

整个系统能提供类似 SQL 的查询接口，应用层的指令会通过数据访问接口层转换成 SQL 语句，接着会把指令转换为 MR 任务集提交给处理层运行。系统通过元数据来实现 Hadoop 系统与数据库的融合，运用 MapRedace 来实现连接查询任务，连接查询的 MapRedace 任务集调度与通信全权交给 MapRedace 的 ResourceManager 负责。系统主要用 HDFS 与 HBase 进行数据存储，用数据库集群辅助存储。通过 HDFS 与 HBase 存储信息完整的海量关系数据，然后通过分析业务所需的属性配置文件，选取满足业务的属性列，执行脚本，将所需的属性列导入数据库以供后续使用。因数据库对高质量的数据实施查询的速度比 Hadoop 系统快，所以为了获得高质量的数据，需要对数据进行清洗操作。又因为处理的数据为关系数据,具有异构的特性,所以在录入数据库前,需要通过连接查询,对数据进行归一化操作,使其满足需求。以下将对整个系统的重要流程——数据去重流程与数据查询进行介绍。

4.1.8　MapReduce 的分片聚集处理

在复杂的大数据分析应用(如互联网企业的后台日志处理、新闻摘要更新和社交网络服务推介等)中,频繁查询(recurring query)常常出现,其特点是系统周期性生成庞大的更新数据,而且必须快速地进行实时查询处理。在这种情况下,需对不断变化的数据周期性地执行相同的分析查询,查询价值取决于用户感兴趣的数据粒度。频繁查询的时间跨度可以是几个小时或者几天,甚至数月。这种真实环境下频繁查询的时态特性对现有数据计算模型提出了新的要求。大数据环境下的频繁查询,由于具有数据量大、速度快、数据类型多、数据价值密度低的特点,因此面临数据密集型查询的挑战,同时用户对高可扩展的实时性查询的依赖性越来越强。大数据环境下的频繁查询已经成为当前大数据研究中具有挑战性的新热点。传统数据库经常利用数据重用提升查询效率。数据重用有利于减少系统存储量、缩短用户响应时间,是数据库管理的重要研究内容。但是,由于传统数据库缺少扩展性,只能依靠单台服务器执行,在做大数据分析时,其计算资源常常耗尽,无法胜任频繁查询负载压力,迫切需要采取有效手段,引入 MapReduce 分布式并行计算框架,构建具有可扩展性的数据库。基于列存储的 MapReduce 分片聚集方法,能充分调用集群中所有机器的计算资源,实现数据的并行连接,如图 4-9 所示。

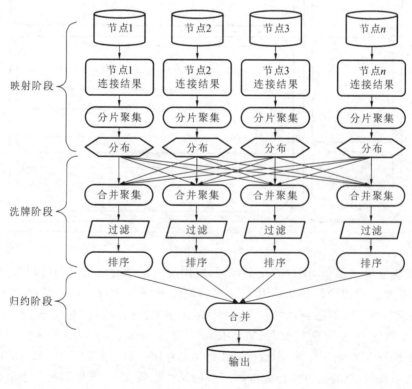

图 4-9　数据的并行连接

数据并行连接的步骤如下。

（1）抽取：在集群中的多个机器上进行并行连接操作，分别执行完之后，得到子连接结果，进入分片聚集阶段。

（2）分片聚集：对每个子连接结果进行聚集计算，从而利用分片方法来减少数据量，提高并行计算能力。在多查询任务中，分片聚集结果还可以重用。

（3）分布：将前阶段的结果，按照查询语句的分组条件，重新分配到各个分组中，使所有具有相同查询字符串的结果被分配到同一个 Map 任务中。

（4）全聚集：每个分区对应一个 Map 任务，通过合并计算具有相同的查询字符串的查询结果，得到最终聚集结果。

（5）过滤：过滤冗余的数据连接。

（6）排序：调用 Hadoop 的排序算法，使用 TeraSort 算法，对剩余的结果按照要求并行地进行归约排序。

（7）合并：由各个 Reduce 进行合并操作，将所有分区排序的结果合并在一起，输出最终结果。

（8）输出：输出最终结果。

4.2　文本大数据分析与处理

在现代生活中，全球每天都会产生大量的文本数据。这些文本数据中包含大量有价值的信息。由于网络的发展，普通人可以通过接入互联网方便地获得这些文本数据。互联网中的文本数据中包含大量的事件。另外，在这个万物互联的世界，我们不仅是信息消费者，还是信息生产者。社交媒体（如 Facebook、Twitter 等）的广泛使用，使我们更容易自由地表达自己的观点。基于一条文本数据，在很短的时间内，网上就能产生数以百万计的评论，影响并改变事件的发展。因此，从大量数据文本中找到需要的信息是一个有挑战性且关键的任务。有效地分析和处理这些文本数据信息将有利于我们进行决策。然而，高效地处理大量数据还是一个比较大的难题。

在文本数据分析中，通常采用以事件为导向的分析方法。该方法为人们理解世界上什么时候、什么地方、发生了什么事提供了一个有效的解决方案。新闻工作者经常使用事件导向的方法发表文章。在学术界，事件这个词有多重意思，而且已经有广泛的使用。比如，在哲学领域，拉塞尔和怀特黑德用时间和空间来定义事件。在人工智能的领域，事件的概念已经被广泛应用于文本数据处理，其中信息检索和信息抽取是文本数据处理中的两个有效手段。

信息检索时将文本按相似度进行排序。通过向量空间模型和 TF-IDF（词频-逆文本频率）等技术，文本数据库被处理成词袋，然后利用高维空间向量之间的距离计算文本的相似度。在信息检索中，一个文本事件通常被定义成一个发生在特定时间、特定空间位置的事件，如飞机事故或一个会议。在传统的信息检索系统中，事件识别通常输出的是一系列描述相同事件的文档。在向量空间中，通常认为属于相同事件的向量之间的距离很近。采用基于信息检索的分析处理技术通常能方便地找到内容相近的文档。但是，信息检索因为没有句法和语法分析，不支持基于内容的文本数据分析。由于返回的结果是语义相近的一簇文档，用户需要浏览文本内容才能获取需要的信息。随着文本数据的大规模增长，在检索结果返回后,人们经常要面对数以万计的文本。为了实现针对文本内容的分析,可以采用信息抽取方法。

信息抽取的目的是抽取有指定概念或独立的语义和语法单元。不同于传统的信息检索系统将文本视为最小的处理单位,信息抽取系统通常在句子级别上分析文本数据的内容。大多数信息抽取系统致力于抽取指定的语义信息,如命名实体、关系、数量词、事件等。信息抽取系统中的自动文本抽取(ACE)评估程序定义了四个任务:实体探测和跟踪(EDT)、关系的探测和分类(RDC)、实体链接(LNK)、事件探测和分类(VDC)。其中,VDC 任务主要包括确认事件触发词、事件属性、事件元素和相互引用。在信息抽取领域中,一个事件经常被定义为一个填充事件元素的模板和框架,称之为模板事件。模板事件由一个特殊的词(触发词,例如动词)触发。一个事件模板需填充的信息就是事件的元素,如行为主体和行为客体、时间、地点。特征模板事件抽取是指从半结构和无结构的数据中抽取结构数据。这些结构数据可以直接用来构建一个知识库。信息抽取系统的主要问题是抽取结果质量太差。大多数的输出结果都是容易出错的。例如:在文本分析中,知识库群体跟踪事件填充抽取得到正确数据的概率只有 30%。在开放域中进行信息抽取是一个更加有挑战性的任务。因为需要处理多源、异质的文本数据,而且存在噪声和特征稀疏等问题,通常效率都比较低。

在开放域的信息抽取研究中,有很多知识库被用来支持文本数据处理。这些系统可以粗略地分为两类。一类是由半结构数据库自动生成的知识库。由于数据具有较好的一致性,所以它们被广泛用于支持各种文本数据处理方法。另一类是把带有具体概念的语言单元组织成一个基于图表示的系统。基于图的结构能有效表示文本中潜在的知识结构。下面我们分信息检索和信息抽取两部分来介绍文本数据分析和处理技术。

1. 信息检索技术

信息检索的思想起源于图书馆学。在早期,图书馆员用信息检索技术来检索索引的项目如书籍或文件。例如,采用目录卡索引已归档的项目。目录通常按作者、标题和主题的字母顺序排列。检索任务主要由人工完成。直到 19 世纪初,才出现了可以操作目录卡的机械设备。

1950 年 3 月,美国情报学家 Calvin Mooers 在国际会议上首次使用了"信息检索"一词。1966 年,Cleverdon 和 Keen 证明了自动检索文档的可靠性。自动索引可与手动索引媲美,这个结论来自 1960 年代后期建立的 Cranfield Collection 语料库。它包含 1400 个文档和 225 个查询。1990 年代末互联网技术的发展促使大量文本数据产生,从而加快了信息检索技术的发展。互联网上到处都是非结构化或半结构化的文档,这给传统的信息检索方法带来了挑战。传统的信息检索方法采用的技术主要用于更有效地处理这些文档。它主要侧重于为表示、存储、组织和访问信息项提供有效的方法。

在传统的信息检索系统中,需要将查询请求作为输入。所提交的查询请求可以是结构化的(例如正则表达式)或非结构化的(例如名词短语或自然语言)。提交查询时,系统通过测量查询和文档之间的相似性来检索相关文档。但是,由于查询请求中包含很多人为的错误,因此,研究人员开发了提高查询质量的技术,例如交互式查询细化技术、相关性反馈技术、词义消歧技术等。

信息检索技术主要基于文本相似度进行文本数据处理。目前,已经提出了各种模型来计算查询内容和文档之间的相似度,例如布尔模型、自然语言处理(NLP)模型和向量空间模型(VSM)。在布尔模型中,文档由一组术语(或关键字)建立索引。在早期,这些术语是手动收集的,或者是从标题、摘要或文档中自动提取的。在基于布尔编码的查询模型中,文档匹配主要通过布尔运算实现。在 NLP 模型中,检索文档包含基于自然语言的语法和/或语义知识。基于这些模型的方法被称为语义方法,因为它们试图理解文本文档的结构和含义。在所有信息检索的模型中,VSM 是信息检索最受欢迎的模型之一。在该模型中,每个文档(段落或句子)为具有固定长度尺寸的术语向量。文档之间的相似性是通过使用术语向量之间的距离来计算的。

为了支持信息检索的相关研究,人们举办了很多测评会议,旨在推广信息检索的最新技术。下面介绍两个重要的评估会议:文本检索会议(TREC)和主题检测与跟踪(TDT)会议。1992 年,美国国防部高级研究计划局(DARPA)和美国国家标准与技术研究院(NIST)共同召开了 TREC,TREC 是在 TIPSTER 文本计划下由检索小组组织的一系列持续性研讨会。每个 TREC 研讨会都由一系列事件组成,这些事件定义了特定的检索任务,如 Web 跟踪、微博跟踪、医疗记录跟踪和法律跟踪。每一次 TREC 都会发布大规模的测评数据集,并提前提供评估技术。所有参与者都收到一组静态文档,并被要求返回排序后的文档。

主题检测和跟踪是 DARPA 中的另一个评估会议。主题检测和跟踪会议的一个特点是它强调实时检测与主题相关的数据流,如新闻专线和广播新闻。它侧重于从流化的文本数据中查找新主题并跟踪主题。每个主题检测与评估的任务可能有所不同。主题检测评估有五个研究任务:新事件检测、故事链接检测、主题检测、主题跟踪和分层主题检测。

2) 信息抽取技术

信息提取是从文本数据中提取具体概念或语言功能的语义或语法单元。Schank 提出第一个基于语言结构的信息提取模型,称为概念从属理论(conceptual dependency theory,CDT)模型。它假设句子的概念化由具体的名称和动作的类别以及它们之间的依赖关系表示。通过定义规则来显示概念之间的依赖关系。在这个模型中,动作的概念结构是预先定义的。给定输入字符串,提取其中每个动作的相关"概念性实例"。基于概念从属理论的 SAM 是耶鲁大学参考 CDT 开发的早期系统。FRUMP 是基于此理论的另一个系统,它通过使用简单脚本来改动 CDT 脚本,并通过低级别文本分析来提取重要事件。

1974 年,Minsky 提出另一种流行的信息提取方法:框架理论方法。一个框架代表一个特定问题的数据结构。每个框架是一个文本事件的架构,其具有特定数量的槽以存储相关的信息,包括实体或动作。例如,所有孩子的生日聚会都有主持人、客人和一个生日蛋糕。这些对象及其之间的关系构成了生日聚会事件。因此,生日聚会事件的框架具有可用于填充的槽,例如主持人、客人、人的行为等。在定义框架时需根据特定条件定义插槽数和对象类型。

1981 年,Lehnert 介绍了一个用于进行故事总结的情节单元连接图。情节单元是具有命题和状态的概念结构。通过情节单元连通图分析一个故事可能会产生一个很大的复杂网络,所以,Rumelhart 提出一种用于提取时间顺序并进行叙事的语法。1981 年,Sager 引入了一种次语言分析方法来提取患者文档中与临床报告有关的信息。其他系统是在 1980 年代至 1990 年代设计的。

信息提取研究的一个特点是它受到一系列测评会议的推动。每个测评会议都会预先声明任务和评估方法。一些会议还会提供评估所需的条件,如训练和测试语料库或工具。所有的参与者都独立开发系统,并将结果提交给这些会议进行评估,然后邀请与会者参加会议,讨论方法和技术。有三个会议比较具有影响力:消息理解会议(MUC)、自动内容提取

(ACE)会议和文本分析会议(TAC)。

20世纪90年代,第一届消息理解会议(MUC-1)在国际科学应用公司(SAIC)的支持下召开,以促进信息技术的发展。MUC-2将事件提取具体定义为模板填充任务,而MUC-6提出了"命名实体"的概念以支持复杂的提取任务。从1987年到1997年,MUC一共举办了七次,然后被ACE会议所替代。

ACE继承了MUC的规则。在评估中,给研究者提供了带注释的训练和测试语料库。所有方法均使用预定义的标准进行评估。在ACE中,提取任务比MUC更为复杂和详细。ACE评估定义了五个基本的提取语言单元:实体、时间、值、关系和事件。从1999年到2008年,ACE每年举办一次。在2009年,ACE被文本分析会议(TAC)中的跟踪任务所取代。

美国国家标准技术研究院的信息访问部门(IAD)检索小组发起和组织了文本分析会议(TAC)。TAC有四个跟踪任务:问题解答、文本蕴涵识别、摘要和知识库填充(KBP)。其中KBP与ACE事件提取类似,它旨在通过系统自动从文本中提取信息来填充知识库。跟踪任务有三个:实体链接、槽填充和冷启动知识构建。

4.3　大数据关联分析

为了探讨数据的关联分析,我们先引入数据的事务-条目模型和频繁项集概念。事务-条目模型即事务和条目之间的多对多的关系模型。而频繁项集指的是在多个事务中出现的同样条目的集合。频繁项集的识别是关联规则、相关分析、因果分析的基础,并且有非常广泛的实际应用,例如购物篮分析、文档查重等。因此,频繁模式识别是一项非常重要的数据挖掘任务。

4.3.1　频繁项集识别

日常生活中人们的购物行为存在一定的模式,比如家庭里负责煮饭的人往往会购买能够用于烹饪一顿丰盛营养的晚餐所需的食材,而一个单身汉可能购买的是火腿肠、方便面、薯片和啤酒。掌握这类有趣的模式对于超市或者便利店的货物摆放很有用,因为这样一方面能够帮助顾客很快地采集到所需要的商品,另一方面能够帮助销售方提升销量。

不同的数据集往往有不同的模式(如符合关联规则,或满足共生关系和符合聚类规则),而这些数据模式可以通过数据挖掘里的频繁项集发现来获取。其中挖掘关联规则是一种最常见的数据挖掘规则。实现挖掘关联规则最常用的基础途径之一是频繁项集识别。

最早的频繁项集识别起源于销售领域的需求:从消费者的购买行为里识别消费者常常一起购买的商品集合。因此,我们先要理解两个基础概念"条目(item)"和"事务(transaction)"之间的关系,然后来定义频繁项集。

每一个事务包含一组条目,因此事务往往也被称为条目集合,并且一个事务包含的条目的种类和数量并不多,可以说比所有条目的种类和数量少得多,在现实生活中,我们逛超市时遇到的正是这样的情况。大数据集所包含的事务的数量和所需的存储空间之多,使得我们需要假定用于处理这些事务的计算机的内存并不能一次装下所有的事务数据。基于以上对条目和事务的理解,频繁项集旨在寻找在很多的事务里同时共同出现足够多次数的(也即是"频繁的")条目集合。

在前面我们提到人们的购物行为存在一定的模式,但问题是,我们如何去发现这些模式,也就是说,我们如何去发现这类经常一起出现的条目的集合——频繁项集?

Apriori 是一种用于挖掘频繁项集的算法,它使用迭代的逐级搜索技术从 k 类频繁项集中发现 $k+1$ 类频繁项集。该算法首先对事务数据库进行扫描,通过对每个频繁出现的只包含 1 个条目的集合进行计数并筛选出满足最低支持阈值的集合,从而识别出所有频繁出现的 1 类频繁项集。识别 $k+1$ 类频繁项集需要不断扫描整个事务数据库,直到不再可能识别出更多的 k 类频繁项集为止。

4.3.2　关联规则挖掘

关联规则分析作为一种数据分析方法,能够发现隐藏在大数据集中的未知但有趣的关系,并以关联规则的形式呈现这种关系。其支撑思想是识别特定的规则,这些规则能够支撑数据集里不同对象之间的共生关系。从统计学来说,需要找到两组对象 X 和 Y,使其具有高条件概率 $P(Y|X)$。关联规则分析是一种无监督的机器学习方法,这意味着不会有标注好的数据可以被用来找到上述的模式。

关联规则分析通常会考虑两个核心指标:可计算性和可信性。

从表 4-1 所示的购物数据中可以轻易地看出共生关联关系。

表 4-1　购物数据表

交易记录编号	商品种类集合
1	{馒头,酸奶}
2	{煎饼,尿不湿,啤酒,鸡蛋}
3	{酸奶,尿不湿,可乐,啤酒}
4	{酸奶,煎饼,尿不湿,啤酒}

不过真实场景里产生的数据集往往包含针对超过成千上万个对象的数十亿条事务记录,而从其中往往只能得到几千条关联规则。靠人工来做这样的挖掘是非常不可行的,因此需要利用关联规则挖掘算法来实现自动化过程,去寻找这样的潜在的规则。

为了从所有可能规则的集合中筛选出真实可信的规则,可以使用针对规则的重要性和兴趣的各种指标的约束条件。通常使用的约束条件有支持度、置信度和提升度。

1. 规则的约束条件

1) 支持度(support)

支持度表示对象集合 $\{X,Y\}$ 在总事务集里出现的概率。计算公式为

$$\text{Support}(\{X,Y\}) = P(X,Y)/P(I) = P(X\bigcup Y)/P(I) = \text{num}(X\bigcup Y)/\text{num}(I)$$

式中:I 表示总事务集;$\text{num}(S)$ 函数表示计算对象集合 S 在总事务集里出现的次数。

2) 置信度(confidence)

置信度表示在对象 X 出现在某条事务里的情况下,由关联规则"$X \rightarrow Y$"推出 Y 也出现在该条事务里的概率,即在含有 X 的事务里出现 Y 的可能性。从统计学的角度来看,置信度是条件概率,因此置信度的计算公式为:

$$\text{Confidence}(X \rightarrow Y) = P(Y \mid X) = P(X,Y)/P(X)$$
$$= P(X\bigcup Y)/P(X) = \text{num}(X\bigcup Y)/\text{num}(X)$$

3）提升度(lift)

提升度表示含有 X 的条件下出现 Y 的概率，与 Y 总体发生的概率之比。提升度的计算公式为：

$$\text{Lift}(X \rightarrow Y) = P(Y \mid X) / P(Y) = p(X,Y)/(P(X) \cdot P(Y))$$

提升度可以理解为 X 和 Y 同时在总事务集里出现的概率 $P(X,Y)$ 相对于当 X 和 Y 没有任何关联关系时的概率 $P(X) \cdot P(Y)$ 的比率。它的典型值可以被分为以下三类。

（1）提升度等于 1：X 和 Y 之间没有关联关系，即 X 和 Y 只是随机出现在同一个事务中。

（2）提升度大于 1：X 和 Y 之间有正相关的关联关系，即 X 和 Y 同时出现的概率超过了二者随机共同出现的概率。

（3）提升度小于 1：X 和 Y 之间有负相关的关联关系，即 X 和 Y 同时出现的概率小于二者随机共同出现的概率。

2. 规则的发现算法

用于识别频繁项集以便执行关联规则挖掘的算法有很多，其中最著名的算法是 Apriori 算法，但也经常使用 FPGrowth 算法。另一种称为最大频繁项集算法(MAFIA Algorithm) 的相关算法也是可用的。每种算法有其自身的优点和缺点，需要根据特定的数据分析问题进行选择。本书只针对 Apriori 算法进行简要介绍。

在执行 Apriori 算法之前，用户需要先给定最小的支持度和最小的置信度。生成关联规则的步骤一般有如下两个：

（1）利用最小支持度从数据库中找到频繁项集。

（2）利用最小置信度从频繁项集中找到关联规则。

4.4　相似项的发现

4.4.1　相似项的发现工具与方法

一个基本的数据挖掘问题是从数据中获得相似项，以检测抄袭网页、抄袭文档（也可以通过关联分析算法来检测），检查网页是否为镜像网页。

首先，需要将相似度问题表述为寻找具有相对较大交集的集合问题。需要采用其他的距离（包括欧氏距离、Jaccard 距离、余弦距离、编辑距离、海明距离）测度，来具体定量表示相似项的相似度。

如果是文本的相似问题，可以将其转换为集合问题并且通过著名的 shining 技术来解决。然后通过最小哈希(minHash)来对大集合进行压缩，基于压缩后的结果推导原始集合相似度。当相似度要求很高时，可以使用面向高相似度的方法——基于长度的过滤、前缀索引，使用位置和长度信息的索引来处理。

通过局部敏感哈希(locality sensitive Hashing，LSH)技术把搜索范围集中在那些可能的相似项对上面。因为即使每项之间的相似度计算非常简单，但是由于项对数目过多，无法对所有的项对检测相似度。

衡量文本相似度的几种手段：

- 最长公共子串方法(基于词条空间);
- 最长公共子序列方法(基于权值空间、词条空间);
- 最小编辑距离法(基于词条空间);
- 汉明距离方法(基于权值空间);
- 余弦值方法(基于权值空间)。

1. Jaccard 相似度

集合 S 和 T 的相似度可表示为

$$\text{SIM}(S,T) = |S \cap T| / |S \cup T|$$

这种相似度是字面上的相似度。意义相似度计算也是一个非常有趣的问题,但是需要通过其他技术来解决。

Jaccard 相似度的一个重要应用是计算文档,包括抄袭文档、镜像页面、同源新闻稿的相似度。另一个非常重要的应用是协同过滤(collaborative filtering)。协同过滤系统会向用户推荐兴趣相似用户所喜欢的项。但是协同过滤除了相似顾客或商品的发现工具之外,还需要一些其他的工具。例如,两个喜欢科幻小说的 Amazon 顾客可能各自从网站购买了很多的科幻小说,但是他们之间的交集很小。然而,通过将相似度发现和聚类技术融合,就可以发现科幻小说之间相互类似而将他们归为一类。这样,通过询问他们是否在多个相同类下购买了商品,就能得到一个更强的顾客相似度概念。

2. 文档的 shining

1) k-shining

一篇文档为一个字符串,k-shining 定义为其中任意长度为 k 的字符串。例如文档 D 为 abcdabd,$k=2$,所有的 2-shining 组成的集合为{ab,bc,cd,da,ab,bd},设文档的字符数为 n,则集合中的字符串最多有 $n+1-k$ 个。

2) k 的选择

k 的选择取决于文档的典型长度以及典型的字符表大小。k 应该选择得足够大,以保证任意给定的 shining 出现在任意文档中的概率较低。

邮件的 $k=5$,因为所有的 5-shining 个数为 $27^5 = 14348907$,而典型的邮件长度会远远低于 1400 万字。由于在邮件中有的字符出现的概率明显会比其他的高,所以把邮件想象为只由 20 个不同的字符构成。

对于研究论文之类的大文档,选择 $k=9$ 则比较安全。

3) 对 shining 进行检验

将每个 k-shining 通过某个哈希函数映射为桶编号,如将 9-shining 映射为 $0 \sim 2^{32}-1$ 之间的桶编号。将数据从 9 个字节压缩到 4 个字节,使用的空间与 4-shining 一样,却具有更高的数据区分能力。但是 20^9 比 2^{32} 大很多。

4) 基于词的 shining

新闻报道及散文中包含大量的无用词,平时我们很可能会忽略这些词,因为它们没有任何作用,如"and""to""you"等。但是在对新闻报道的近似重复检测中,我们可将 shining 定义为一个停用词加上后续的两个进行解释或定义的词(不再对词进行区分)。这样,如果两个包含新闻的网页具有高 Jaccard 相似度,那么可以推断这两个网页中的新闻内容相同,即使其周边材料不同。

如果采用哈希函数,在一篇有 n 个字符的文档中会有 $m=n+1-9 \approx n$ 个 k-shining 字符串。例如,当 $k=9$ 时,每 9 个字符组成一个字符串,共有 $n+1-9$ 个字符串,将这些字符串组成一个大集合,对这个大集合进行压缩,压缩后用规模小很多的"签名"表示。尽管通过签名无法得到原始 shining 集合之间的 Jaccard 相似度的精确值,但是估计结果与真实结果相差不大。签名集合越大,估计的精度也越高。

3. 签名矩阵(SIG)

1) 集合的矩阵表示——特征矩阵(characteristic matrix)

特征矩阵的列对应集合,行对应于全集。如果第 r 行对应的元素属于第 c 列对应的集合,那么矩阵的第 r 行第 c 列的元素为 1,否则为 0。例如,全集 $\{a,b,c,d,e\}$ 中的五个元素组成的几个集合 $S_1=\{a,d\}$, $S_2=\{c\}$, $S_3=\{b,d,e\}$, $S_4=\{a,c,d\}$,相应的特征矩阵如表 4-2 所示。

表 4-2　特征矩阵示例

元素	S_1	S_2	S_3	S_4
a	1	0	0	1
b	0	0	1	0
c	0	1	0	1
d	1	0	1	1
e	0	0	1	0

特征矩阵并不是数据真正的存储方式,只是一种数据可视化的方式。因为稀疏矩阵中 0 的个数远远多于 1,所以把数据转换为元组,只存储 1 的位置,这样可以大大节省存储开销。

实际中,行可以是商品,列可以是顾客,那么可将每个顾客表示成其购买的商品的集合,这样可以发现不同顾客购买的商品的相似性。

2) 最小哈希

特征矩阵是由大量的计算结果构成的,每次计算特征矩阵的最小哈希过程。

集合(特征矩阵)的最小哈希计算过程为:首先选择行的一个排列转换,任意一列的最小哈希值是转换后的行排列次序下第一个列值为 1 的行的序号。

上例中特征矩阵的最小哈希计算过程见表 4-3。

将 abcde 排列转换为 beadc,这个排列转换定义了一个最小哈希函数 h,它将某个集合映射成一行。接下来基于函数 h 即排列转换来计算列元素集合 S 的最小哈希值。

表 4-3　最小哈希的计算过程

元素	S_1	S_2	S_3	S_4
b	0	0	1	0
e	0	0	1	0
a	1	0	0	1
d	1	0	1	1
c	0	1	0	1

我们有 $h(S_1)=a$, $h(S_2)=c$, $h(S_3)=b$, $h(S_4)=a$。

实际中我们并不需要对一个很大的矩阵去进行重排。最小哈希函数可以隐式地表示为一个集合全集元素的随机排列 rand(abcde),然后按照随机排列的顺序依次扫描 S 对应的元素判断其是否为 1。

　　3）最小哈希可以代表 Jaccard 相似度的理论依据

　　最小哈希可以代表 Jaccard 相似度的理论依据是：两个集合经随机转换之后得到的两个最小哈希值相等的概率等于这两个集合的 Jaccard 相似度。

　　特征向量 S_1、S_2 经过最小哈希计算后可能有如下三种情况：

　　（1）X 类的行，两列的值都为 1。

　　（2）Y 类的行，其中一个为 1，一个为 0。

　　（3）Z 类的行，两列都为 0。

　　所以 $SIM(S_1, S_2) = S_1 \bigcap S_2 / S_1 \bigcup S_2 = X/(X+Y)$。

　　现在考虑 $h(S_1) = h(S_2)$ 的概率。经过排列转换，将第一行的值 $h(S_1)$ 固定下来，如果使 $h(S_1)$ 与 $h(S_2)$ 相等，则在第二列首先碰到 X 类的概率为 $X/(X+Y)$。那么 $P(h(S_1) = h(S_2)) = X/X+Y$。

　　4）最小哈希签名

　　通常将向量 $[h_1(S), h_2(S), \cdots, h_n(S)]$ 写成列向量的形式。由于 S 是一个具有列的行向量，所以是 $n \times m$ 的矩阵。

　　由于所需的行数是 n，n 通常为一百或者几百，比 k-shining 的可能组合少很多，所以能够极大地压缩特征矩阵。

　　最小哈希签名的计算方法如下：

　　通过一个随机哈希函数来模拟随机排列转换的效果，该函数将行号映射到与行数大致相等的桶中。尽管哈希冲突可能会存在，但是只要 $0,1,2,\cdots,k-1$ 中 k 很大且哈希冲突不太频繁，行号与行数的差异就不是很重要。所以 r 经过排列转换放在第 $h_j(r)$ 行，即以前的 r 索引变成现在的 $h(r)$ 索引。

4.4.2　相似项的发现的应用示例

　　在大语料库（如 web 或新闻语料）中寻找文本内容相似的文档这一类重要问题，在采用 Jaccard 相似度的情况下能够取得较好的解决效果。需要注意的是，这里的相似度主要侧重于字面上的相似，而非意义上的相似。如果是后者，则必须考察文档中的词语及其用法。文本字面上的相似度有很多非常重要的应用，其中很多应用都涉及检查两篇文档之间是否完全重复或近似重复。首先，检查两篇文档是否完全重复非常容易，只需要一个字符一个字符地比较，只要有一个字符不同则两篇文档就不同。但是，很多应用当中两篇文档并非完全重复，而是大部分文本重复。下面给出几个例子。

1. 抄袭文档

　　抄袭文档的发现可以考验文本相似度发现的能力。抄袭者可能会从其他文档中将某些部分的文本据为己用，同时他可能对某些词语或者原始文本中的句序进行改变。尽管如此，最终的文档中仍然有 50% 甚至更多的内容来自别人的原始文档。当然，一个复杂的抄袭文档很难通过简单的字面比较来发现。

2. 镜像页面

　　重要或流行的 Web 站点往往会在多个主机上建立镜像以共享加载内容。这些镜像站点的页面十分相似，但是也基本不可能完全一样。例如，这些网页可能包含与其所在的特定主机相关的信息，或者包含对其他镜像网站的链接（即每个网页都指向其他镜像网站）。一个相关的现象就是课程网站的互相套用。这些网页上可能包含课程说明、作业及讲义等内容。相似的网页之间可能只有课程名称与年度的差别,而从前一年到下一年只会做出微小的调整。能够检测出这种类型的相似网页是非常重要的,因为如果能够避免在返回的第一页结果中包含几乎相同的两个网页,那么搜索引擎就能产生更好的结果。

3. 同源新闻稿

通常一个记者会撰写一篇新闻稿分发到各处,然后每家报纸会在其 Web 网站上发布该新闻稿。每家报纸会对新闻稿进行某种程度的修改。比如去掉某些段落或者加上自己的内容。最可能的一种情况是,在新闻稿周围会有报社的标识、广告或者指向自己 Web 站点的其他文章的链接等。但是每家报纸的核心内容还是原始的新闻稿。诸如 Google News 之类的新闻汇总系统能够发现该新闻稿的所有版本,但为了只显示一篇文章的内容,系统需要识别文本内容上相似的两篇文章,尽管这两篇文章并不完全一样。

4.5 基于大数据的推荐技术

4.5.1 推荐技术的简介

在大数据时代,所谓个性化推荐就是根据用户的兴趣特点和购买行为,向用户推荐感兴趣的信息和商品。在当前 Web 2.0 时代,随着电子商务规模的不断扩大,商品数量和种类快速增长,顾客需要花费大量的时间才能找到自己想买的商品,出现了信息过载(information overload)问题。信息过载是指随着网络的迅速发展而带来的网上信息量的大幅增长,用户在面对大量信息时无法从中获得对自己真正有用的信息,对信息的使用效率降低的现象。推荐系统可以通过分析用户基本信息、需求、兴趣以及历史记录等数据来了解用户偏好,并基于用户喜好主动为用户推荐相关的产品、资讯、新闻等信息。相对搜索引擎来说,推荐系统侧重于研究用户的偏好,帮助用户从海量信息中高效地获取自己所需要的信息。

推荐系统的本质是建立用户与对象间的联系。如图 4-10 所示,一个完整的推荐系统主要包括用户建模模块、推荐对象建模模块和推荐算法模块三个模块。

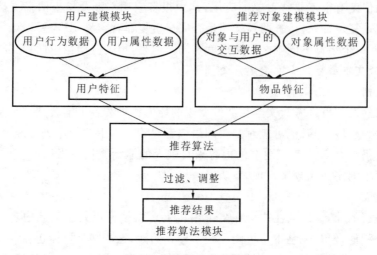

图 4-10 推荐系统的模块

（1）用户建模模块：对用户进行建模，根据用户行为数据和用户属性数据来分析用户的偏好和需求。

（2）推荐对象建模模块：根据对象数据对推荐对象进行建模。

（3）推荐算法模块：基于用户特征和物品特征，采用推荐算法计算得到用户可能感兴趣的对象，并根据推荐场景对推荐结果进行一定调整，将推荐结果最终展示给用户。

通常，以 Google、百度为代表的搜索引擎可以让用户通过输入关键词精确找到自己需要的相关信息。但是，如果用户无法想到准确描述自己需求的关键词，此时搜索引擎就无能为力了。和搜索引擎不同，推荐系统不需要用户提供明确的需求，而是通过分析用户的历史行为来对用户的兴趣进行建模，从而主动给用户推荐可满足他们兴趣和需求的信息。因此，搜索引擎和推荐系统对用户来说是两个互补的工具，前者需要用户"主动出击"，后者则让用户"被动笑纳"。

推荐系统可认为是一种特殊形式的信息过滤（information filtering）系统，现已广泛应用于很多领域，其中最典型并具有良好的发展和应用前景的领域是电子商务。常见的电子商务推荐系统技术架构如图 4-11 所示。

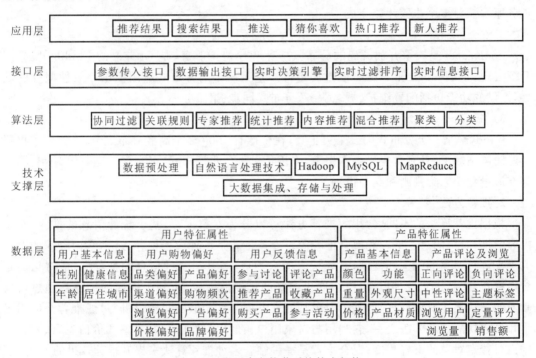

图 4-11　电子商务推荐系统技术架构

4.5.2　基于大数据的推荐工具与方法

1. 推荐工具

大数据平台是对海量结构化、非结构化、半结构化数据进行采集、存储、计算、统计、分析和处理的一系列技术平台。大数据平台处理的通常是 TB 级，甚至是 PB 或 EB 级的数据，而这是传统数据仓库工具无法完成的。大数据平台涉及的技术有分布式计算、高并发处理、高可用处理、集群、实时性计算等，汇集了当前 IT 领域热门流行的各类技术。基于大数据的常用推荐工具有 Hivemall、Mahout、Oozie、Pig、Sqoop、Spark、Tez、Zookeeper、finndy＋等，其中 Mahout、Sqoop 和 Spark 在前面章节中已介绍，此处仅对其他的几种工具做简要介绍。

1）Hivemall

Hivemall 结合了面向 Hive 的多种机器学习算法。它包括诸多高度扩展性算法，可用于数据分类、递归、推荐、k 最近邻、异常检测和特征哈希。

2）Oozie

Oozie 是一种 Java Web 应用程序，它运行在 Java Servlet 容器——Tomcat 中，并使用数据库来存储工作流定义与当前运行的工作流实例，包括实例的状态和变量。

3）Pig

Pig 是一种数据流语言和运行环境，用于检索非常大的数据集，为大型数据集的处理提供了更高的抽象层次。Pig 包括两部分：一是用于描述数据流的语言，称为 Pig Latin；二是用于运行 Pig Latin 程序的执行环境。

4）Tez

Tez 建立在 Apache Hadoop YARN 的基础上，这是一种应用程序框架，允许为任务构建一种复杂的有向无环图，以便处理数据。它让 Hive 和 Pig 可以简化复杂的任务，而这些任务原本需要多个步骤才能完成。

5）Zookeeper

ZooKeeper 是一个开放源码的分布式应用程序协调服务，是 Google 的 Chubby 服务的开源实现，是 Hadoop 和 Hbase 的重要组件。它是一个为分布式应用提供一致性服务的软件，提供的功能包括配置维护、域名服务、分布式同步、组服务等。

6）finndy＋

finndy＋是一个分布式的云采集工具，在全球有 2000 多个高匿分布式节点，集成了机器学习防屏蔽算法，具有自定义脚本引擎，采用了首创单步调模式，可实现一键 API 输出，同时拥有海量免费采集规则和交易市场。

2. 推荐方法

根据推荐算法的不同，常用的推荐方法可以分为专家推荐、基于统计信息的推荐、基于内容的推荐、协同过滤推荐和混合推荐等。专家推荐是一种人工推荐方法，它由资深的专业人士来进行对象的筛选和推荐，需要较多的人力成本；基于统计信息的推荐中，最常见的是热门推荐，它易于实现，但对用户个性化偏好的描述能力较弱；基于内容的推荐是通过机器学习的方法描述对象特征，并基于对象特征来发现与之相似的对象；协同过滤推荐是应用最早和最成功的推荐方法之一，它利用与对象用户相似用户的已有的对象评价信息，预测目标用户对特定对象的喜好程度；混合推荐是一种结合多种推荐算法来提升推荐效果的方法。

4.5.3　基于大数据的推荐系统的应用示例

目前，在电子商务、社交网络、在线音乐和在线视频等各类网站和应用中，推荐系统都起着很重要的作用。下面将简要分析两个有代表性的推荐系统的应用实例。

1. 推荐系统在电子商务中的应用：Amazon 推荐系统

Amazon 推荐系统作为推荐系统的鼻祖，已经将推荐的思想渗透在应用的各个角落。Amazon 推荐系统的核心功能是，通过数据挖掘算法和当前用户与其他用户的消费偏好的对比，来预测当前用户可能感兴趣的商品。Amazon 采用的是分区混合机制，即将不同的推荐结果分不同的区域显示给用户。图 4-12 展示了用户在 Amazon 首页上能看到的推荐商品。

图 4-12　Amazon 推荐机制：首页

　　Amazon 利用了可以记录的所有用户在站点上的行为，并根据不同数据的特点对它们进行处理，从而分不同区域为用户推送商品。"猜您喜欢"区域通常是根据用户近期的购买历史或者查看记录给出一个推荐。"热销商品"区域采用了基于内容的推荐机制，将一些热销的商品推荐给用户。

　　图 4-13 展示了用户在 Amazon 浏览物品的页面上能看到的推荐商品。

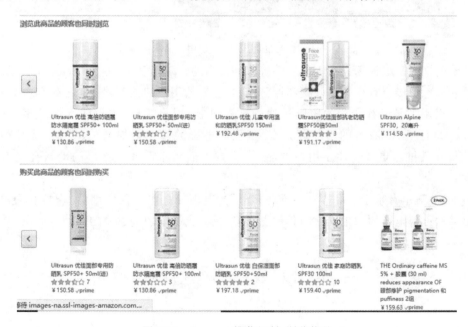

图 4-13　Amazon 推荐机制：浏览物品

　　当用户浏览物品时，Amazon 推荐系统会根据当前浏览的物品对所有用户在站点上的行为进行处理，然后在不同区域为用户推送商品。

　　"购买此商品的顾客也同时购买"区域的推荐机制是采用数据挖掘技术对用户的购买行为进行分析，找到经常被一起或同一个人购买的物品集，然后进行捆绑销售。这是一种典型的基于项目的协同过滤推荐机制。

2. 推荐系统在社交网站中的应用:豆瓣推荐系统

豆瓣是国内做得比较成功的社交网站,它以图书、电影、音乐和同城活动为中心,形成了一个多元化的社交网络平台,下面来介绍豆瓣是如何进行推荐的。

当用户在豆瓣电影中将一些看过的或是感兴趣的电影加入看过和想看的列表里,并为它们进行相应的评分后,豆瓣的推荐引擎就拿到了用户的一些偏好信息。基于这些信息,豆瓣将会给用户展示图 4-14 所示的电影推荐项目。

图 4-14　豆瓣的推荐机制:基于用户品味的推荐

豆瓣的推荐是根据用户的收藏和评价自动得出的,每个人的推荐清单都是不同的,每天推荐的内容也可能会有变化。收藏和评价越多,豆瓣给用户的推荐就会越准确和丰富。

豆瓣采用了基于社会化的协同过滤的推荐机制,用户越多,用户的反馈越多,则推荐越准确。相对于 Amazon 的用户行为模型,豆瓣电影的模型更加简单,就是"看过"和"想看",这也让其推荐更加专注于用户的品味,毕竟人们买东西和看电影的动机还是有很大不同的。

另外,豆瓣也有基于物品本身的推荐,当用户查看一些电影的详细信息时,它会给用户推荐出喜欢这部电影的人也喜欢的其他电影,这是一个基于协同过滤的推荐的应用。

4.6　基于大数据的图与网络分析

4.6.1　图计算的简介

在实际应用中存在许多图计算问题,如最短路径、集群、网页排名、最小切割、连通分支等问题。图计算算法的性能直接关系到应用问题解决的高效性,尤其对于大型图(如社交网络和网络图)而言更是如此。下面介绍了两大类通用图计算软件。

针对大型图(如社交网络和网络图)的计算问题,可能的解决方案及其不足之处具体如下。

(1)为特定的图应用定制相应的分布式实现方式。不足之处是通用性不好,在面对新的图算法或者图表示方式时,就需要做大量的重复开发。

(2)基于现有的分布式计算平台进行图计算。比如,MapReduce 作为一个优秀的大规模数据处理框架,有时也能够用来对大规模图对象进行挖掘,不过在性能和易用性方面往往无法达到最优。

(3)使用单机的图算法库,比如 BGL、LEAD、Networkx、JDSL、Standford Graphbase 和 FGL 等。但是,这种单机方式在可以解决的问题的规模方面具有很大的局限性。

(4)使用已有的并行图计算系统。Parallel BGL 和 CGM Graph 等库实现了很多并行图算法,但是对大规模分布式系统非常重要的一些性能(如容错性能),无法提供较好的支持。

正是因为传统的图计算解决方案无法解决大型图的计算问题,因此就需要设计能够用来解决这些问题的通用图计算软件。针对大型图的计算,目前通用的图处理软件主要包括两种:第一种主要是基于遍历算法的、实时的图数据库,如 Neo4、Orientdb、DEX 和 Infinite Graph;第二种则是以图顶点为中心的、基于消息传递批处理的并行引擎,如 Hama、Goldenorb、Graph 和 Pregel。第二种图处理软件主要是基于 BSP 模型实现的并行图处理系统。BSP 是由哈佛大学 Valiant 和牛津大学 Bill Mc col 提出的并行计算模型,其全称为"整体同步并行计算模型"(bulk synchronous parallel computing model,BSP 模型),又名"大同步模型"。创始人希望 BSP 模型像冯·诺依曼体系结构那样,架起计算机程序语言和体系结构间的桥梁,故又称为"桥模型"。一个 BSP 模型由大量通过网络相互连接的处理器组成,每个处理器都有快速的本地内存和不同的计算线程,一次 BSP 计算过程包括一系列全局超步(超步就是指计算中的一次迭代),每个超步主要包括三个组件。

①局部计算组件。每个参与的处理器都有自身的计算任务,它们只读取存储在本地内存中的值,不同处理器的计算任务都是异步并且独立的。

②通信组件。处理器群相互交换数据,交换的形式是由一方发起推送(put)和获取(get)操作。

③栅栏同步(barrier synchronization)。当一个处理器遇到"路障"(或栅栏)时,会等其他所有处理器完成它们的计算步骤;每一次同步也是一个超步的完成和下一个超步的开始。

4.6.2 基于大数据的图挖掘与网络分析工具与方法

目前基于大数据的图挖掘与网络分析主要分为两种:第一种主要是基于遍历算法的实时图数据库;第二种是以图顶点为中心、基于消息传递批处理的并行引擎。

1. 基于遍历算法的实时图数据库

1)Neo4j

Neo4j 是一个高性能的 NOSQL 图形数据库,它将结构化数据存储在网络上而不是表中。Neo4j 也可以被看作是一个高性能的图引擎,该引擎具有成熟数据库的所有特性。

2)OrientDB

OrientDB 是兼具文档数据库的灵活性和图形数据库管理链接能力的可深层次扩展的文档-图形数据库管理系统,可选无模式、全模式或混合模式。其支持许多高级功能,诸如快速索引、原生功能和 SQL 查询功能，可以以 JSON 格式导入、导出文档。若不执行 join 操作，同关系数据库一样可在几毫秒内检索数以百计的链接文档图。

3) DEX

DEX 是一款具备高性能及优秀可扩展性的图形类数据库，其个人评估版本最多可支持 100 万个节点，同时支持 Java 及 . Net 编程。

3) InfiniteGraph

InfiniteGraph 是一款由 Objectivity 公司推出的图形类数据库，该公司还推出过一款同名的对象类数据库。其免费许可版本只能支持最高 100 万节点及边线总数。InfiniteGraph 需要作为服务项目加以安装，这与以 MySQL 为代表的传统数据库颇为相似。InfiniteGraph 借鉴了 Objectivity/DB 中的面向对象概念，因此其中的每一个节点及边线都算作一个对象，尤其是所有节点类都将扩展 BaseVertex 基本类，所有边线类都将扩展 BaseEdge 基本类。

2. 基于消息传递批处理的并行引擎

1) Hama

Hama 是以批量同步并行(BSP)框架为基础，由一个 BSPMaster、多个互不关联的 GroomServer 计算节点和一个可独立运行的 Zookpeer 集群组成。BSPMaster 采用"先进先出"原则对 GroomServer 进行任务调配，BSPMaster 调用 BSP 类的 setup 方法、bsp 方法和 cleanup 方法对超级步(superstep)进行控制。GroomServer 通过"HeartBeat"向 BSPMaster 发送心跳信息，向 BSPMaster 报告当前 GroomServer 节点集群状态。这些状态信息包括计算节点集群的最大任务量和可用内存容量等。BSPMaster 根据心跳信息启动 BSP 任务，把 Job 划分为一个一个的任务，再把任务分配给 GroomServer 计算节点群，GroomServer 启动 BSPPeer 执行 GroomServer 分配过来的任务。Zookpeer 管理 BSPPeer 的障栅同步情况，实现 BarrierSynchronisation 机制。

2) Giraph

Giraph 是基于 Hadoop 而建立的，将 MapReduce 中 Mapper 进行封装，未使用 Reducer。在 Mapper 中进行多次迭代，每次迭代等价于 BSP 模型中的 SuperStep。

3) Pregel

Pregel 是一种基于 BSP 模型实现的并行图处理系统。为了解决大型图的分布式计算问题，Pregel 搭建了一套可扩展的、有容错机制的平台，该平台提供了一套非常灵活的 API，可以描述各种各样的图计算。Pregel 作为分布式图计算的计算框架，主要用于图遍历、最短路径计算、PageRank 计算等。

4.6.3　基于大数据的图挖掘与网络分析的应用示例

SparkStreaming 是用来进行流计算的组件。可以把 Kafka(或 Flume)作为数据源，让 Kafka(或 Flume)产生数据发送给 SparkStreaming 应用程序，SparkStreaming 应用程序再对接收到的数据进行实时处理，从而完成一个典型的流计算过程。这里仅以 Kafka 为例进行介绍，Spark 和 Flume 的组合使用也是类似的，这里不再赘述。

为了让 SparkStreaming 应用程序能够顺利使用 Kafka 数据源，在 Kafka 官网下载安装文件时，要注意所下载的安装文件应与自己计算机上已经安装的 Scala 版本号一致。本书介绍的 Spark 版本号是 1.6.2，Scala 版本号是 2.10，所以，一定要选择版本号以 2.10 开头的 Kafka 文件。例如，可以下载安装文件 Kafka_2.10-0.10.1.0，前面的"2.10"就是支持的

Scala 版本号,后面的"0.10.1.0"是 Kafka 自身的版本号。

1. Kafka 准备工作

1）启动 Kafka

首先需要启动 Kafka,登录 Linux 系统（本书统一使用 Hadhoop 用户登录）,打开一个终端,输入命令启动 Zookeeper 服务:

```
$ cd/usr/local/kafka
$ ./bin/zookeeper-server-start.sh config/zookeeper.properties
```

打开另一个终端,然后输入命令启动 Kafka。

```
$ cd/usr/local/kafka
$ ./bin/kafka-server-start.sh config/server.properties
```

2）测试 Kafka 是否正常工作

先测试一下 Kafka 是否可以正常使用。再另外打开一个终端,然后创建一个自定义名称为"wordsendertest"的 topic。2181 是 Zookeeper 默认的端口号,partition 是 topic 里面的分区数,replication-factor 是备份的数量,在 Kafka 集群中使用,这里单机版就不用备份了。可以用列表列出所有创建的 topic,查看上面创建的 topic 是否存在。

上面命令执行后,就可以在当前终端内用键盘输入一些英文单词,如:

```
hello hadoop
hello spark
```

这些单词会被 Kafka 捕捉到并发送给消费者。打开第四个终端,输入命令:

```
$ cd/usr/local/kafka
$ ./bin/kafka-console-consumer.sh-zookeeper localhost:2181
topic wordsendertest-from-beginning
```

屏幕显示如下结果:

```
hello hadoop
hello spark
```

2. Spark 准备工作

1）添加相关 Jar 包

Kafka 和 Flume 等高级输入源需要依赖独立的库（JAR 文件）。打开 Shell 终端,输入如下命令:

```
$ cd/usr/local/spark
$ ./bin/spark-shell
```

启动 Spark 成功之后,在 spark-shell 中执行 import 语句:

```
scala> import org.apache.spark.streaming.kafka._
<console>:25:error:object kafka is not a member of package org.apache.
spark.streaming import org.apache.spark.streaming.kafka._
```

因为找不到相关 Jar 包,所以,需要下载 spark-streaming-kafka_2.10.jar。

2）修改配置文件

需要配置/usr/local/spark/conf 目录下的 spark-env.sh 文件,让 Spark 能够在启动的时候找到 spark-streaming-kafka_2.10-1.6.2.jar 等五个 JAR 文件。使用 vim 编辑器打开 spark-env.sh 文件,命令如下:

```
$ cd/usr/local/spark/conf
$ vim spark-env.sh
```

因为这个文件之前已经反复修改过,目前里面的前几行的内容应该如下:

```
export SPARK_CLASSPATH= $ SPARK_CLASSPATH:/usr/local/spark/lib/hbase/*
export SPARK_DIST_CLASSPATH= $ (/usr/local/hadoop/bin/hadoop classpath)
```

只要简单修改一下,把"/usr/local/spark/lib/kafka/*"增加进去,修改后的内容如下:

```
export
SPARK_CLASSPATH= $ SPARK_CLASSPATH:/usr/local/spark/lib/hbase/* :
/usr/local/spark/lib/kafka/*
export SPARK_DIST_CLASSPATH= $ (/usr/local/hadoop/bin/hadoop classpath)
```

保存该文件后,退出 vim 编辑器。

3)启动 spark-shell

执行以下命令,启动 spark-shell:

```
$ cd/usr/local/spark
$ ./bin/spark-shell
```

启动成功后,再次执行命令:

```
scala> import org.apache.spark.streaming.kafka._
```

此时,屏幕会显示下面的信息:

```
import org.apache.spark.streaming.kafka._
```

也就是说,现在在使用 import 语句时不会像之前那样出现错误信息了,说明已经导入成功,至此,就已经准备好了 Spark 环境,它可以支持 Kafka 相关编程了。

3. 编写 Spark 程序,使用 Kafka 数据源

1)编写 Producer 程序

打开一个终端,然后输入如下命令,创建代码目录和代码文件:

```
$ cd/usr/local/spark/mycode
$ mkdir kafka
$ cd kafka
$ mkdir-p src/main/scala
$ cd src/main/scala
$ vim KafkaWordProducer.scala
```

在文件 KafkaWordProducer. scala 中写入以下代码:

```
import java.util.HashMap
import org.apache.kafka.clients.producer.{ProducerConfig,KafkaProducer,
ProducerRecord}
import org.apache.spark.streaming._
import org.apache.spark.streaming.kafka._
import org.apache.spark.SparkConf
object KafkaWordProducer{
    def main(args:Array[String])}
      if(args.length<4){
      System.err.println("Usage:KafkaWordCountProducer< metadataBrokerList>
      < topic> "+"< messagesPersec> < wordsPerMessage> ")
      System.exit(1)
```

```
}
val Array(brokers,topic,messagesPerSec,wordsPerMessage)= args
# Zookeeper 连接属性
val props=new HashMap[String,object]()
props.put(ProducerConfig.BOOTSTRAP_ SERVERS_CONFIG,brokers)
props.put(ProducerConfig.VALUE_ SERIALIZER CLASS_ CONFIG,
    "org.apache.kafka.common.serialization.StringSerializer")
props.put(ProducerConfig.KEY_SERIALIZER_CLASS_CONFIG,
    "org.apache.kafka.common.serialization.StringSerializer")
val producer=new KafkaProducer [String,String](props)
```

保存后退出 vim 编辑器。

2）编写 Consumer 程序

在当前目录下创建 KafkaWordCount. scala 代码文件，命令如下：

```
$ vim KafkaWordCount.scala
```

KafkaWordCount. scala 用于统计单词词频，它会对 KafkaWordProducer 发送过来的单词进行词频统计，代码如下：

```
import org.apache.spark._
import org.apache.spark.SparkConf
import org.apache.spark.streaming._
import org.apache.spark.streaming.kafka._
import org.apache.spark.streaming.StreamingContext._
import org.apache.spark.streaming.kafka.KafkaUtils
object KafkaWordCount {
def main(args:Array[String]){
StreamingExamples.setStreamingLogLevels()
val sc=new SparkConf().setAppName("KafkaWordCount").setMaster("local[2]")
val ssc=new StreamingContext(sc,Seconds(10) )
ssc.checkpoint("file://usr/local/ spark/mycode/kafka/checkpoint")
                    # 设置检查点，如果存放在 HDFS 上面，则写成类似 ssc.checkpoint( "/
                      user /hadoop/checkpoint")这种形式，但是，要启动 Hadoop
    val zkQuorum="localhost:2181"    # Zookeeper 服务器地址
val group="1"                       # topic 所在的 group 可以设置为自己想要的名称,例如
                                      不用 1,而是 val group="test- consumer-group"
val topics="wordsender"             # topics 的名称
val numThreads=1                    # 每个 topic 的分区数
val topicMap=topics.split(",").map((_,numThreads.toInt)).toMap
val lineMap=KafkaUtils.createStream(ssc,zkQuorum,group,topicMap)
val lines=lineMap.map(_._ 2)
val words=lines.flatMap(_.split(" "))
val pair=words.map(x=>(x,1) )
val wordCounts=pair.reduceByKeyAndWindow( _+ _, _ -,Minutes(2),Seconds(10),2)
wordCounts.print
ssc.start
```

```
    ssc.awaitTermination
        }
    }
```

保存后退出 vim 编辑器。

3）编写日志格式设置程序

在当前目录下创建 StreamingExamples. scala 代码文件，命令如下：

```
$ vim StreamingExamples.scala
```

下面是 StreamingExamples. scala 的代码，这段代码的功能是设置 log4j 的日志格式。

```
import org.apache.spark.Logging
import org.apache.log4j.{Level,Logger}
object StreamingExamples extends Logging {
def setStreamingLogLevels(){
val log4jInitialized= Logger.getRootLogger.getAllAppenders.hasMoreElements
if(! log4jInitialized){      # 首先初始化默认日志,然后覆盖日志级别
logInfo("Setting log level to [WARN] for streaming example."+
  "To override add a custom log4j.properties to the classpath.")
    Logger.getRootLogger.setLevel(Level.WARN)
    }
  }
}
```

4）编译打包程序

在"/usr/local/spark/mycode/kafka/src/main/scala/"目录下有三个代码文件：Kafka-WordProducer. scala、KafkaWordCount. scala、StreamingExamples. scala。

在命令行中输入下面的代码：

```
$ cd /usr/local/spark/mycode/kafka/
$ vim simple.sbt
```

在 simple. sbt 中输入以下代码：

```
name:="Simple Project "
version:="1.0"
scalaVersion:="2.10.5"
libraryDependencies+="org.apache.spark"% "spark-core"% "1.6.2"
libraryDependencies+="org.apache.spark"% "spark-streaming_2.10"% "1.6.2"
libraryDependencies+="org.apache.spark"% "spark-streaming- kafka_2.10"% "1.6.2"
```

保存文件，退出 vim 编辑器。

执行下面命令，进行打包编译：

```
$ cd /usr/local/spark/mycode/kafka/
$ /usr/local/sbt/sbt package
```

打包成功后，就可以执行程序进行测试了。

5）运行程序

首先启动 Hadoop，启动 Hadoop 的命令如下：

```
$ cd /usr/local/hadoop
$ ./sbin/start-dfs.sh.
```

打开一个终端,执行 $/sbin/start-dfs.sh 文件,运行 KafkaWordProducer 程序,屏幕上会不断滚动出现新的文字:

```
3 3 6 3 4
9 4 0 8 1
0 3 3 9 3
0 8 4 0 9
8 7 2 9 5
2 6 4 8 5
0 9 6 0 9
4 0 0 8 1
1 8 3 7 4
4 0 6 5 7
3 9 1 5 0
9 3 9 6 7
1 8 7 4 3
9 5 6 2 6
4 8 8 6 8
0 0 3 3 7
```

然后新打开一个终端,执行如下命令,运行 KafkaWordCount 程序,进行词频统计。

```
$ cd /usr/local/spark
$ /ust/local/spark/bin/spark-submit--class "KafkaWordCount"
$ /usr/local/spark/mycode /kafka/target/scala-2.10/simple-project_ 2.10-1.0.jar
```

运行上面命令后,就启动了词频统计功能,屏幕上就会出现如下信息:

```
SLF4J:Class path contains multiple SLF4J bindings.
SLF4J:Found binding in [jar:file:/usr/local/spark/lib/kafka/slf4j-log4112-
1.7.21.jar!/org/slf4j/impl/StaticLoggerBinder.class]
SLf4J:Found binding in [jar:file:/usr/local/hadoop/share/hadoop/common/lib/
slf4j-log412-1.7.10.jar!/org/slf4j/impl/StaticLoggerBinder.class]
SLF4J:See http://www.slf4j.org/codes.Html    # 多重绑定
SLF4J:Actual binding is of type [org.slf4j.impl.Log4jLoggerFactory]
---------------------------
Time:1479789000000 ms
(4,16)
(8,14)
(6,15)
(0,10)
(2,9)
(7,17)
(5,14)
(9,9)
(3,8)
(1,8)
```

这些信息说明,SparkStreaming 程序顺利接收到了 Kafka 发来的单词信息,进行词频统计并得到了结果。

4.7　大数据聚类分析

聚类分析指将物理或抽象对象的集合分组,得到由类似的对象组成的多个类的分析过程。聚类(clustering),顾名思义就是"物以类聚,人以群分",是机器学习中的一种数据分析方法,其主要思想是按照特定标准把数据集聚合成不同的簇,使同一簇内的数据对象的相似性尽可能大,同时,使不在同一簇内的数据对象的差异性尽可能大。通俗地说,就是把相似的对象分到同一组。它与分类不同,分类就是大脑针对某一物体这个大范畴对这一物体的各种类型贴标签的过程。例如,我们可以根据车的大小把车分为大汽车、小汽车、巨型车等等。在数据分析这门学科中,分类也是一样的概念,是从庞大的数据集中,通过某种算法或某种模型的训练,导出让数据集对应某种特征或某种标签的结果,它是一个有标签的识别过程。而聚类则是一种无标签的识别过程,是一种不指定标签类,即只管划分类别,不管对不对应标签的划分过程。聚类与分类的区别如表 4-4 所示。

表 4-4　聚类与分类的区别

分类	聚类
一种有监督的学习过程	一种无监督的学习过程
其初始数据和结果都有标签式标记	其初始数据和结果没有标签式标记
其结果是有意义的分类	其结果是无意义的分类
示例式学习过程	观察式学习过程

4.7.1　聚类算法的分类

1. 基于划分的聚类

给定一个由 n 个对象组成的数据集合,对此数据集合构建 k 个划分($k \leqslant n$),每个划分代表一个簇,即将数据集合分成多个簇。每个簇至少有一个对象,每个对象必须仅属于一个簇。具体算法包括:k-均值(k-means)和 k-中心点算法(k-Medoide 算法)等。

k-均值算法是一种无监督的聚类算法,这种算法的输入是 n 个数据的集合和已知的簇个数 k,输出是 n 个数据各属于簇中哪个簇的信息。算法具体步骤(见图 4-15) 如下:

(1) 任意从 n 个数据中选择 k 个作为初始条件的簇中心;

(2) 将剩余的 $n-k$ 个数据按照一定的距离函数划分到最近的簇;

(3) 按一定的距离函数计算各个簇中数据的各属性的平均值,找到新的簇中心;

(4) 重新将 n 个数据按照一定的距离函数划分到最近的簇;

(5) 重复步骤(3)(4),直至簇中心不再变化。

k-中心点算法也是一种常用的聚类算法。k-中心点聚类算法的基本思想和 k-均值算法的思想相同,该算法实质上是对 k-均值算法的优化和改进。在 k-均值算法中,异常数据对其算法过程会有较大的影响。在 k-均值算法执行过程中,可以通过随机的方式选择初始质心,也只有初始时通过随机方式产生的质心才是实际需要聚簇集合的中心点,而后面通过不断

图 4-15　k 均值算法流程

迭代产生的新的质心很可能并不是在聚簇中的点。如果某些异常点距离质心相对较远,重新计算得到的质心很可能会偏离聚簇的真实中心。

k-中心点算法的步骤如下:

(1) 确定聚类的个数 k。

(2) 在所有数据集合中选择 k 个点作为各个聚簇的中心点。

(3) 计算其余所有点到 k 个中心点的距离,并把每个点到 k 个中心点最短的聚簇作为自己所属的聚簇。

(4) 在每个聚簇中按照顺序依次选取点,计算该点到当前聚簇中所有点距离之和,最终选择距离之和最小的点为新的中心点。

(5) 重复步骤(2)(3),直到各个聚簇的中心点不再改变。

2. 层次聚类算法

层次聚类(hierarchical clustering)是对给定的数据集进行层层分解的聚类过程。层次聚类算法有以下两种。

(1) 凝聚法:将每个对象视为一个簇,然后不断合并相似的簇,直至达到一个令人满意的终止条件。

(2) 分裂法:先把所有的数据归于一个簇,然后不断分裂彼此相似度最小的数据集,使簇被分裂成更小的簇,直至达到一个令人满意的终止条件。

图 4-16 为层次聚类算法的示意图。

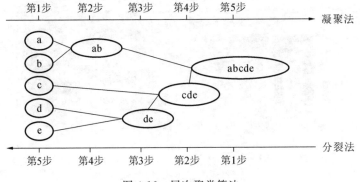

图 4-16　层次聚类算法

凝聚法的代表算法是自底向上凝聚算法——AGNES(agglomerative nesting)算法。AGNES 算法最初将每个对象作为一个簇,然后这些簇根据某些准则被一步步地合并。两个簇间的相似度有多种不同的计算方法。聚类的合并过程反复进行,直到所有的对象最终满足簇数目条件。

AGNES 算法的具体流程如图 4-17 所示。

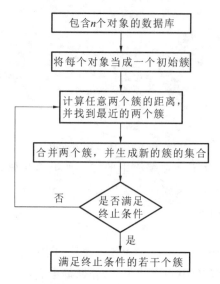

图 4-17　AGNES 算法流程

3. 基于密度的聚类算法

基于密度的聚类(density-based clustering)算法原理是:只要某簇邻近区域的密度超过设定的某一阈值,就扩大簇的范围,继续聚类。采用该方法可以得到任意形状的簇,如图 4-18 所示。

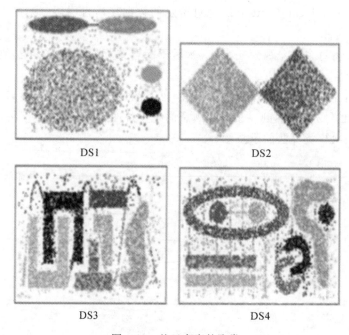

图 4-18　基于密度的聚类

具有噪声的基于密度的聚类(density-based spatial clustering of applications with noise,DBSCAN)算法是一种很典型的基于密度的聚类算法。和 k 均值算法、利用层次结构的平衡迭代归约和聚类(BIRCH)算法这些一般只适用于凸样本集的聚类相比,DBSCAN 既适用于凸样本集,也适用于非凸样本集。DBSCAN 算法一般假定类别可以通过样本分布的紧密程度决定。同一类别的样本是紧密相连的,也就是说,在该类别任意样本周围不远处一定有同类别的样本存在。通过将紧密相连的样本划为一类,就得到了一个聚类类别。通过将所有各组紧密相连的样本划为各个不同的类别,就得到了最终的所有聚类类别结果。

DBSCAN 算法是基于一组邻域来描述样本分布的紧密程度的,参数$(\epsilon, MinPts)$用来描述邻域的样本分布紧密程度。其中,ϵ描述了某一样本的邻域距离阈值,MinPts 描述了某一样本的距离为ϵ的邻域中样本个数的阈值。

假设样本集是 $D=(x_1, x_2, \cdots, x_m)$,则 DBSCAN 算法具体的密度描述定义如下:

(1) ϵ-邻域:对于$x_j \in D$,其ϵ-邻域包含样本集 D 中与x_j的距离不大于ϵ的子样本集,即$N_\epsilon(x_j) = \{x_i \in D \mid \text{distance}(x_i, x_j) \leqslant \epsilon\}$,这个子样本集的个数记为$|N_\epsilon(x_j)|$。

(2) 核心对象:对于任一样本$x_j \in D$,如果其ϵ-邻域对应的$N_\epsilon(x_j)$至少包含 MinPts 个样本,即如果$N_\epsilon(x_j)| \geqslant MinPts$,则$x_j$是核心对象。

(3) 密度直达:如果x_i位于x_j的ϵ-邻域中,且x_j是核心对象,则称x_i由x_j密度直达。反之不一定成立,即此时不能说x_j由x_i密度直达,除非x_i也是核心对象。

(4) 密度可达:对于x_i和x_j,如果存在样本样本序列$p_1, p_2, \cdots, p_T$满足$p_1 = x_i$, $p_T = x_j$,且$p_t + 1$由p_t密度直达,则称x_j由x_i密度可达。也就是说,密度可达满足传递性。此时序列中的传递样本$p_1, p_2, \cdots, p_{T-1}$均为核心对象,因为只有核心对象才能使其他样本密度直达。注意密度可达也不满足对称性,这个可以由密度直达的不对称性得出。

(5) 密度相连:对于x_i和x_j,如果存在核心对象样本x_k,使x_i和x_j均由x_k密度可达,则称x_i和x_j密度相连。注意密度相连关系是具有对称性的。

由图 4-19 可以很容易理解上述定义,图中 MinPts=5,灰色的点都是核心对象,因为其中ϵ-邻域中至少有 5 个样本。黑色的样本是非核心对象。所有核心对象密度直达的样本都在以灰色核心对象为中心的超球体内,如果不在超球体内,则不能密度直达。图中用绿色箭头连起来的核心对象组成了密度可达的样本序列。在这些密度可达的样本序列的ϵ-邻域内所有的样本都是密度相连的。

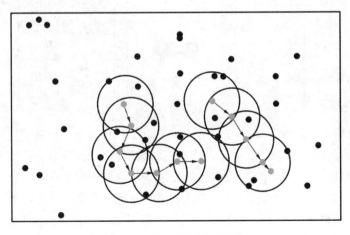

图 4-19　DBSCAN 算法图解

DBSCAN 算法的输入和输出如下。

输入:样本集 $D=(x_1, x_2, \cdots, x_m)$,邻域参数$(\epsilon, MinPts)$,样本距离度量方式。

输出:簇划分 C。

DBSCAN 算法的执行流程如下。

（1）初始化核心对象集合 $\Omega = \varnothing$，初始化聚类簇数 $k=0$，初始化未访问样本集合 $\Gamma = D$，簇划分 $C = \varnothing$；

（2）当 $j=1,2,\cdots,m$ 时，按下面的步骤找出所有的核心对象：

①通过距离度量方式，找到样本 x_j 的 ϵ-邻域子样本集 $N_\epsilon(x_j)$；

②如果子样本集样本个数满足 $|N_\epsilon(x_j)| \geqslant \mathrm{MinPts}$，将样本 x_j 加入核心对象样本集合 $\Omega = \Omega \bigcup \{x_j\}$；

（3）如果核心对象集合 $\Omega = \varnothing$，则算法结束，否则转入步骤（4）；

（4）在核心对象集合 Ω 中，随机选择一个核心对象 o，初始化当前簇核心对象队列 $\Omega_{\mathrm{cur}} = \{o\}$，初始化类别序号 $k=k+1$，初始化当前簇样本集合 $C_k = \{o\}$，更新未访问样本集合 $\Gamma = \Gamma - \{o\}$；

（5）如果当前簇核心对象队列 $\Omega_{\mathrm{cur}} = \varnothing$，则当前聚类簇 C_k 生成完毕，更新簇划分 $\{C_1, C_2, \cdots, C_k\}$，更新核心对象集合 $\Omega = \Omega - C_k$，转入步骤 3；

（6）在当前簇核心对象队列 Ω_{cur} 中取出一个核心对象 o'，通过邻域距离阈值 Δ 找出所有的 ϵ-邻域子样本集 $N_\epsilon(o')$，令 $\Delta = N_\epsilon(o') \bigcap \Gamma$，更新当前簇样本集合 $Ck = Ck \bigcup \Delta$，更新未访问样本集合 $\Gamma = \Gamma - \Delta$，转入步骤（5）。

最后输出簇划分 $\{C_1, C_2, \cdots, C_k\}$。

4. 基于网格的聚类

基于网格（grid-based）的聚类是指将对象空间量化为有限数目的单元，形成一个网格结构，所有聚类都在这个网格结构上进行，如图 4-20 所示。其基本思想是将每个属性的可能值分割成许多相邻的区间，创建网格单元的集合（我们假设属性值是序数的、区间的或者连续的）。每个对象落入一个网格单元，网格单元对应的属性区间包含该对象的值。基于网络的聚类算法的优点是它的处理速度很快，其处理时间独立于数据对象的数目，只与量化空间中每一维的单元数目有关。

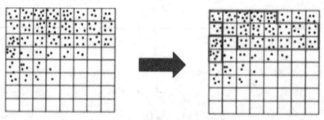

图 4-20　基于网格的聚类图解

统计信息网格（statistical information grid，STING）技术是一种基于网格的多分辨率聚类技术，它将空间区域划分为矩形单元。针对不同级别的分辨率，通常存在多个级别的矩形单元，这些单元形成了一个层次结构：高层的每个单元被划分为多个低一层的单元。关于每个网格单元属性的统计信息（如平均值、最大值和最小值）被预先计算出来并存储。高层单元的统计变量可以很容易地从低层单元的变量计算得到。这些统计变量包括：与属性无关的变量 count；与属性相关的变量 m（平均值）、s（标准偏差）、min（最小值）、max（最大值），以及该单元中属性值遵循的分布类型 distribution，例如正态分布、均衡分布、指数分布（如果分布未知则分布类型属性为无）。当数据被装载进数据库时，最底层单元的变量 count、m、s、min 和 max 直接进行计算。如果分布的类型事先已知，distribution 的值可以由用户指定，也可以通过假设检验来获得。一个高层单元的分布类型可以基于它对应的低层单元多数的分布类型,用一个阈值过滤过程来计算。如果低层单元的分布彼此不同,阈值检验失败,则高层单元的分布类型被置为 none。

统计变量的使用可以采用自顶向下的基于网格的方法。首先,在层次结构中选定一层作为查询处理的开始点。该层通常包含少量的单元。对当前层次的每个单元计算置信度区间(或者估算其概率),用以反映该单元与给定查询的关联程度。不相关的单元就不再考虑。低一层的处理就只检查剩余的相关单元。这个处理过程反复进行,直至达到最底层。此时,如果查询要求被满足,那么返回相关单元的区域。否则,检索和进一步处理落在相关单元中的数据,直到它们满足查询要求。

网格中常用的参数有以下几个。

(1) count:网格中对象数目。

(2) mean:网格中所有值的平均值。

(3) stdev:网格中属性值的标准偏差。

(4) min:网格中属性值的最小值。

(5) max:网格中属性值的最大值。

(6) distribution:网格中属性值符合的分布类型。

STING 查询算法流程如下:

(1) 选择一个层次;

(2) 对这个层次的每个单元格,计算查询相关的属性值;

(3) 对每一个单元格进行标记(相关或者不相关),对(不相关的单元格不再考虑,下一个较低层的处理就只检查剩余的相关单元;

(4) 如果这一层是底层,那么转步骤(6),否则转步骤(5);

(5) 由层次结构转到下一层,依照步骤(2)进行;

(6) 查询结果得到满足,转到步骤(8),否则转到步骤(7);

(7) 恢复数据到相关的单元格,进一步处理以得到满意的结果;

(8) 停止。

4.7.2　聚类分析案例

某大型保险企业拥有海量投保客户数据,由于大数据技术与相关人才的紧缺,企业尚未建立统一的数据仓库与运营平台,积累多年的数据无法发挥应有的价值。企业期望搭建用户画像,对客户进行群体分析与个性化运营,以此激活老客户,挖掘百亿续费市场。某数据团队对该企业数据进行了建模,输出用户画像并搭建智能营销平台,再基于用户画像数据进行客户分群研究,以制定个性化运营策略。其展开聚类分析的过程如下。

1. 数据预处理

在任何大数据项目中,前期数据准备都是一项烦琐无趣却又十分重要的工作。首先,对数据进行标准化处理,处理异常值,补全缺失值。为了顺利应用聚类算法,还需要使用户画像中的所有标签以数值形式体现。其次要对数值指标进行量纲缩放,使各指标具有相同的数量级,否则会使聚类结果产生偏差。接下来要提取特征,即把最初的特征集降维,从中选择有效特征执行聚类算法。为该保险公司定制的用户画像中存在 200 多个标签,为不同的运营场景提供了丰富的多维度数据支持。但这么多标签存在相关特征,假如存在两个高度相关的特征,相当于将同一个特征的权重放大两倍,会影响聚类结果。

2. 方差分析

根据每两个对象之间的距离,将距离最近的对象两两合并,合并后产生的新对象再进行两两合并,以此类推,直到所有对象合为一类。理想情况下,同类对象之间的离差平方和应尽可能小,不同类对象之间的离差平方和应该尽可能大。该方法要求样品间的距离必须是欧氏距离。

根据 R 绘制的层次聚类图像可对该企业的客户相似性有一个直观了解,然而单凭肉眼仍然难以判断具体的聚类个数,这时可通过轮廓系数法进一步确定聚类个数。

轮廓系数用于对某个对象与同类对象的相似度和该对象与不同类对象的相似度做对比。轮廓系数取值在 $-1 \sim 1$ 之间,轮廓系数越大,聚类效果越好。轮廓系数值表示的代码如下:

```
library(fpc)
K<-3:8
round <-30          # 避免局部最优
rst<-sapply(K,function(i){
print(paste("K= ",i))
mean(sapply(1:round,function(r){
print(paste("Round",r))
result<-kmeans(data,i)
stats<-cluster.stats(dist(data),result$ cluster)
stats$ avg.silwidth
}))
})
plot(K,rst,type='l',main= '轮廓系数与 k 的关系',ylab='轮廓系数')
```

在轮廓系数的实际应用中,不能单纯取轮廓系数最大的 k 值(轮廓系数与 k 的关系见图4-21),还需要考虑聚类结果的分布情况(避免出现超大群体),据此综合分析,探索合理的 k 值。

综上,根据分析研究,确定 k 的取值为 7。

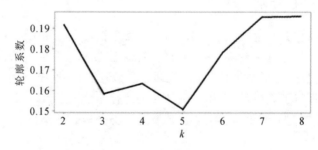

图 4-21　轮廓系数与 k 的关系

3. 聚类

k-均值算法是基于距离的聚类算法,十分经典,且简单而高效。其主要思想是选择 k 个点作为初始聚类中心,将每个对象分配到最近的中心形成 k 个簇,重新计算每个簇的中心,重复以上迭代步骤,直到簇不再变化或达到指定迭代次数为止。k-均值算法缺省使用欧氏距离来计算。

k-均值算法计算特征聚类的程序代码如下：

```
library(proxy)
library(cluster)
clusteModel<-kmeans(data,centers=7,nstart=10)
clusteModel$size
result_df<-data.frame(data,clusteModel$cluster)
write.csv(result_df,file="clusteModel.csv",row.names=T,quote=T)
```

4. 聚类结果分析

对聚类结果（clusteModel. csv）进行数据分析，总结群体特征：

cluster＝1：当前价值低，未来价值高。（此类用户的占比为 5.6％。）

cluster＝2：当前价值中，未来价值高。（此类用户的占比为 5.4％。）

cluster＝3：当前价值高，未来价值高。（此类用户的占比为 18％。）

cluster＝4：当前价值高，未来价值中低。（此类用户的占比为 13.6％。）

cluster＝5：价值高，稳定。（此类用户的占比为 14％。）

cluster＝6：当前价值低，未来价值未知（可能信息不全导致）。（此类用户的占比为 2.1％。）

cluster＝7：某一特征的客户群体（该特征为业务重点发展方向）。（此类用户的占比为 41.3％。）

根据分析师与业务团队的讨论结果，将 cluster＝1 与 cluster＝6 进行合并，最终得到六个客户群体，并针对客户群体制订运营策略，如表 4-5 所示。

表 4-5　聚类分析结果

客户分类	占比	特征	运营策略
种子型用户	7.7%	保险意识好，尚未产生价值，但具有未来价值的用户	一般运营，培养为主，逐步树立用户的品牌认知度，强参与度与活跃度
萌芽型用户	5.4%	保险意识好，已经产生初步价值，未来价值较高的用户	
成长型用户	18%	保险意识好，当前价值和未来价值都较为理想的用户	重点经营，适当给予回馈奖励，促进用户消费，同时控制打扰频率，巩固用户的好感度与忠诚度
稳健型用户	13.6%	保险意识好，累计价值高，未来价值较低的用户	
潜力型用户	14.0%	保险意识弱，当前价值低，未来价值不明确的用户	运营优先级低，维持为主，可定期运营，挖掘潜力股
特征型用户	41.3%	保险意识好，未来价值很高的用户	长期重点关注该客户群的续费缴费情况，可以制定个性化产品推荐策略

4.8　时空大数据分析

20 世纪 90 年代中后期，数据挖掘领域的一些较成熟的技术，如关联规则挖掘、分类、预测与聚类等技术被逐渐用于时间序列数据挖掘和空间结构数据挖掘，以发现与时间或空间相关的有价值的模式,并且得到了快速发展。信息网络和手持移动设备等的普遍应用,以及遥感卫星和地理信息系统等技术的显著进步,使人们前所未有地获取了大量的地理科学数据。这些地理科学数据通常与时间序列相互关联,并且隐含许多不易发现又有用的模式。从这些非线性、海量、高维和高噪声的时空数据中提取出有价值的信息并用于商业应用,使得时空数据挖掘具有额外的特殊性和复杂性。因此,寻找有效的时空数据分析技术对于时空数据中有价值的时空模式的自动抽取与分析具有重要意义。

近年来,时空数据已成为数据挖掘领域的研究热点,在国内外赢得了广泛关注。同时,时空数据挖掘也在许多领域得到应用,如交通管理、犯罪分析、疾病监控、环境监测、公共卫生与医疗健康等。时空数据挖掘作为一项新兴的技术,被用于分析海量、高维的时空数据,以发掘有价值的信息。

4.8.1　时空大数据的概念

时空数据,顾名思义,必然包括与时间序列相关的数据以及与空间地理位置相关的数据。另外时空数据挖掘还必须包含将要分析预测或者寻找关联规则的事件数据,也就是在特定时间和空间下发生的具体事件。时空数据是指具有时间元素并随时间变化而变化的空间数据,是描述地球环境中地物要素信息的一种方式。这些时空数据包括各式各样的数据,如关于地球环境地物要素的数量、形状、纹理、空间分布特征、内在联系及规律等的数字、文本、图形和图像等。具体来说,时空大数据包含很多种类,比如个人的手机信息数据、网约车订单数据、社交网络数据、宏观的国民经济数据、人口密度数据等。以普查数据为例,普查时会将大的区域划分为小的普查区域或者街区群,这里的普查区域和街区群就是地理标签,对于每一个地理标签,数据库中会详细记录该标签下的实际信息,比如收入的中位数等。结合时空数据,任何预测结果都可能具备时空属性。比如,如果说以前的购买数据能让我们判断哪些客户倾向购买某类产品,那么引入时空大数据还将让我们知道,这类客户会在何时、何地倾向于购买这类产品。无论是企业的网点选址、营销策划,还是应急逃生计划、国家土地利用规划、智慧城市构建,都脱离不了时空大数据。

4.8.2　时空大数据的类型

时空大数据主要包括时空基准数据、全球导航卫星系统(GNSS)轨迹数据、大地测量与重磁测量数据、遥感影像数据、地图数据、与位置相关的空间媒体数据等类型数据。

1. 时空基准数据

时空基准数据主要包含时间基准数据(守时系统数据、授时系统数据、用时系统数据)和空间基准数据(大地坐标基准数据、重磁基准数据、高程和深度基准数据)的总和。

2. GNSS 和位置轨迹数据

1) GNSS 基准站数据

一个基准站一天得到的数据量约为 70 MB,按全国有 3000 个基准站计算,则一天的数据总量约为 210 GB。

2) 位置轨迹数据

通过 GNSS 测量和手机等方法获得的用户活动数据,可被用于反映用户的位置和用户的社会偏好及相关交通情况等,包括个人轨迹数据、群体轨迹数据、交通轨迹数据、信息流轨迹数据、物流轨迹数据、资金流轨迹数据等。

3. 大地测量与重磁测量数据

此类数据包括大地控制数据、重力场数据、磁场数据等。

4. 遥感影像数据

遥感影像数据包括以下几种：

（1）卫星遥感影像数据，如可见光影像数据、微波遥感影像数据、红外影像数据、激光雷达扫描影像数据；

（2）航空遥感影像数据；

（3）地面遥感影像数据；

（4）地下感知数据，如地下空间和管线数据；

（5）水下声呐探测数据，如水下地形和地貌数据、阻碍物数据。

5. 地图数据

地图数据指各类地图、地图集数据，数据量大。据不完全统计，全国 1∶5 万数字矢量线划地图（DLG）数据量达 250GB，数字栅格地图（DRG）数据量达 10TB，1∶1 万 DLG 数据量达 5.3TB、DRG 数据量达 350TB。

6. 与位置相关的空间媒体数据

与位置相关的空间媒体数据指具有空间位置特征的随时间变化的数字化文字、图形、图像、声音、视频、影像和动画等媒体数据，如通信数据、社交网络数据、搜索引擎数据、在线电子商务数据、城市监控摄像头数据等。

4.8.3　时空大数据的采集与管理

社交网络、遥感设备和传感器等的普遍应用带来了海量的时空数据，且每种设备生成的数据和数据形式各不相同，造成了时空数据结构复杂且来源多样的特性。此外，在文字、音频和视频等多媒体数据中同样包含了丰富的时空数据。例如，广泛覆盖城市的监控摄像头记录了道路车辆的轨迹信息，从视频中可以还原出被监控车辆的移动轨迹。所以，如何对时空数据进行有效整合、清洗、转换和提取是时空数据预处理面临的重要问题。

时空数据的采集、储存、管理、运算、分析、显示和描述依赖于 3S 系统。如图 4-22 所示，3S 系统是遥感（remote sensing，RS）系统、全球定位系统（global position system，GPS）和地理信息系统（geographic information system，GIS）的统称，这三种系统在 3S 体系中各自充当着不同的角色。RS 系统是信息采集的主力；GPS 用于对遥感图像及其信息进行定位，赋予坐标，使其能和电子地图进行套合；GIS 则是信息的"大管家"，是用于输入、存储、查询、分析和显示地理数据的计算机系统。

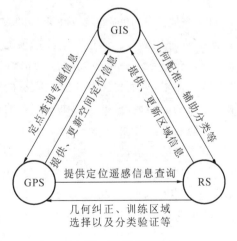

图 4-22　3S 系统示意图

从数据分析的角度而言，以上三个系统中常采用 GIS 系统进行数据分析，因为要分析的数据储存在 GIS 中。那么 GIS 和普通的信息系统有什么不同呢？简单来说，GIS 具有独特的数据模型，可用来处理空间信息。与空间相关的信息经过地理编码技术，能被映射为地理坐标，其他信息会被处理成与地理坐标相关联的属性数据。继续以上文中的普查数据为例,在 GIS 中,普查区域和街区群的字段会被处理为空间坐标,数据库中会详细记录相应空间内的信息,比如收入的中位数、调查时间等等。在 GIS 中,时间是以属性数据的形式存储的。正如上文中提到的,时空数据是指具有时间元素并随时间变化而变化的空间数据,时空数据的本质仍然是空间数据,时间是空间信息的一个要素。

近年来,传感器网络、移动互联网、射频识别技术、全球定位系统等的快速发展和广泛应用,造成数据量的爆炸式增长,数据增加的速度远远超过现有的处理能力。虽然以 MapReduce 和 Hadoop 为代表的大规模并行计算平台的出现,为学术界提供了一条研究大数据问题的新思路,但这些技术也有其固有的局限性。一方面,时空数据本质上是非结构化数据,不仅包含时间序列模型,还存在地图模型,例如城市网络、道路网络等。基于地图模型的算法时间复杂度通常比较大,对时空数据的存储管理和索引技术要求比较高。另一方面,MapReduce 计算模型的组织形式和数据处理方法不适合处理时空数据模型,且 Hadoop 技术也无法有效支持数据挖掘中监督学习所用的迭代式计算方法,因而无法完全满足时空数据分析的需要。这些对学术界和工业界来说都是一项巨大的挑战。因此,为了分析处理时空大数据,迫切需要更可靠、更有效和更实用的数据管理和处理技术。

4.8.4　面向大数据的时空数据挖掘技术的应用

时空数据挖掘技术的应用非常广泛,可用在交通运输、地质灾害监测与预防、气象研究、竞技体育、犯罪分析、公共卫生与医疗及社交网络应用等领域。这里我们简单介绍两个时空数据挖掘的应用案例。

1. 时空数据分析预测

该案例的要求是根据某地区 1997 年到 2005 年的人口普查数据选择 2006 年该地区需要新建银行分行的地点。我们收集的数据包括:

① 该地区的地理信息(地图文件);

② 该地区从 1997 年到 2005 年已有银行分行的位置分布情况,包括每个分行的具体地址等;

③ 该地区从 1997 年到 2005 年的人口统计信息,包括区域 ID、人口密度、家庭收入、男女比例、人种比例等。通过时空数据预测分析,可以根据往年银行分行的发展趋势预测出该城市银行分行在下一年即 2006 年的分布密度,同时可以根据该城市家庭收入预测出 2006 年的客户需求,从而得出基于时空数据的银行分行的供求关系,继而确定需要在下一年新建银行分行的准确地点,即选择供不应求的地点新建银行。

2. 时空数据关联

该案例的要求是对发生在美国华盛顿州斯波坎市的真实的犯罪历史的犯罪模型进行分析。该犯罪历史包括犯罪事件 816 起,犯罪类型包括吸毒(167 起)、抢劫(97 起)和车辆盗窃(552 起),发生时间从 2009 年 1 月到 2010 年 3 月,涉及斯波坎市的 10 个区和 23 条主要街道。我们得到的数据包括斯波坎市的部分地图信息,三种犯罪类型的统计信息以及该地区的人口统计信息,包括人口密度、家庭收入、男女比例、人种比例等。通过时空数据关联规则分析,我们可以根据每种犯罪事件发生的时间和地点得出该种犯罪类型与特定时间段、地理位置的关联关系,比如周末在公路附近多发吸毒事件等。同时还可以从时空数据分析中得到非时空数据的关联关系,比如人口密度小的地区会多发抢劫事件等。

4.8.5　时空大数据在智慧城市中的应用

1. 智能交通

智能交通系统(ITS)拥有实时的交通和天气信息,所有车辆都能够预先知道并避开交通堵塞,减少二氧化碳的排放,沿最快捷的路线到达目的地,能随时找到最近的停车位,甚至在大部分时间车辆可以自动驾驶,而乘客可以在旅途中欣赏在线电视节目。这需要信息技术、交通大数据、先进交通管理给予支持。智能交通系统可依托城市交通信息中心,实现城市公共汽车系统、出租车系统与轨道交通系统、交通信号系统、电子通信系统、车辆导航系统、电子地图系统综合集成的一体化交通信息管理。目前智能交通已经取得以下进展:

(1) 在智能交通信息技术、交通大数据、先进交通管理等的支持下,实现了道路的零堵塞、零伤亡和极限通行能力。

(2) 利用车辆轨迹和交通监控数据,可改善交通状况,为驾驶员提供交通信息,提高行车效益。

(3) 根据用户历史数据,可为司机和乘客设计一种双向最优出租车招车/候车服务模型。

(4) 基于出租车 GNSS 轨迹数据,并结合天气及个人驾驶习惯、技能和对道路的熟悉程度等,设计针对个人的最优导航算法,可平均为每 30min 的行车路线节约 5min 时间。

(5) 利用车联网技术和用户车辆惯性传感器数据,汇集司机急刹、急转等驾驶行为数据,预测司机的移动行为,为司机提供主动安全预警服务。

2. 智能电网

智能电网是以先进的通信技术、传感器技术、信息技术为基础,以电网设备间的信息交互为手段,以实现电网运行的可靠、安全、经济、高效、环境友好和使用安全为目标的先进的现代化电力系统,其核心是实现电网的信息化、自动化和智能化。智能电网主要由信息技术、电网大数据和先进电网管理支持。

(1) 信息技术支持　通过物联网技术,对电网和用户的信息进行实时监控和采集,并可将已嵌入智能传感器的各供电、输电和用电设备连成一体,从而实现各设备的物理实体入网,通过智能化、网络化的管理实现能源替代以及对电能的最优配置和利用。

(2) 电网大数据支持　通过物联网技术连接起来的遍布电网的传感器,每秒从发电系统读取 60 次同步相量测量值,记录所有电流数据和智能电网设备状态数据;智能电表每隔 15 分钟到 1 个小时从每个家庭或企业自动采集数据,甚至跨区域电网收集数据。电网大数据主要包括电网布局的空间结构和空间关系数据、全部传感器位置数据、输电线路巡线位置轨迹数据、停电或事故断电等电网安全数据。

(3) 先进电网管理支持　集发电监控中心、调度中心、输电系统、变电系统、配电系统、用电系统等于一体的智能电网信息系统为智能电网提供了先进电网管理支持。

目前智能电网已经在以下方面取得进展:

(1) 智能电表数据的应用　更好地掌控电网中用户的需求层次,便于监控各种电器详细的电力消耗情况,实现按时间或需求量的变化定价,根据用电模式对用户进行分类,避开高峰时段用电,识别用电需求来自哪个地方或用户。

(2) 智能电网规划、设计、建设和运行　基于智能电网地理空间大数据的电网覆盖区域的空间结构和空间关系的优化设计;基于电网地理空间大数据的电网上所有传感器的精确空间定位；基于电网地理空间大数据的智能电网信息系统（集发电系统、调度系统、输电系统、变电系统、配电系统、用电系统、安全监控系统等于一体）的高效运行。

3. 智能物流

智能物流系统是采用 GNSS、掌上电脑（PDA）、多功能手持终端、RFID 设备、无线网关等设备，集生产中心、仓储中心、商务中心、配送中心、监控中心等于一体的精细化、智能化、协同化物流信息系统。智能物流系统主要由信息技术、物流大数据技术和先进物流管理技术支持。

（1）信息技术支持　包括 GNSS、多种感知设备（温、湿、压等多功能手持终端、RFID 设备等），以及无线通信技术、物联网技术、地理信息系统技术等的支持。

（2）物流大数据支持　物流大数据包括覆盖物流网范围的地理空间大数据、物流系统五元素空间位置数据、物流网络详细交通数据、油气管道线路位置数据及其上感知设备的位置数据、智能物流过程的大数据、食品物流过程数据（温、湿、压、车况、人况数据）、油罐或化学品等易燃易爆物流过程实时动态监控数据、物流车等的位置轨迹数据、物流车时间数据、车速数据。

（3）先进物流管理支持　由集生产中心、仓储中心、商务中心、配送中心、监控中心于一体的智能物流信息系统中心提供。

目前智能物流系统已经实现了以下功能。

（1）对物流车辆进行远程监控和指挥调度　根据显示在电子地图上的 GNSS 记录的物流车辆位置轨迹数据，分析和掌控物流车辆（队）行驶状况；根据显示在电子地图上的相应感知设备记录的车上物资的温度、湿度、压力等监控数据，分析和掌控物流物资的安全状况。

（2）对油气管道物流状况的监控　根据管道安全巡线员利用 PDA 和 GNSS 巡线获得的数据，进行分析并发出应对指令；根据管道上各类感知设备记录的温、湿、压、损数据，进行分析并采取相应措施。

（3）物流安全事故预防和事故处理　监控中心根据物流大数据进行实时分析，发现可能隐患，并提出预防措施；针对已发事故，利用监控中心的物流信息系统平台研究处理方案，调集和组织力量赶赴事发现场抢救。

4. 智慧医疗

智慧医疗系统可实现各级医院之间人才资源、医疗信息资源和医疗文献资源共享。智慧医疗系统主要由信息技术、医疗大数据支持。

（1）信息技术支持　包括人的身体和生理微型感知技术、互联网远程医疗技术、医学影像分析处理和三维仿真技术、计算机电子医疗档案技术、医疗卫生物联网技术等的支持。

（2）医疗大数据支持　医疗大数据包括城市医疗卫生机构（行政机构、各类各级医院、卫生院所、保健所、药品商店、急救中心等）的空间分布数据，地方病、流行病、急性传染病数据，各类各级医院特色（专业）、人才、床位、医疗档案（病历）、大型专业和特殊设备、医疗文献等数据，个人保健数据。

目前智能医疗系统已经实现了以下功能。

（1）流感传播预测　美国 Rochester 大学的 Adem 等人利用全球定位系统数据，分析纽约 63 万多微博用户的 440 万条微博数据，绘制身体不适用户位置"热点"地图，显示流感在纽约的传播情况，指出最早可在个人出现流感症状之前 8 天做出预测，准确率达 90%。

（2）个人保健 通过安装在人身的各类传感器，对人的健康指数（如体温、血压、心电图、血氧等）进行监测，并实时传递至医疗保健中心，如有异常，保健中心会通过手机提醒去医院检查身体。

（3）远程医疗 通过国家卫生信息网络，利用医疗资源共享及检查结果数据以及急重病人异地送诊过程中的实时监控数据，进行在线会诊分析、治疗和途中急救等。

5. 智慧城市社会管理

智慧城市社会管理主要由信息技术和城市会化大数据支持。

（1）信息技术支持 包括传感网监测技术、GPS/BD（BD 指北斗导航系统）导航技术、搜索引擎技术、地理信息系统技术等的支持。

（2）城市社会化大数据支持 城市社会化大数据包括城市基础地理空间信息交换共享平台（一张图）大数据、位置轨迹数据、平安城市摄像头监控数据、空气质量监测数据、搜索引擎数据、流动人口注册数据。

目前智慧城市社会管理已经在特定的城市中得到应用。利用部署在大街小巷的监控摄像头数据，进行图像敏感性智能分析，并与 110、119、112 等交互，通过物联网实现探头与探头之间、探头与人、探头与报警系统之间的联动，从而构造和谐安全的城市生活环境。例如：

① 从城市人群流动数据中，揭示区域功能和区域人流的关系，对城市区域的社会学功能进行分类和优化。

② 利用地理监测站有限的空气质量数据，结合交通流道路结构、兴趣点分布、气象条件和人群流动规律等大数据，基于机器学习算法建立数据与空气质量的映射关系，推断出整个城市细粒度的空气质量。

③ 通过对各类企业（特别是房地产）的销售状况的监管和分析，对缴税情况进行监控，确保国家和地方财政收入。

综上所述，可得出以下结论：

（1）大数据技术的普及是信息时代发展的必然趋势，大数据技术已经渗透到社会工作、学习、生活的方方面面，必将带来思维变革、商业变革和管理变革，我们必须认识大数据、适应大数据，应用大数据。

（2）时空大数据是时空数据与大数据的融合，强调大数据的空间化（空间定位）。一切大数据都是人类活动的产物，而人类的一切活动都是在一定的时间和空间内进行的，所以大数据都具有时间和空间特征，从这个角度看，大数据本质上就是时空大数据。时空大数据是一个更为科学的术语。导航定位数据则是时空大数据最基本的组成部分。

（3）时空大数据时代的到来，使我们面临前所未有的挑战和机遇。时空大数据有可能实现"数据→信息→知识→决策支持"到"数据→知识→决策支持"的转变；时空大数据推动了时空大数据产业的变化，可能促进以时空大数据科学为核心的理论体系、以人类自然智能与计算机人工智能深度融合为核心的技术体系和以软件产品、软硬件集成产品和数据产品为核心的产品体系的形成。

（4）时空大数据无论在军事领域还是民生领域都具有广泛的应用，并将带来革命性的影响。其中民生领域的智慧城市是大数据时代发展的必然。时空大数据应用的拓展将带来新的科学问题，需要新的关键技术。

4.9　非结构化大数据分析与处理

4.9.1　非结构化数据

非结构化数据是指在获得数据之前无法预知其结构的数据。据估计,目前企业所获得的数据80％以上是非结构化数据,其增长速率要高于结构化数据。也可以说非结构化数据是结构不规则或不完整,没有预定义的数据模型,不方便用数据库二维结构表来表达的数据。

非结构化数据可以是文本数据,也可以是二进制数据,包括办公文档、文本、图片、各类报表、图像、音频、视频等。

4.9.2　非结构化数据的特点与类型

1. 非结构化数据的特点

非结构化数据具有其自身的特点:一是其格式和标准多样,不像结构化的数据那样能让人一目了然;二是其分布于异构系统;三是其信息量是非常大且增长速度快,以多媒体数据为典型代表;四是其在技术上相对于结构化数据,更难被标准化和理解,因此存储、检索、发布以及利用非结构化数据需要更加智能化的 IT 技术。

2. 非结构化数据的类型

1) 城市非结构化数据

城市大数据即城市所涉及的所有数据的总和,包括城市结构化数据和城市非结构化数据。城市所有的物理设施、各类系统、大气、水质、环境以及人的行为、位置甚至身体、生理特征等都成为可被采集的数据,其都是城市数据的重要组成部分,且这些数据80％以上都是没有固定存储形式的非结构化数据。这些数据的重要特性是多元性与异构性;多元性表现为城市非结构化数据来源众多、类型丰富;异构性表现为不同来源的城市数据,不管是在结构上、组织方式上,还是在数据尺度与数据粒度上都存在着巨大差异。如图 4-23 所示的监控视频数据就是典型的城市非结构化数据。

图 4-23　城市非结构化数据样例——监控视频数据

2）工业非结构化数据

工业大数据是工业企业自身及生态系统产生或使用的数据的总和,包括工业结构化数据和非结构化数据。其中既有来自企业内部 CAX、制造执行系统(MES)、企业资源计划(ERP)系统等信息化系统的数据,来自生产设备、智能产品等的物联网数据,也有来自企业外部的上下游产业链、互联网的数据,以及气象、环境、地理信息等跨界数据,贯穿于研发设计、生产制造、售后服务、企业管理等各环节。工业大数据作为制造业转型升级的关键抓手,受到国内外政府和企业的高度重视。

工业大数据是智能制造与工业互联网的核心,其本质是通过促进数据的自动流动去解决控制和业务问题,减少决策过程所带来的不确定性,并尽量克服人工决策的缺点。工业大数据不仅存在于企业内部,还存在于产业链和跨产业链的经营主体中。企业内部数据主要是指MES、ERP、PLM 等自动化与信息化系统中产生的数据。产业链数据是企业供应链(SCM)和价值链(CRM)上的数据。跨产业链数据,指来自于企业产品生产和使用过程中相关的市场信息、地理信息、环境信息、法律和政府信息等外部跨界信息和数据。人和机器是产生工业大数据的主体。对特定企业而言,机器数据的产生主体可分为生产设备和工业产品两类。未来由人产生的数据规模的比重将逐步降低,机器数据所占据的比重将越来越大。

工业大数据不仅满足大数据的"5V"特征,还具有以多种非结构化工程数据、过程与物料清单(BOM)数据、高端装备监测时序数据为代表的工业大数据,即呈现"多模态、强关联、高通量"的新特性。

3）教育非结构化数据

教育大数据是指整个教育活动过程中所产生的,以及根据教育需要所采集到的,一切用于教育发展并可创造巨大潜在价值的数据集合,包括教育结构化数据和教育非结构化数据。图 4-24 所示是教育大数据的来源。人们通过教育大数据不仅可以剖析学生认知状态,实现个性化教学,记录学生学习进程,提供针对性练习,破除集中教学模式,利用碎片化时间,还可以通过分析声视频数据,帮助教师筛选教辅,形成互连知识体系,实现知识点汇聚。从教育大数据的来源可知,非结构化数据是其重要组成部分。

图 4-24　教育大数据来源

教育大数据涉及的教育场景主要有:信息化校园、大规模开放式在线课程、智能辅导系统和在线题库等,如图 4-25 所示。信息化校园数据具有多源异构性、数据关联性、领域特性;大规模开放式在线课程数据具有数据稀疏性、学习动态性;智能辅导系统和在线题库数据具有数据多源异构性、学习行为多样性与相关性等非结构化数据特征。

图 4-25   教育大数据所涉及的教育场景

4.9.3   非结构化大数据的处理

1. 数据集成

数据集成是将非结构化数据在逻辑上或物理上进行集成的过程。传统上,数据集成方法可以分为两大类,即数据仓库方法和联邦数据库方法。数据库仓库方法是在物理上将分布在多个数据源的数据统一集中到一个中央数据库中;而联邦数据库方法则仅通过将用户查询翻译为数据源查询来进行逻辑上的数据集成。

1) 数据仓库方法

在对异构数据的处理中,一种集成方案是通过复制数据,实现数据的共享和透明性访问。在这种集成方案下,用到的就是数据仓库方法。数据仓库方法把来自不同平台、不同数据库下的数据统一存放在一个大的、公用的数据库中。这样,用户就可以通过直接访问公用的数据库对数据进行访问。图 4-26 是数据仓库体系结构图。

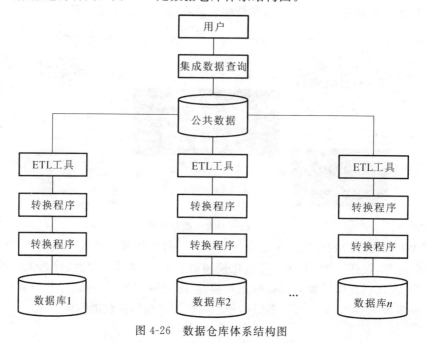

图 4-26   数据仓库体系结构图

数据仓库方法通过建立公用的数据库,按照一定规则对这些数据库中的数据进行加工处理,轻松地实现用户的数据访问。但在对数据按统一的数据仓库模式进行加工处理的过程中,会造成大量的数据存储资源的浪费。同时,筛选数据过程也会延长用户对数据访问的等待时间。在数据仓库方法中,需要用 ETL 工具对异构数据进行处理。ETL 工具首先对数进行抽取(extract)、转换(transform)、加载(load)处理,如图 4-27 所示。

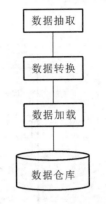

图 4-27　ETL 数据转换流程图

数据仓库法的构建步骤如下:第一步,通过 ETL 工具对来自不同数据库中的数据进行加工处理,形成统一的公共数据模式;第二步,通过建立公共数据库,提供高效的数据查询方式,方便用户进行全局查询。

例如:在对 A 市图书管理数据进行集成时,首先要建一个公用的图书管理数据库,然后使用 ETL 工具对 A 市中所有的数据库中数据进行处理,得到一致的数据,加载到 A 市公用的图书管理数据库。

2) 联邦数据库方法

数据联邦(data federation)是目前非结构化数据集成主要的方法之一,而联邦数据库系统(federated database system,FDBS)则是主要的数据集成系统之一。它是指部分不同步的,数据源和数据库都有很大差异,但保持着往来的实现数据库查询、数据库更新等处理,同时又分别拥有自己的一套数据库管理方案的系统的集合。集合中相互关联但又相互独立的单个数据库则被称为成员数据库(component database system,CDBS),而联邦数据库管理系统(federated database management system,FDBMS)则是对整个系统进行管理的系统。

举例来说,一个国家 GIS 作为总的管理数据库的系统,就等同于 FDBS。河南省数据库想要访问云南省数据库中的某一部分信息时,就会通过国家 GIS,实现地理信息的数据共享。

从图 4-28 可知,一个联邦数据库系统包括不同的子系统,也就是成员数据库。如国家地理信息系统包括各省的地理信息系统,而每个省的地理信息系统又由不同的数据库管理系统(database management system,DBMS)管理,同时实现数据库的建立、使用和维护功能。成员数据库系统可以是 SQL Server 数据库,也可以是 Oracle 数据库,或者是 XML 数据库;可以是集中式的,也可以是分布式的。

2. 数据清洗

数据仓库中的数据是面向某一主题的数据的集合,这些数据从多个业务系统中抽取而来而且包含历史数据,这样就避免不了这样的情况:有的数据是错误数据,有的数据相互之间有冲突。这些错误的或有冲突的数据显然是我们不想要的,称之为"脏数据",也称为噪声数据。我们要按照一定的规则把"脏"的数据"洗掉",这就是数据清洗。通常来说,数据清洗有三个方法,分别是分箱法、聚类法、回归法。这三种方法各有各的优势,能够对噪声数据进行全方位的清洗。

分箱法是经常使用到方法。所谓分箱法,就是将需要处理的数据根据一定的规则放进箱子里,然后测试每一个箱子里的数据,并根据各个箱子的实际情况采取方法处理数据。可以按照记录的行数进行分箱,使得每箱有一个相同的记录数;或者对每个箱子所装数据设定区间范围,根据区间范围进行分箱。也可以自定义区间进行分箱。这三种方式都是可以的。

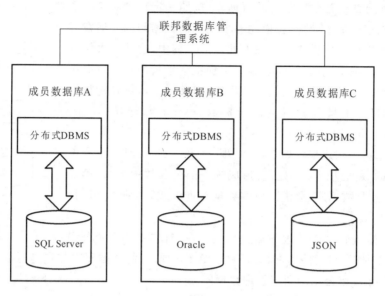

图 4-28　联邦数据管理系统

分好箱后,可以求每一个箱的平均值、中位数,或者使用极值来绘制折线图。一般来说,折线图的宽度越大,光滑程度也就越明显。

回归法就是利用函数拟合数据绘制图象,然后对图象进行光滑处理。回归法有两种,一种是单线性回归法,一种是多线性回归法。单线性回归法就是找出两个属性的最佳直线,由一个属性预测另一个属性。多线性回归法就是找到很多个属性,将数据拟合到一个多维面,这样就能够消除噪声。

聚类法的工作流程是比较简单的,但是操作起来很复杂。所谓聚类法就是对抽象的对象进行集合分组,得到不同的集合,找到在集合外的孤点,这些孤点就是噪点。发现噪点后直接进行清除即可。

3. 数据归约

对于小型或中型数据集,一般的数据预处理步骤已经足够。但对于真正大型非结构化数据集,在应用数据分析以前,需要采取一个中间的、额外的步骤——数据归约。数据归约策略包括维归约、数量归约和数据压缩。

维归约(dimensionality reduction)用于减少所考虑的随机变量或属性的个数。维归约方法包括小波变换和主成分分析,它们需要把原数据变换或投影到较小的空间。

数量归约(numerosity reduction)是用替代的、较小的数据表示形式替换原数据。这些数据可以是参数化的或非参数化的,因此数量归约方法也有参数方法和非参数方法之分。参数方法使用模型估计数据,一般只需要存放模型参数,而不是实际数据(离群点可能也要存放)。数量归约的非参数方法包括直方图法、聚类法、抽样法和数据立方体聚集法。

数据压缩(data compression)是指在不丢失有用信息的前提下,以增减数据量或按一定的算法对数据进行重组,以得到原数据的归约或"压缩"表示。如果原数据能够由压缩后的数据实现重构而不损失信息,则该数据归约称为无损的。如果我们只能近似重构原数据,则该数据归约称为有损的。对于串压缩,有一些无损压缩算法。然而,它们一般只允许有限的数据操作。维归约和数量归约也可以视为某种形式的数据压缩。

有许多其他方法可用来进行数据归约。花费在数据归约上的计算时间不应超过或抵消在归约后的数据上挖掘所节省的时间。

4.10　基于 Storm 的流数据分析

4.10.1　开源流计算框架 Storm 简介

Storm 是一个免费并开源的分布式实时计算系统。利用 Storm 可以很容易做到可靠地处理无限的数据流，像 Hadoop 批处理大数据一样，Storm 可以实时处理数据。

图 4-29 为 Storm 流计算示意图。

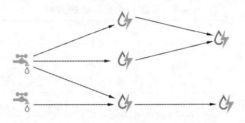

图 4-29　Storm 流计算示意图

在 Storm 出现之前，进行实时处理是非常痛苦的事情：需要维护一堆消息队列和消费者，这些消息队列和消费者构成了非常复杂的图结构。消费者进程从队列里获取消息，消息处理完成后更新数据库，或者给其他队列发新消息。我们主要的时间都花在关注往哪里发消息、从哪里接收消息、消息如何序列化等问题上，真正的业务逻辑只占了源代码的一小部分。一个应用程序的逻辑运行在很多工作进程上，但这些工作进程需要各自单独部署，还需要部署消息队列。其中的最大问题是系统很脆弱，而且不是容错的：需要自己保证消息队列和工作进程工作正常。

Storm 的出现使得这些问题得以完善解决。Storm 是为分布式场景而生的，它抽象了消息传递过程，会自动地在集群机器上并发地进行流式计算，让我们专注于实时处理的业务逻辑。Storm 有如下特点：

（1）编程简单，开发人员只需要关注应用逻辑，而且跟 Hadoop 类似，Storm 提供的编程原语也很简单；

（2）高性能，低延迟，可以应用于广告搜索引擎这种要求对广告主的操作进行实时响应的场景。

（3）属于分布式系统，可以轻松应对数据量大、单机难以完成处理任务的情况。

（4）可扩展，即随着业务发展，数据量和计算量越来越大，系统可水平扩展；

（5）具备容错性能，单个节点出现故障不影响应用。

（6）消息不会丢失。

跟 Hadoop 不一样，Storm 是没有包括任何存储概念的计算系统，这就让 Storm 可以用在多种不同的场景中。Storm 处理速度很快，每个节点每秒可以处理超过百万兆字节的数据。

表 4-6 列出了一组开源的大数据解决方案，其中包括传统的批处理和流式处理的应用程序。雅虎公司的 S4 和 Storm 之间的关键差别是 Storm 在单个节点出现故障的情况下可

以保证消息的处理,而 S4 可能会丢失消息。Hadoop 无疑是大数据分析的王者,其本质上是一个批处理系统,它专注于大数据的批处理。数据存储在 Hadoop 文件系统里(HDFS),在处理的时候被分发到集群中的各个节点。当处理完成时,产出的数据被放回到 HDFS 中。在 Storm 上构建的拓扑结构处理的是持续不断的流式数据。不同于 Hadoop 的任务,这些处理过程不会终止。Hadoop 处理的是静态的数据,而 Storm 处理的是动态的、连续的数据。Twitter 的用户每天都会推送成千上万的消息,所以这种处理技术是非常有用的。Storm 不仅仅是一个传统的大数据分析系统,它还是一个复杂事件(complex event processing)处理系统。复杂事件处理系统通常是面向检测和计算的,检测和计算都可以通过用户定义的算法在 Storm 中实现。例如,复杂事件处理可以用来从大量的事件中区分出有意义的事件,然后对这些事件进行实时处理。

表 4-6　开源的大数据解决方案

解决方案	开发者	类型	描述
Storm	Twitter	流式处理	流式处理大数据分析方案
S4	雅虎	流式处理	分布式流式计算平台
Hadoop	Apache	批处理	MapReduce 范式的第一个开源实现
Spark	UC BerkeleyAMP 实验室	批处理	支持内存数据集和弹性恢复的分析平台

4.10.3　Storm 模型

Storm 实现了一个数据流的模型,在这个模型中数据持续不断地流经一个由很多转换实体构成的网络,如图 4-28 所示。一个数据流的抽象称流(stream),流是无限的元组(tuple)序列。元组就像一个可以表示标准数据类型和用户自定义类型数据(需要额外序列化代码)的数据结构。每个流由一个唯一的 ID 来标示,这个 ID 可以用来构建拓扑中各个组件的数据源。图 4-28 中的水龙头代表了数据流的来源,一旦水龙头打开,数据就会源源不断地流经消息处理器而被处理。图 4-30 中有三个数据流,每个数据流中流动的是元组(tuple),它承载了具体的数据。元组通过流经不同的转换实体而被处理。

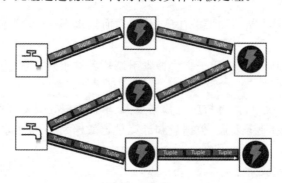

图 4-30　Storm 模型

Storm 对数据输入的来源和输出数据的去向没有做任何限制,不像 Hadoop,后者是需要把数据放到自己的文件系统 HDFS 中的。在 Storm 里,可以使用任意来源的数据输入和任意的数据输出,只要用对应的代码来获取/写入这些数据就可以。在典型场景中,输入/输出数据是基于类似 Kafka 或者 ActiveMQ 这样的消息队列,或是数据库,文件系统或者 web 服务。

4.10.4　Storm 相关概念

在 Storm 集群里面有两种节点,即控制节点(master 节点)和工作节点(worker 节点),如图 4-31 所示。控制节点上面运行一个后台程序——Nimbus,它的作用类似 Hadoop 里面的 JobTracker。Nimbus 负责在集群里面分布代码,分配工作给机器,并且监控状态。每一个工作节点上面运行一个称为 Supervisor 的节点(类似 TaskTracker)。Supervisor 会监听分配给它的那台机器的工作,根据需要启动/关闭工作进程。每一个工作进程执行一个 Topology(类似 Job)的一个子集;一个运行的 Topology 由运行在很多机器上的很多工作进程 Worker(类似 Child)组成。

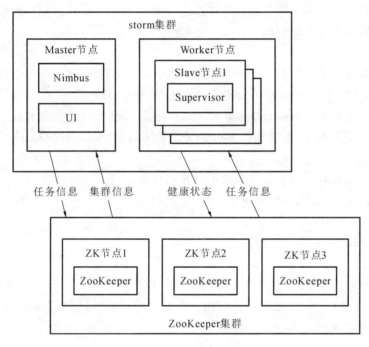

图 4-31　Storm 架构

Storm 中涉及的主要概念有:拓扑(topology)、元组、流(streams)、Spout(获取消息源的组件)、Bolt(消息处理器)、任务、组件(component)、流分组(stream grouping)、可靠性、工作进程(Worker)。

1. 拓扑

为了在 Storm 上做实时计算,需要建立一些图状结构,称之为拓扑。拓扑是由 Spout 和 Bolt 组成的图,其中:Spout 负责发送消息,负责将数据流以元组的形式发送出去;Bolt 则负责转换这些数据流,在 Bolt 中可以完成计算、过滤等操作,Bolt 自身也可以随机将数据发送给其他 Bolt。Spout 和 Bolt 通过流分组(它定义一个流在 Bolt 间如何被切分)连接起来,也可以将它理解为一个由无限制的处理节点组成的图状结构。拓扑里面的每个处理节点都包含处理逻辑,而节点之间的连接则表示数据流动的方向。

2. 元组

元组是 Storm 提供的一个轻量级的数据格式,可以用来包装需要处理的数据。元组是一次消息传递的基本单元。一个元组是一个命名的值列表,其中的每个值都可以是任意类型的。元组是动态地进行类型转化的——字段的类型不需要事先声明。在 Storm 中编程时,就是在操作和转换由元组组成的流。通常,元组包含整数、字节、字符串、浮点数,布尔值和字节数组等类型数据。要想在元组中使用自定义类型数据,就需要实现自己的序列化方式。

3. 流

流是 Storm 中的核心抽象。一个流由无限的元组序列组成,这些元组会被分布式并行地创建和处理。通过流中元组包含的字段名称来定义这个流。每个流声明时都被赋予了一个 ID。

4. Spout

Spout 是 Storm 中流的来源。通常 Spout 从外部数据源,如消息队列中读取元组数据并发送拓扑中。Spout 可以是可靠的(reliable)或者不可靠(unreliable)的。可靠的 Spout 能够在一个元组被 Storm 处理失败时重新进行处理,而非可靠的 Spout 只是发送数据到拓扑中,并不关心元组的处理成功与否。

5. Bolt

拓扑中所有的计算逻辑都是在 Bolt 中实现的。一个 Bolt 可以处理任意数量的输入流,产生任意数量新的输出流。Bolt 可以完成函数处理、过滤、流的合并、聚合、存储到数据库等操作。Bolt 就是流水线上的一个处理单元,把数据的计算处理过程合理地拆分到多个 Bolt、合理设置 Bolt 的任务数量,能够提高 Bolt 的处理能力,提升流水线的并发度。

6. 任务

每个 Spout 和 Bolt 会以多个任务的形式在集群上运行。每个任务对应一个执行线程,流分组定义了如何从一组任务(同一个 Bolt)发送元组到另外一组任务(另外一个 Bolt)上。

7. 组件

组件是对 Bolt 和 Spout 的统称。

8. 流分组

定义拓扑的时候,一部分工作内容是指定每个 Bolt 应该消费哪些流。流分组定义了元组如何在 Bolt 内的多个任务之间进行流的分配。流分组跟计算机网络中的路由功能是类似的,决定了每个元组在拓扑中的处理路线。

9. 可靠性

Storm 保证了拓扑中 Spout 产生的每个元组都会被处理。Storm 通过跟踪每个 Spout 所产生的所有元组构成的树形结构得知这棵树何时被完整地处理来达到可靠性。每个拓扑对这些树形结构都有一个关联的消息超时时间。如果在这个超时时间里 Storm 检测到 Spout 产生的一个元组没有被成功处理完,那 Spout 的这个元组就处理失败了,后续会重新处理一遍。

10. 工作进程

拓扑以一个或多个工作进程的方式运行。每个工作进程是一个物理的 Java 虚拟机,执行拓扑的一部分任务。例如,如果拓扑的并发度被设置成了 300,分配了 50 个工作进程,那么每个工作进程执行 6 个任务(作为工作进程内部的线程)。Storm 会尽量把任务平均分配到所有的工作进程上。

4.10.5　Storm 的应用

Storm 有很多应用,如用于实时分析、在线机器学习(online machine learning),连续计算(continuous computation)、分布式远程过程调用(RPC)、ETL 等。Storm 用于产生 Twitter 的趋势信息。Twitter 从海量推文中抽取趋势信息,并在本地区域和国家层级进行维护。这意味者一旦一个案例开始出现,Twitter 的话题趋势算法就能实时鉴别出这个话题。这个实时的算法就是通过在 Storm 上连续分析 Twitter 数据来实现的。以下是 Storm 的主要三大类应用:

(1) 信息流处理:Storm 可用来实时处理新数据和更新数据库,兼具容错性和可扩展性。即 Storm 可以用来处理源源不断流进来的消息,处理之后将结果写入某个存储单元。

(2) 连续计算:Storm 可进行连续查询并把结果即时反馈给客户端。比如把 Twitter 上的热门话题发送到浏览器中。

(3) 分布式远程程序调用:Storm 可用来并行处理密集查询任务。Storm 的拓扑结构是一个等待调用信息的分布函数,当它收到一条调用信息后,会对查询进行计算,并返回查询结果。分布式远程程序调用可以用于并行搜索或者处理大集合的数据。

4.10.6　Storm 实践——Apache Storm 在雅虎财经网上的应用

雅虎财经网是互联网领先的商业新闻和金融数据网站。它是雅虎的一部分,并提供有关金融新闻、市场统计、国际市场数据和其他任何人都可以访问的财务资源信息。

注册的雅虎用户可以进行自定义设置以利用雅虎财经网的特定产品。雅虎财经 API 用于从雅虎查询财务数据。此 API 显示实时延迟 15 分钟的数据,并每隔 1 分钟更新一次数据库,以访问当前股票相关信息。现在利用 Storm 一家公司的实时情景,讨论当公司的股票价值低于 100 时如何发出警报。

1. Spout 创建

创建 Spout 的目的是获得公司的详细信息,并发出价格 Spout。可以使用以下程序代码创建 Spout。

```
编码:YahooFinanceSpout.java
import java.util.* ;
import java.io.* ;
import java.math.BigDecimal;
# import yahoofinace packages
import yahoofinance.YahooFinance;
import yahoofinance.Stock;
import backtype.storm.tuple.Fields;
import backtype.storm.tuple.Values;
import backtype.storm.topology.IRichSpout;
import backtype.storm.topology.OutputFieldsDeclarer;
import backtype.storm.spout.SpoutOutputCollector;
import backtype.storm.task.TopologyContext;

public class YahooFinanceSpout implements IRichSpout {
    private SpoutOutputCollector collector;
    private boolean completed=false;
    private TopologyContext context;
    @Override
    public voidopen(Map conf,TopologyContext context,SpoutOutputCollector collector){
```

```
            this.context=context;
            this.collector=collector;
        }
        @Override
        public void nextTuple(){
            try {
                Stock stock=YahooFinance.get("INTC");
BigDecimal price=stock.getQuote().getPrice();
this.collector.emit(new Values("INTC",price.doubleValue()));
                stock=YahooFinance.get("GOOGL");
                price=stock.getQuote().getPrice();
                this.collector.emit(new Values("GOOGL",price.doubleValue()));
                stock=YahooFinance.get("AAPL");
                price=stock.getQuote().getPrice();
                this.collector.emit(new Values("AAPL",price.doubleValue()));
            }catch(Exception e){}
        }
        @Override
        public void declareOutputFields(OutputFieldsDeclarer declarer){
        declarer.declare(new Fields("company","price"));
        }
        @Override
        public void close(){}
        public boolean isDistributed(){
            return false;
        }
        @Override
        public void activate(){}
        @Override
        public void deactivate(){}
        @Override
        public void ack(Object msgId){}
        @Override
        public void fail(Object msgId){}
        @Override
        public Map<String,Object>getComponentConfiguration(){
            return null;
        }
    }
}
```

2. Bolt 创建

创建 Bolt 的目的是当价格低于 100 时实现价格报警。使用 Java Map 对象,在股价低于 100 时设置截止价格限制警报为 true,否则为 false。完整的程序代码如下。

```
编码：PriceCutOffBolt.java
import java.util.HashMap;
import java.util.Map;
import backtype.storm.tuple.Fields;
import backtype.storm.tuple.Values;
import backtype.storm.task.OutputCollector;
import backtype.storm.task.TopologyContext;
import backtype.storm.topology.IRichBolt;
import backtype.storm.topology.OutputFieldsDeclarer;
import backtype.storm.tuple.Tuple;

public classPriceCutOffBolt implements IRichBolt {
    Map<String,Integer>cutOffMap;
    Map<String,Boolean>resultMap;
    private OutputCollector collector;
    @Override
    public voidprepare(Map conf,TopologyContext context,OutputCollector collector){
      this.cutOffMap=new HashMap <String,Integer>();
      this.cutOffMap.put("INTC",100);
      this.cutOffMap.put("AAPL",100);
      this.cutOffMap.put("GOOGL",100);
      this.resultMap=new HashMap<String,Boolean>();
      this.collector=collector;
    }
    @Override
    public voidexecute(Tuple tuple){
        String company=tuple.getString(0);
        Double price=tuple.getDouble(1);
        if(this.cutOffMap.containsKey(company)){
           IntegercutOffPrice=this.cutOffMap.get(company);
           if(price<cutOffPrice){
                this.resultMap.put(company,true);
           } else {
                this.resultMap.put(company,false);
           }
        }
        collector.ack(tuple);
    }
    @Override
    public void cleanup(){
        for(Map.Entry<String,Boolean>entry:resultMap.entrySet()){
        System.out.println(entry.getKey()+ ":" + entry.getValue());
        }
    }
```

```
    @Override
    public void declareOutputFields(OutputFieldsDeclarer declarer){
        declarer.declare(new Fields("cut_off_price"));
    }
    @Override
    public Map<String,Object>getComponentConfiguration(){
        return null;
    }
}
```

3. 提交拓扑

以下为 YahooFinanceSpout. java 和 PriceCutOffBolt. java 连接在一起并生成拓扑的主要应用程序代码。该程序代码显示了如何提交拓扑。

```
编码：YahooFinanceStorm.java
import backtype.storm.tuple.Fields;
import backtype.storm.tuple.Values;
import backtype.storm.Config;
import backtype.storm.LocalCluster;
import backtype.storm.topology.TopologyBuilder;
public classYahooFinanceStorm {
    public static voidmain(String[] args)throws Exception{
        Configconfig=new Config();
        config.setDebug(true);
        TopologyBuilder builder=new TopologyBuilder();
        builder.setSpout("yahoo-finance-spout",new YahooFinanceSpout());
        builder.setBolt("price-cutoff-bolt",new PriceCutOffBolt()).fieldsGrouping("ya-
hoo-finance-spout",new Fields("company"));
        LocalCluster cluster=new LocalCluster();
        cluster.submitTopology("YahooFinanceStorm",config,builder.createTopology());
        Thread.sleep(10000);
        cluster.shutdown();
    }
}
```

4. 构建和运行应用程序

完整的应用程序中有三个 Java 代码：YahooFinanceSpout. java、PriceCutOffBolt. java、YahooFinanceStorm. java。

应用程序可以使用以下命令构建：

```
javac-cp "/path/to/storm/apache-storm-0.9.5/lib/* ":"/path/to/yahoofinance/lib/* "
* .java
```

应用程序可以使用以下命令运行：

```
javac-cp "/path/to/storm/apache-storm-0.9.5/lib/* ":"/path/to/yahoofinance/lib/* ":.
YahooFinanceStorm
```

输出将类似于以下内容：

```
GOOGL:false
AAPL:false
INTC:true
```

本 章 小 结

　　大数据结构复杂,主要包括结构化和非结构化数据,单纯靠 BI 数据库对非结构化数据进行分析已不能适应当下技术发展的需求,需采用大数据分析技术进行技术创新。本章详细介绍了大数据分析技术,包括 Map Reduce 编程基础、文本大数据分析与处理、大数据关联分析、相似项的发现、基于大数据的推荐系统、基于大数据的图与网络分析、大数据聚类分析、时空大数据分析、非结构化大数据分析与处理、基于 Storm 的流数据分析等内容。同时,针对基于大数据的推荐技术以及基于大数据的图与网络分析、大数据聚类分析、时空大数据分析、基于 Storm 的流数据分析技术进行了应用实例分析。

习　　题

　　1. 关于 MapReduce 执行过程,说法错误的是(　　　)。

　　A. Reduce 大致分为 copy、sort、reduce 三个阶段

　　B. 数据从环形缓冲区溢出时会进行分区操作

　　C. Reduce 默认只进行内存到磁盘和磁盘到磁盘合并

　　D. 洗牌阶段指的是 map()函数输出之后到 reduce()函数输入之前

　　2. 在高阶数据处理中,往往无法把整个流程写在单个 MapReduce 作业中,下列关于链接 MapReduce 作业的说法,不正确的是(　　　)

　　A. ChainReducer. addMapper()方法中,一般将键/值对发送设置成值传递,性能好且安全性高

　　B. 使用 ChainReducer 时,每个 mapper 和 reducer 对象都有一个本地 JobConf 对象

　　C. ChainMapper 和 ChainReducer 类可以用来简化数据预处理和后处理的构成

　　D. Job 和 JobControl 类可以管理非线性作业之间的依赖

　　3. 有关 MapReduce 的输入、输出,说法错误的是(　　　)

　　A. 链接多个 MapReduce 作业时,序列文件是首选格式

　　B. FileInputFormat 中实现的 getSplits()可以对输入数据进行分片,分片数目和大小可任意定义

　　C. 想完全禁止输出,可以使用 NullOutputFormat

　　D. 每个 Reduce 任务需将它的输出写入自己的文件中,输出无须分片

　　4. MapReduce 框架提供了一种序列化键/值对的方法,支持这种序列化的类能够在 Map 和 Reduce 过程中充当键或值,以下说法错误的是(　　　)

　　A. 实现 Writable 接口的类是值

　　B. 实现 WritableComparable 接口的类可以是值或键

　　C. Hadoop 的基本类型 Text 并不实现 WritableComparable 接口

D. 键和值的数据类型可以超出 Hadoop 自身支持的基本类型

5. 关联规则挖掘的目的是什么?

6. 关联规则挖掘问题可以划分为哪两个子问题?

7. 数据挖掘是在哪些相关学科充分发展的基础上被提出和发展的?

8. Apriori 算法的两个致命的性能瓶颈是什么?

9. 给定如下 3-频繁项集:{1,2,3},{1,2,4},{1,2,5},{1,3,4},{1,3,5},{2,3,4},{2,3,5},{3,4,5}。假定其中只有 5 个项目,列出所有的 4-频繁项集。

10. 满足最小支持度和最小信任度的关联规则是什么规则?

11. 支持度和可信度的定义分别是什么?

12. MapReduce 中排序发生在哪几个阶段? 这些排序是否可以避免,为什么?

13. MapReduce 是如何优化的?

14. 如何防止 MapReduce 数据倾斜?

15. 非结构化数据有哪些特点?

16. 数据集成的方法有哪些?

17. 试述数据归约的作用。

第5章 基于 Spark MLlib/Mahout 的大数据机器学习

5.1 机器学习基础

机器学习中常见的数据类型有数值型、二值型、枚举型等。下面通过表 5-1 所示的鸟类物种的案例对这几种数据类型进行说明。

表 5-1 中的体重和翼展是数值型数据,通常用十进制数字表示,它的取值是连续的实数,例如 1000.1、220.3 和 75 等。脚蹼是二值型数据,只有两种状态,即有脚蹼和没有脚蹼,通常用 0 表示无,1 表示有。后背颜色和种类是枚举型数据,枚举型数据的值是一些符号或事物的名称,代表某种类别、编码或状态,需要对枚举型数据进行数字转化,例如:对于鸟的后背颜色,取 0 代表灰色、1 代表棕色、2 代表黑色、3 代表绿色;对于鸟的种类,取 0 代表红尾鵟、1 代表鹭鹰、2 代表普通潜鸟、3 代表瑰丽蜂鸟、4 代表象牙喙啄木鸟。这些数值是不具备大小的,因此对枚举型数据进行数学运算是没有意义的。由于计算机只能识别数字,对表 5-1 中的数据进行数字转化,结果如表 5-2 所示。

表 5-1 鸟类物种分类

体重/g	翼展/cm	脚蹼	后背颜色	种属
1000.1	125	无	棕色	红尾鵟
3000.7	200	无	灰色	鹭鹰
3300	220.3	无	灰色	鹭鹰
4100	136	有	黑色	普通潜鸟
3	11	无	绿色	瑰丽蜂鸟
570	75	无	黑色	象牙喙啄木鸟

表 5-2 数字转换结果

体重/g	翼展/cm	脚蹼	后背颜色	种属
1000.1	125	0	1	0
3000.7	200	0	0	1
3300	220.3	0	0	1
4100	136	1	2	2
3	11	0	3	3
570	75	0	2	4

　　表中使用了四种不同的属性值来区分不同鸟类。我们称使用的这四种属性(体重、翼展、脚蹼和后背颜色)为特征,称种属为目标变量。表中的每一行都是一个具有相关特征的实例或称样本。在现实中,可能会想用更多的特征来描述鸟,比如体长、嘴型、嘴的颜色、瞳孔颜色等,通常的做法是列出所有可测的特征,然后从中挑选出重要的特征,挑选的过程也称特征提取。

5.2　典型机器学习问题

5.2.1　分类

　　分类是一个将事物贴上标签的过程。在分类问题中,输入变量可以是离散的,也可以是连续的。输出变量是有限个离散值,离散值的数量称为类。当离散值的数量为 2 时,该分类问题称为二分类问题;当离散值的数量大于 2 时,该分类问题称为多分类问题。

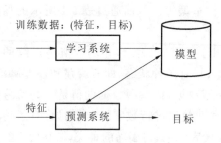

图 5-1　分类器的训练过程

　　分类属于监督学习,包括学习和分类两个过程。学习过程是指从现有数据中学习出一个分类模型或分类决策函数,即分类器。学习后的分类器可以对新的数据进行类别判断。分类相关的算法有 k-近邻算法、决策树法、朴素贝叶斯法、逻辑回归法、支持向量机(SVM)法等。训练一个分类器通常需要如图 5-1 所示的三个步骤。

　　(1)使用训练数据的特征和目标变量训练模型,这就好比教育一个小孩通过观察来识别苹果,我们要让他反复看到各种样式的苹果的照片以及其他不是苹果的物体的照片(训练数据的特征),并且告诉他哪些照片是苹果,哪些不是(训练数据的目标变量),通过这样的过程让小孩子认识苹果。

　　(2)将验证数据输入模型,比较验证数据的目标变量和模型分类结果的区别,进而评价算法分类器的学习效果,分类器的准确率或者其他指标就是在验证数据上得到的。这就好像我们教小孩识别苹果一段时间之后,拿一张葡萄的照片(在之前的教育过程中,小孩只见过苹果,这是和训练数据不同的验证数据,"不是苹果"这个结论就是验证数据的目标变量),问小孩这是不是苹果,看小孩能否答对,进而评价小孩的学习效果。

　　(3)将模型已经训练得足够好,在数据验证中取得了很好的效果之后,就将这个模型真正地应用于实践,代替人们完成任务。就像小孩子认识了什么是苹果,那么他就可以基本正确地分辨出哪些照片上是苹果而哪些不是,从而能完成对照片进行分类的工作。

5.2.2　回归

　　回归也是一种监督学习。对于回归问题,要研究的是因变量(目标变量)和自变量(特征变量)之间的关系。回归和分类的区别在于,分类问题的目标变量是有限个枚举型数据,回归问题的目标变量是数值型数据,取值是连续的实数。回归分析可以表明自变量(x)和因变量(y)之间的显著关系,以及多个自变量对一个因变量的影响强度。回归分析常用的算法有线性回归算法、树回归算法等。

回归问题按自变量的个数,分为一元回归问题和多元回归问题。回归问题的学习等价于函数拟合:选择一条函数曲线(fit1),使其很好地拟合已知数据和预测未知数据,如图 5-2 所示。

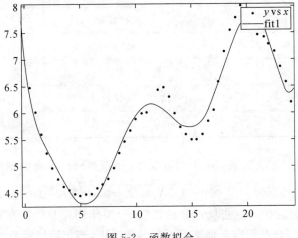

图 5-2　函数拟合

许多领域的任务都可以视为回归问题,比如,在当前的经济条件下,要估计一家公司的销售额增长情况。已知公司最新的运营数据,这些数据显示出销售额增长大约是经济增长的 2.5 倍。使用回归分析,就可以根据当前和过去的信息来预测未来公司的销售情况。

为了预测我国人口自然增长率,研究人口自然增长率与国民总收入、居民消费价格指数增长率(CPI)、人均国内生产总值(GDP)之间的关系,收集我国 1988—2006 年间的数据作为样本,如表 5-3 所示。

表 5-3　我国人口增长率及相关数据

年份	人口自然增长率/%	国民总收入/亿元	CPI/%	人均 GDP/元
1988	15.73	15037	18.8	1366
1989	15.04	17001	18	1519
1990	14.39	18718	3.1	1644
1991	12.98	21826	3.4	1893
1992	11.60	26937	6.4	2311
1993	11.45	35260	14.7	2998
1994	11.21	48108	24.1	4044
1995	10.55	59811	17.1	5046
1996	10.42	70142	8.3	5846
1997	10.06	78061	2.8	6420
1998	9.14	83024	−0.8	6796
1999	8.18	88479	−1.4	7159

年份	人口自然增长率/%	国民总收入/亿元	CPI/%	人均 GDP/元
2000	7.58	98000	0.4	7858
2001	6.95	108068	0.7	8622
2002	6.45	119096	−0.8	9398
2003	6.01	135174	1.2	10542
2004	5.87	159587	3.9	12336
2005	5.89	184739	1.8	14103
2006	5.28	211808	1.5	16084

采用多元线性回归方法对表 5-4 中的数据进行回归分析,得到的预测模型为:

$$\hat{Y}_t = 15.60851 + 0.000332X_2 + 0.047918X_3 - 0.005109X_4 \tag{5-1}$$

模型结果表明,假定在其他变量不变的情况下,当年国民总收入每增长 1 亿元,人口自然增长率增长 0.000332;在假定其他变量不变的情况下,当年居民消费价格指数增长率每增长 1%,人口自然增长率增长 0.047918;在假定其他变量不变的情况下,当年人均 GDP 每增加 1 元,人口自然增长率降低 0.005109。

同时,也可以预测出当国民总收入为 285600 亿元时,居民消费价格指数增长率为 1.2%,则有

$$Y = 15.60851 + 0.000332 \times 285600 + 0.047918 \times 1.2 - 17000 \times 0.005109$$
$$= 23.6322 \tag{5-2}$$

即人均 GDP 为 17000 时的人口自然增长率为 23.6322%。

5.2.3 聚类

聚类是一种探索性的分析,在分类的过程中,人们不必事先给出一个分类的标准,聚类分析能够从样本数据出发,自动进行分类。聚类分析所使用方法的不同,常常会得到不同的结论。不同研究者对同一组数据进行聚类分析,所得到的聚类数未必一致。聚类和分类的区别在于,分类问题中划分的类别(目标变量)是已知的,聚类问题中划分的类别是未知的(无目标变量)。

通过上述表述,我们可以把聚类定义为将数据集中在某些方面具有相似性的数据成员进行分类组织的过程。因此,聚类就是形成一些数据实例的集合,这个集合中的元素彼此相似,但是它们都与其他聚类中的元素不同。图 5-3 显示了一个二维数据集聚类结果,虽然通过目测可以十分清晰地发现在二维数据集中隐藏的数据集的聚类,但是随着数据集维数的不断增加,要想做到这一点就很难甚至不可能了。聚类相关的算法有 k-均值算法、Apriori 算法等。

例如:在某大型化工厂厂区附近挑选最具有代表性的 8 个大气取样点,在固定的时间每日 4 次抽取 6 种大气样本,测定其中包含的 8 个取样点中的每种气体的平均浓度,数据如表 5-4 所示。

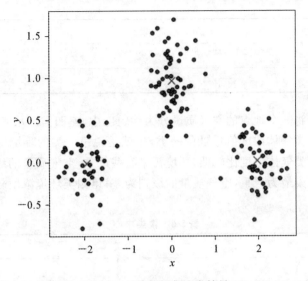

图 5-3　二维数据集聚类结果

表 5-4　采集数据

序号	氯	硫化氢	二氧化硫	碳四	环氧氯丙烷	环己烷
1	0.056	0.084	0.031	0.038	0.0081	0.022
2	0.049	0.055	0.1	0.11	0.022	0.0073
3	0.038	0.13	0.079	0.17	0.058	0.043
4	0.034	0.095	0.058	0.16	0.2	0.029
5	0.084	0.066	0.029	0.32	0.012	0.041
6	0.064	0.072	0.1	0.21	0.028	1.38
7	0.048	0.089	0.062	0.26	0.038	0.036
8	0.069	0.087	0.027	0.05	0.089	0.021

　　采用 k-均值算法对上述 8 个样本进行聚类,得到表 5-5 所示的结果。由表 5-5 可以看出,8 个样本聚为四类。第一类包括样本 1、2 和 8;第二类包括样本 5 和 7;第三类包括样本 6;第四类包括样本 3 和 4。进一步分析四个聚类中心的 6 种气体浓度,得到表 5-6 所示的结果。

表 5-5　聚类结果

案例号	聚类	距离
1	1	0.049
2	1	0.071
3	4	0.074
4	4	0.074
5	2	0.042
6	3	0.000

续表

案例号	聚类	距离
7	2	0.042
8	1	0.06

通过聚类，我们将 8 个地点的空气质量分为优、良、中、差四类。从表 5-6 中的结果可以看出，第一类为这四类气体浓度值最低的一类，也就是说第一类的环境污染不严重，空气质量的级别为优；第二类气体浓度比较低，环境污染有些严重，空气质量的级别为良；第三类气体浓度最高，环境污染最为严重，空气质量的级别为差；第四类环境浓度较为严重，空气质量的级别为中。

表 5-6　聚类中心

气体	聚类			
	1	2	3	4
X_1	0.058	0.066	0.064	0.036
X_2	0.0753	0.0775	0.072	0.1123
X_3	0.0527	0.0455	0.1	0.0685
X_4	0.066	0.29	0.21	0.165
X_5	0.0397	0.025	0.028	0.129
X_6	0.0168	0.0385	1.38	0.036

表 5-6 中，$X_1, X_2, \cdots, X_6$ 表示 6 种气体。表中 4 列数据分别表示 4 个聚类中心的 6 种气体浓度构成数据。

5.2.4　协同过滤与推荐

推荐技术从被提出到现在已有十余年，在多年的发展历程中诞生了很多新的推荐算法。协同过滤作为最早、最知名的推荐算法，不仅在学术界得到了深入研究，而且至今仍有广泛的应用。协同过滤可分为基于用户的协同过滤和基于物品的协同过滤。当我们想听歌却不知道听什么的时候，会向身边与自己品味类似的朋友求助，从而获得他的推荐，这样的推荐方式称为基于用户的协同过滤。基于物品的协同基于这一观点：物品 A 和物品 B 具有很大的相似度，因为喜欢物品 A 的用户大多也喜欢物品 B。例如，采用基于物品的协同算法时，系统会因为你购买过《数据挖掘导论》而给你推荐《机器学习实战》，因为买过《数据挖掘导论》的用户多数也购买了《机器学习实战》。

在上述场景中，核心的技术是相似度的计算。基于用户的协同过滤和基于物品的协同过滤的区别是，前者要计算用户间的相似度，而后者要计算物品间的相似度。相似度通常采用的方法是计算样本间的"距离"，常见的距离计算方法有欧氏距离法、皮尔逊相关系数法和余弦距离法等。

欧氏距离是欧几里得距离的简称，欧氏距离法是最易于理解的一种距离计算方法，是空间中两点间的距离公式。假设 n 维空间里两个向量 $\boldsymbol{X} = (x_1, x_2, \cdots, x_n)$，$\boldsymbol{Y} = (y_1, y_2, \cdots, y_n)$，则二者之间的欧氏距离为

$$\text{dist}(X,Y) = \sqrt{\sum_{i=1}^{n}(x_i - y_i)^2} \tag{5-3}$$

余弦距离又称余弦相似度,是 X 和 Y 两个向量在空间中的夹角大小,值域为$[-1,1]$。余弦距离的计算严格要求两个向量必须在所有维度上都有数值,X 向量和 Y 向量间的余弦相似度为

$$\cos\theta = \frac{\sum_{i=1}^{n}(x_i \times y_i)^2}{\sum_{i=1}^{n}(x_i)^2 \times \sum_{i=1}^{n}(y_i)^2} \tag{5-4}$$

皮尔逊相关系数是对维度值缺失情况下的余弦相似度的一种改进。把缺失值的维度都填上 0,然后让所有其他维度减去这个向量各维度的平均值,这样的操作称为中心化。中心化之后所有维度的平均值为 0,也满足进行余弦计算的要求。然后再进行余弦计算,得到结果。将向量都先进行中心化后,再通过余弦计算得到的相关系数就是皮尔逊相关系数。X 向量和 Y 向量间的皮尔逊相关系数为

$$\rho_{x,y} = \frac{\text{cov}(X,Y)}{\sigma_X\sigma_Y} = \frac{E((X-\mu_X)(Y-\mu_Y))}{\sigma_X\sigma_Y} = \frac{E(XY) - E(X)E(Y)}{\sigma_X\sigma_Y} \tag{5-5}$$

式中:μ_x,μ_y 分别表示 X、Y 的均值。

基于用户的协同过滤算法符合人们对于"趣味相投"的认知,即兴趣相似的用户往往有相同的物品喜好。当目标用户需要个性化推荐时,可以先找到和目标用户有相似兴趣的用户群体,然后将这个用户群体喜欢而目标用户没有购买过的物品推荐给目标用户。基于用户的协同过滤算法的实现过程主要包括两个步骤:

(1) 找到和目标用户兴趣相似的用户集合;

(2) 找到该集合中用户所喜欢且目标用户没有购买过的物品推荐给目标用户。

图 5-4 为基于用户的协同过滤示意图。

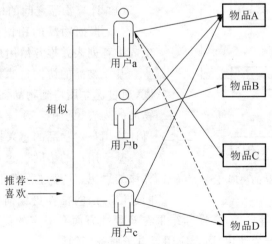

图 5-4　基于用户的协同过滤

给定用户 u 和用户 v,令 $N(u)$ 表示用户 u 感兴趣的物品集合,令 $N(v)$ 为用户 v 感兴趣的物品集合,使用余弦相似度进行用户相似度计算:

$$w_{uv} = \frac{|N(u) \cap N(v)|}{\sqrt{|N(u)||N(v)|}} \tag{5-6}$$

　　由于很多用户相互之间并没有对同样的物品产生过行为,因此其相似度公式的分子为0,相似度也为0。在这样的情况下,可以利用物品到用户的倒排表(每个物品所对应的、对该物品感兴趣的用户列表,见图5-5),仅对有对相同物品产生交互行为的用户进行计算,如图5-5所示。用户间的相似度用相似度量矩阵表示。

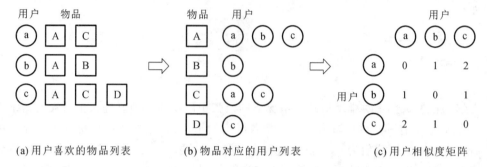

图 5-5　物品到用户倒排表及用户相似度矩阵

　　得到用户间的相似度后,再使用如下公式来度量用户 u 对物品 i 的兴趣程度 $p(u,i)$:

$$p(u,i) = \sum_{v \in S(u,K) \cap N(i)} w_{uv} r_{vi} \tag{5-7}$$

式中:$S(u,K)$是和用户 u 兴趣最接近的 K 个用户的集合;$N(i)$是喜欢物品 i 的用户集合;w_{uv}是用户 u 和用户 v 的相似度;r_{vi}是用户 v 对物品 i 的感兴趣程度。为简化计算,可令 r_{vi} =1。对所有物品计算兴趣程度 $p(u,i)$后,对所得结果进行降序排列,取前 N 个物品作为推荐结果展示给用户 u(称为 Top-N 推荐)。

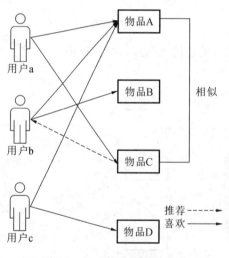

图 5-6　基于物品的协同过滤

　　基于物品的协同过滤算法是给目标用户推荐那些和他们之前喜欢的物品相似的物品。基于物品的协同过滤算法主要通过分析用户的行为记录来计算物品之间的相似度,其实现过程包括以下两个步骤:

　　(1) 计算物品之间的相似度;

　　(2) 根据物品的相似度和用户的历史行为,生成推荐列表并推荐给用户。

　　基于物品的协同过滤算法计算的是物品相似度,通过建立用户到物品倒排表(每个用户喜欢的物品的列表,见图5-7)来计算物品相似度,然后再计算用户对物品的感兴趣程度。

　　基于用户的协同过滤和基于物品的协同过滤算法的思想、计算过程都很相似。基于用户的协同过滤算法的推荐更偏向社会化,适合应用于新闻推荐、微博话题推荐等场景,其推荐结果在新颖性方面有一定的优势;基于物品的协同过滤算法的推荐更偏向于个性化,适合应用于电子商务等领域。

　　用户喜欢的物品列表中,每一行代表一个用户感兴趣的物品集合。对于每个物品集合,计算出同时喜欢两物品的用户数,得到物品相似度矩阵 $\boldsymbol{M}$,将矩阵 $\boldsymbol{M}$ 归一化后得到物品相似度矩阵 $\boldsymbol{R}$,$\boldsymbol{R}$ 表示物品之间的余弦相似度。

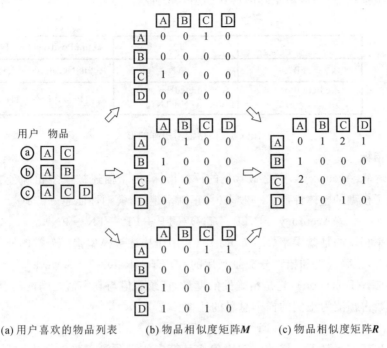

(a) 用户喜欢的物品列表　　　(b) 物品相似度矩阵M　　　(c) 物品相似度矩阵R

图 5-7　用户到物品倒排表及物品相似度矩阵

5.3　机器学习评价方法

在使用机器学习算法过程中,针对不同的问题需要不用的模型评估标准,这里主要介绍分类问题与回归问题的评价方法。

5.3.1　分类问题

训练好的分类模型是基于给定训练样本的,它将被用来预测独立于训练样本之外的测试样本。如果分类模型在训练样本中表现优越,而在测试集中表现不佳,就会出现过拟合现象。如果模型在训练过程中没有学习到足够的特征,导致训练出来的模型不能很好地匹配测试集,则会出现欠拟合现象。因此,需要一些指标对模型的性能进行评价。常用的模型性能指标包括正确率、精准率、召回率、F1 值等。

1. 混淆矩阵

混淆矩阵(confusion matrix)也称误差矩阵,用于衡量分类模型性能,为 n 阶矩阵。混淆矩阵的列表示预测类别,每一列的总数代表预测为该类别的样本数;行表示真实类别,每一行的总数代表该类别的实际样本数。假设分类目标只有两类:正例(positive),用 1 表示;负例(negative),用 0 表示,它们是模型的结果。此外有:

True Positives(TP):被正确分类为正例的样本个数。

False Positives(FP):被错误分类为正例的样本个数。

False Negatives(FN):被错误分类为负例的样本个数。

True Negatives(TN):被正确分类为负例的样本个数。

根据以上描述,典型混淆矩阵的形式如图 5-8 所示。

	1	0	
1	TP	FN	ActualPositive(TP+FN)
0	FP	TN	ActualNegative(FP+TN)
	PredictedPositive (TP+FP)	PredictedNegative (FN+TN)	TP+FP+FN+TN

图 5-8　典型混淆矩阵的形式

2. 评价指标

(1) 正确率(Accuracy),它是最常见的评价指标,用于描述被模型正确分类的样本的比例。它反映了模型的整体性能。一般来说,正确率越高,模型性能越好。有

$$Accuracy = (TP + TN)/(TP + FP + TN + FN) \tag{5-8}$$

与正确率相反的是错误率(Error Rate),它用于描述被模型错误分类的样本的比例。对一个实例而言,正确分类和错误分类是互斥的,即 ErrorRate=1−Accuracy。

(2) 精准率(Precision),它是精确性的度量,指预测值与真实值之间的吻合程度,即预测正确的正例数占预测为正例的样本总量的比率。有

$$Precision = TP/(TP + FP) \tag{5-9}$$

正确率和精准率是不一样的。在正确率计算中均把预测正确的样本数目作为分子,把全部样本数目作为分母,表明正确率是对全部样本的判断,是对模型整体性能的评价;精准率在分类中对应具体的某个类别,在其计算中分子是预测类别正确的样本数目,分母是预测为该类别的所有样本数目,即 Precision 是对模型预测正确率的评价。在正负样本数量不均衡的情况下,正确率评价存在一定的缺陷,此时更多用的是精准率;当样本数量均衡分布时才选择精准率作为评价指标。

(3) 召回率(recall),又称"查全率",是覆盖面的度量,是预测对的正例数占真实的正例数的比例,即

$$Recall = TP/(TP + FN) \tag{5-10}$$

(4) F1 值(F1-Score),它是精准率和召回率的调和均值。一般而言,精准率和召回率从两个角度反映了模型性能,单独根据某一指标无法全面地衡量模型的整体性能。为了均衡二者的影响,引入 F1 值作为综合指标,全面地评估模型性能。有

$$F1\text{-}Score = (2 \times Precision \times Recall)/(Precision + Recall) \tag{5-11}$$

(5) 负正类率(false positive rate,FPR),用于衡量模型对正例样本的判别能力,表示被错误判断为正例的负例占所有负例的比例,即

$$FPR = FP/(FP + TN)$$

(6) 特异性(Specificity),又称真负类率(true negative rate,TNR),用于衡量模型对负例样本的判别能力,表示所有负例中被正确分类的样本的比例。

$$Specificity = TN/(FP + TN) = 1 - FPR \tag{5-13}$$

(7) 其他指标,有如下几种:

①计算速度:模型训练和预测耗费的时间。

②鲁棒性:模型应对缺失值和异常值的能力。

③可扩展性:模型处理大数据集的能力。

④可解释性:模型预测标准的可理解性。

5.3.2　回归问题

回归问题主要是求值,主要评价标准是求得值与实际结果的偏差,所以,对回归问题主要采用以下方法来评价模型。

1. 平均绝对误差法

在统计学中,平均绝对误差(mean absolute error,MAE)用于衡量实验数据集的预测值相对实际值的平均绝对误差。

平均绝对误差的计算公式如下:

$$MAE = \frac{1}{n}\sum_{i=1}^{n}|f_i - y_i| = \frac{1}{n}\sum_{i=1}^{n}|e_i| \tag{5-14}$$

顾名思义,平均绝对误差是绝对误差的平均值。绝对误差为 $e_i = |f_i - y_i|$,其中 f_i 是预测值,y_i 是真实值。

2. 均方误差

若 $\hat{Y}$ 是 n 个预测值的向量,Y 是真值向量,那么预变量的均方误差(mean square error, MSE)是

$$MSE = \frac{1}{n}\sum_{i=1}^{n}(\hat{Y}_i - Y_i)^2 \tag{5-15}$$

3. 均方根误差

均方根误差(root-mean-square error,RMSE)与均方根偏差(root-mean-square deviation,RMSD)等价。相对于估计参数 θ 的估计量 $\hat{\theta}$ 的均方根误差被定义为均方误差的平方根:

$$RMSD(\hat{\theta}) = \sqrt{MSE(\hat{\theta})} = \sqrt{E((\hat{\theta} - \theta)^2)} \tag{5-16}$$

对于无偏估计,均方根误差是方差的平方根,称为标准误差。对于 n 个不同的预测,计算回归问题的因变量 y 在时间 t 内的预测值的平均值 $\hat{y}_t$:

$$RMSD = \sqrt{\frac{\sum_{t=1}^{n}(\hat{y}_t - y_t)^2}{n}} \tag{5-17}$$

4. 归一化均方差根偏差

归一化均方根偏差(normalized root-mean-square deviation,NRMSD)是均方根偏差除以预测变量的最大值和最小值之差,即

$$NRMSD = \frac{RMSD}{y_{max} - y_{min}} \tag{5-18}$$

5.4　并行机器学习算法

经过多年的发展,互联网应用已获得巨大的成功。由此,人们可以在不同时间与地域获取自己希望获得的数据。随着数据量的激增,如何有效获得并通过机器学习技术来更好地

利用这些数据已成为信息产业继续兴旺发展的关键。因此,机器学习算法和技术就成为解决这类问题的有力工具。

在中小规模问题上,机器学习已经从理论研究阶段逐渐上升到了实际应用阶段。但是在大规模的实际应用中,特别是在大数据环境下,数据的体量大、结构多样、增长速度快、整体价值大而部分价值稀疏等特点,对数据的实时获取、存储、传输、处理、计算与应用等诸多方面提出了全新挑战。传统的面向小数据的机器学习技术已很难满足大数据时代下的种种需求,并且使用单个计算单元进行运算的集中式机器学习算法难以在大规模的运算平台上执行。因此,在大数据时代,突破传统的思维定势和技术局限,研究和发展革命性的、可满足时代需求的并行机器学习的新方法和新技术,从大数据中萃取大价值,具有重要的意义。

目前,机器学习应用非常广泛的很多领域都已经面临了大数据的挑战。如在互联网和金融领域,训练实例的数量是非常大的,每天会有几十亿事件的数据集。另外,越来越多的设备(包括传感器)持续记录观察的数据可以作为训练数据,这样的数据集可以轻易地达到几百 TB。再如淘宝网的商品推荐系统中,用户点击推荐商品的行为会被淘宝网的服务器记录下来,作为机器学习系统的输入。输出是一个数学模型,该模型可以用来预测一个用户喜欢看到哪些商品,从而在下一次展示推荐商品的时候,多展示那些用户喜欢的商品。类似的,在互联网广告系统中,展示给用户的广告,以及用户点击的广告也都会被记录下来,作为机器学习系统的训练数据,以训练点击率预估模型。在下一次展示推荐商品时,这些模型会被用来预估每个商品被展示之后被用户点击的概率。由这些例子我们可以看出,这些大数据之所以大,是因为它们记录的是数十亿互联网用户的行为。而人们每天都会产生行为,以至于一些大公司的互联网服务器每天都会收集到很多块硬盘才能装下的数据。而且这些数据随时间增加,永无止境。传统机器学习技术在大数据环境下的低效率以及大数据分布式存储的特点,使得并行化的机器学习技术成为解决利用大规模、海量数据进行学习这一问题的重要途径。

由此可见,并行机器学习是随着大数据概念和云计算技术的普及而得到迅速发展的。大数据给并行机器学习带来了需求;云计算给并行机器学习创造了条件。所谓并行机器学习,就是在并行运算环境(例如云计算平台)下,利用大量运算单元完成机器学习任务。进行并行机器学习的主要目的有二:一是处理在单个运算单元上、在可容忍的时间范围内无法解决的超大规模问题;二是充分利用多运算单元的优势,提高机器学习效率,缩短整个任务的完成时间。

面向大数据环境的并行机器学习算法研究在近年来得到了高度的关注和快速的发展。从目前主要技术进展来看,并行机器学习算法的研究在以下一些方面取得了重要的成果。

(1)并行化编程技术　　目前比较流行的研究是通过 MapReduce、CUDA(统一计算设备架构)、OpenMP 等并行编程模型对传统的机器学习技术进行并行化的改造和拓展,出现了并行聚类算法、并行分类算法、并行关联规则挖掘算法和神经网络并行化算法等。由于各种并行化技术的通用性和效率不一样,对不同的机器学习算法,在并行化的过程中必须结合其自身特点以及被处理问题的特点而选择合适的并行化技术。在云计算时代,云计算平台为机器学习算法的并行化提供了强大的并行与分布式处理平台。因此结合云计算平台在大数据环境下开展并行与分布式机器学习算法的研究与应用已经成为了机器学习算法研究领域的一个重要发展方向。一个典型的例子就是 Zhao 等人于 2009 年最早提出了适用于大数据

聚类的多节点并行 k 均值算法 PKMeans,给出了基于 Hadoop 云平台的并行聚类方法的具体并行方法和详细策略。

（2）学习数据的并行化处理　面对超多样本和超高维度的数据进行学习和挖掘,传统的机器学习和数据挖掘方法无论是在处理时间还是在求解性能上都失去了实际的应用价值。另一方面,传统机器学习方法大多数都需要将学习样本和挖掘对象装载到内存中,然后再进行处理。但是在大数据环境下,大数据已经不可能在单一的存储节点上进行集中存储,这就给学习过程带来了困难和挑战,分布式存储成为了必然的选择。如何针对大数据本身的特征进行高效分拆以及对分拆后的处理结果进行高效组装,是能否有效利用并行化机器学习技术对分拆大数据后得到的小数据进行求解的关键。并行化机器学习技术的本质在于应用并行运行的算法处理一些可解的数据,因此大数据的分拆是并行化机器学习技术能够在大数据环境下使用的前提。大数据的分拆问题可以理解为一个优化问题。随机拆分、平均拆分、基于实验设计方法的拆分等各种方法,都可以在一定意义上为并行化的机器学习提供算法可解的数据输入。然而,这些拆分方法不一定是最优的,如何对大数据进行最优分拆是一个困难的问题。作为一种高效的全局最优化方法,计算智能优化方法一直以来都被研究者认为是能够辅助机器学习技术提高性能的有效途径。然而,面对大数据的分拆,由于传统集中式的计算智能方法在处理时间和规模上存在严重的瓶颈,分布式计算智能方法成为在大数据时代下实现问题优化的新途径。通过分布式计算智能算法,可以为大数据的最优分拆提供有效的手段,并使得大数据成为并行机器学习技术可解的数据输入,最终将并行机器学习技术得到的结果进行高效组装而实现对大数据应用问题的求解。将分布式计算智能优化方法与并行机器学习技术有机结合,是并行机器学习技术未来重要发展方向之一。

（3）并行算法协同处理技术　一些高准确性的学习算法,基于复杂的非线性模型而实现或者采用了内存开销非常大的计算子程序。在这两种情况下,将计算分配到单个处理单元是大数据机器学习算法的关键。单台机器的学习过程可能会非常慢,采用并行多节点或者多核处理,可提高在大数据应用中复杂算法和模型的计算速度,而如何在多个处理单元上对这些机器学习算法进行协同成为制约学习效率的关键问题。很多应用,如自动导航或智能推荐等,都需要进行实时预测。在这些情形下,由于推理速度的限制,需要推理算法能实现并行化。决定系统计算时间的因素一般有两个:一个因素是单任务的处理时间,该情况下计算时间的缩短可以通过提高系统的单机处理能力和吞吐量来解决;另一个因素是时延,在绝大多数应用场合,任务由多个相互关联的进程组成（例如,自动导航需要基于多个传感器做出路径规划决策,智能推荐需要综合用户的特征分析、历史记录等）,不同进程的处理时间不一样,任务整体的处理实际取决于各个进程的结果,如某一进程处理时间增加会造成时延,整个任务的处理速度会随着时延的增加快速下降。因此,如何对这些分布在不同处理单元的并行程序进行协同,提高学习效率,成为并行机器学习算法的一个重要研究内容。

并行机器学习技术作为解决大数据挖掘和学习的重要手段得到了高度重视。目前,多核技术和计算机集群技术的实现,使得单个任务在成百上千,甚至数万个计算单元上同时运行变得可行。我们可用的计算资源在飞速发展。虽然单个计算单元运算能力的提高已经逐步陷入停滞状态,尤其在个人计算机的处理器上,纳米级的颗粒度已经难以逾越,但是新的处理器多核技术带了巨大的改变,多核 CPU（中央处理器）大幅提高了个人计算机的性能。而在大型机领域,近年来国内陆续上线多个超级计算中心,一台普通的超级计算机的运算单元数量已经增加到几万甚至更多。这些都给并行机器学习技术的研究、发展和应用提供了重要的支持。

目前,大规模并行化的机器学习算法不仅在理论研究和算法设计方面引起了学术界的广泛关注,而且在软件系统开发和产业应用方面已经获得了相应的成果,产生了积极的影响。例如中科院计算所开发了基于云计算的并行分布式数据挖掘工具平台(PDMiner)。PDMiner 实现了各种并行数据挖掘算法,比如数据预处理、关联规则分析算法,以及分类、聚类等算法。PDMiner 可以处理规模达 TB 数量级的数据,具有很好的加速比性能,可以有效地应用到实际海量数据挖掘中。此外,PDMiner 还配备了工作流子系统,提供了友好统一的接口界面,方便用户定义数据挖掘任务,并且开放了灵活的接口,方便用户开发集成新的并行数据挖掘算法。清华大学设计了面向大规模文本分析的主题模型建模方法 WarpLDA,其可以实现数十亿文本上的百万级别主题模型学习。微软公司提出了用于图数据匹配的 Horton 以及分布式机器学习开源工具包 DMTK(Distributed Machine Learning Toolkit);Google 公司提出了适合复杂机器学习的分布式图数据计算框架 Pregel,但不开源;美国卡内基梅隆大学提出了 GraphLab 开源分布式计算系统。百度公司利用大规模机器学习技术搭建了一个容纳万亿特征数据,能以分钟级别更新模型,并能进行自动高效深度学习和高效训练的点击率预估系统。

5.5　利用 MLlib 解决大数据并行分类问题实践

传统机器学习算法受技术和单机存储量的限制,只能应用于数据量较小的情况。数据量过小会直接影响模型的准确性,在大体量的数据集上进行学习是非常有必要的。大体量数据的计算对处理平台的要求较高。Spark 提供了一个基于海量数据的 MLlib 库。MLlib 是一种高效、快速、可扩展的分布式计算框架,实现了常用的机器学习算法,如聚类、分类、回归算法等。MLlib 目前支持的分类算法有逻辑回归法、支持向量机法、朴素贝叶斯法、决策树法和随机森林(MR)算法。

由于随机森林中的每棵树都是独立训练的,所以可以并行地训练多棵树(作为并行化训练单棵树的补充)。MLlib 正是这样做的:并行地训练可变数目的子树,这里的子树的数目根据内存约束在每次迭代中都进行优化。MLlib 使用了两个关键优化:

(1)内存优化　随机森林算法使用不同的数据子样本来训练每棵树。使用随机森林树结构来保存内存信息,该结构存储每个子样本中每个实例的副本数量。

(2)通信优化　随机森林算法经常在每个节点将特征的选择限制在某个随机子集上。MLlib 利用了这种二次采样的优点来减少通信开销,例如,如果在每个节点只使用 1/3 的特征,那么就可以将通信开销减少到原来的 1/3。

下面是随机森林算法的案例。

一般银行在货款之前都需要对客户的还款能力进行评估,但如果客户数据量比较庞大,信贷审核人员的压力会非常大,此时常常会希望通过计算机来进行辅助决策。随机森林法可以在该场景下使用。例如可以将原有的历史数据输入算法程序当中进行数据训练,利用训练后得到的模型对新的客户数据进行分类,这样便可以过滤掉大量无还款能力的客户,从而极大地减少信贷审核人员的工作量。

表 5-7 信贷用户历史数据

记录号	是否拥有房产	婚姻情况	年收入/万元	是否具备还款能力
10001	否	已婚	10	是
10002	否	单身	8	是
10004	是	单身	13	是
⋮	⋮	⋮	⋮	⋮
11000	是	单身	8	否

表 5-7 所示为信贷用户历史数据记录,该记录被格式化为

label index1:feature1 index2:feature2 index3:feature3

这种格式,例如表 5-7 中的第一条记录将被格式化为 0 1:0 2:1 3:10,各字段含义如表 5-8 所示。

表 5-8 字段含义

字段	字段含义	字段取值
lable	是否具备还款能力	0:是 1:否
index1	第一特征索引	1
feature1	是否拥有房产	0:否 1:否
index2	第二个特征索引	2
feature2	婚姻情况	0:单身 1:已婚 2:离婚
index3	第三个特征索引	3
feature3	年收入	实际数值

将表中所有数据转换后,保存为文件 sample_data.txt,该数据用于训练随机森林。测试数据见表 5-9。

表 5-9 测试数据

是否拥有房产	婚姻情况	年收入/万元
否	已婚	12

如果随机森林模型训练正确,上面这条用户数据得到的结果应该是具备还款能力。为方便后期处理,我们将其保存为文件 input.txt,内容为 0 1:0 2:1 3:12。

利用命令"hadoop fs-put input. txt sample_data. txt /data"将文件 sample_data. txt、in-put. txt 上传到 HDFS 中的"/data"目录下。客户还款能力评估的代码如下：

```
# 加载模块
import org.apache.spark.SparkConf
import org.apache.spark.SparkContext
import org.apache.spark.mllib.util.MLUtils
import org.apache.spark.mllib.regression.LabeledPoint
import org.apache.spark.rdd.RDD
import org.apache.spark.mllib.tree.RandomForest
import org.apache.spark.mllib.tree.model.RandomForestModel
import org.apache.spark.mllib.linalg.Vectors
object RandomForstExample {
def main(args:Array[String]){
val sparkConf=new SparkConf().setAppName("RandomForestExample").
setMaster("spark://sparkmaster:7077")
val sc=new SparkContext(sparkConf)
val data:RDD[LabeledPoint]=MLUtils.loadLibSVMFile(sc,"/data/sample_data.txt")
# 加载数据
# 随机森林训练参数设置
val numClasses=2                        # 分类数
val featureSubsetStrategy="auto"  # 特征子集采样策略,auto 表示算法自主选取
val numTrees=3                          # 树的个数
# 训练随机森林分类器,trainClassifier 返回的是 RandomForestModel 对象
val model: RandomForestModel = RandomForest. trainClassifier ( data, Strategy. default
Strategy("classification"),numTrees,featureSubsetStrategy,new java.util.Random().
nextInt())
# 测试训练好的分类器并计算错误率
val input:RDD[LabeledPoint]=MLUtils.loadLibSVMFile(sc,"/data/input.txt")
val predictResult=input.map { point =>
val prediction=model.predict(point.features)
(point.label,prediction)
}
# 打印输出结果,在 spark-shell 上执行时使用
predictResult.collect()
# 将结果保存到 hdfs //predictResult.saveAsTextFile("/data/predictResult")
sc.stop()
}
}
```

上述代码可以打包后利用 spark-summit 提交到服务器上执行。也可以在 spark-shell 上执行上述代码并查看结果。图 5-9 给出了随机森林模型预测得到的结果,图 5-10 给出了训练得到的随机森林模型结果,可以看到预测结果与训练结果是一致的。

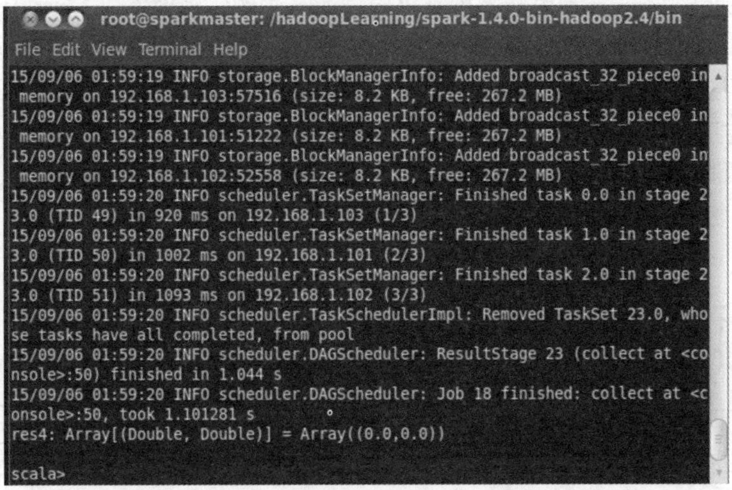

图 5-9　预测结果

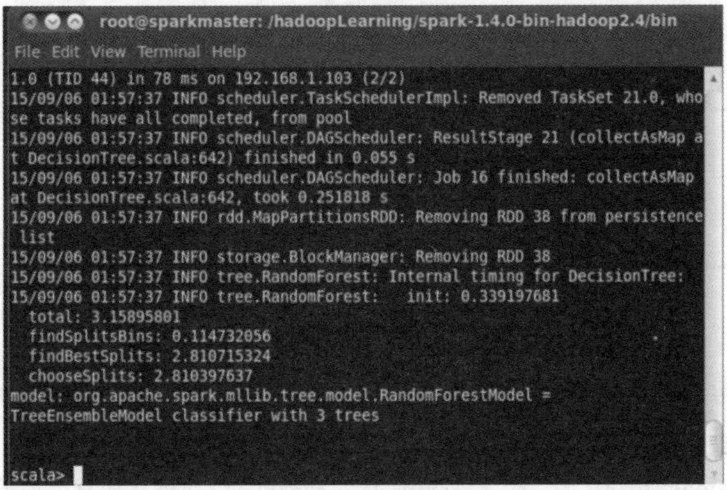

图 5-10　训练得到的随机森林模型

5.6　利用 Mahout 解决大数据推荐优化问题实践

1. Mahout 的主要功能

Mahout 包含推荐、聚类、分类等功能。

推荐:利用推荐引擎,服务商或网站可根据用户过去的行为为其推荐书籍、电影或文章等。

聚类:Google news 使用聚类技术,通过标题对新闻文章进行分组,从而按照逻辑线索来显示新闻,而并非给出所有新闻的原始列表。

分类:雅虎邮箱基于用户以前对正常邮件和垃圾邮件的报告,以及电子邮件自身的特征,来判别到来的消息是否是垃圾邮件。

图 5-11 所示为 Mahout 推荐系统架构。

Mahout 使用 Taste 推荐引擎来提高协同过滤算法的实现效率。Taste 是一个基于 Java 的可扩展的、高效的推荐引擎。Taste 既实现了最基本的基于用户和基于内容的推荐算法，也提供了扩展接口，使用户可以方便地定义和实现自己的推荐算法。同时，Taste 不仅仅只适用于 Java 应用程序，它可以作为内部服务器的一个组件，以 HTTP 和 Web Service 的形式向外界提供推荐的逻辑。Taste 的设计使它能满足企业对推荐引擎在性能、灵活性和可扩展性等方面的要求。图 5-12 为 Taste 结构示意图。

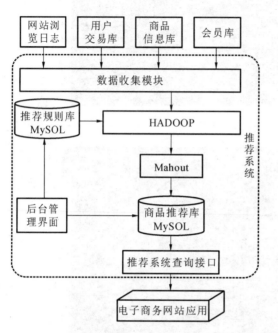

图 5-11　Mahout 推荐系统架构

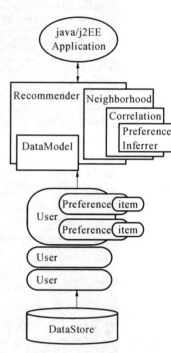

图 5-12　Taste 结构示意图

Taste 主要包括以下几个接口：

（1）DataModel 接口　它是用户喜好信息的抽象接口，支持从任意类型的数据源抽取用户喜好信息。Taste 提供了 JDBCDataModel 接口和 FileDataModel 接口，分别支持从数据库和文件中读取用户的喜好信息。

（2）UserSimilarity 和 ItemSimilarity 接口　UserSimilarity 接口用于定义两个用户间的相似度，它是基于协同过滤的推荐引擎的核心部分，可以用来计算用户的"邻居"（将与当前用户品位相似的用户称为他的邻居）。ItemSimilarity 接口与 UserSimilarity 接口类似，计算 Item 之间的相似度。

（3）UserNeighborhood 接口　它用在基于用户相似度的推荐方法中，推荐的内容是基于找到与当前用户喜好相似的邻居用户的方式产生的。UserNeighborhood 接口定义了确定邻居用户的方法，具体实现一般是基于 UserSimilarity 计算得到的。

（4）Recommender 接口　它是推荐引擎的抽象接口，是 Taste 中的核心组件。在程序中为它提供一个 DataModel，它可以计算出对不同用户的推荐内容。实际应用中，主要使用它的实现类 GenericUserBasedRecommender 或者 GenericItemBasedRecommender，分别实现基于用户相似度的推荐引擎或者基于内容的推荐引擎。

（5）RecommenderEvaluator 接口　它是评分器。

（6）RecommenderIRStatsEvaluator 接口　它用于搜集与推荐性能相关的指标，包括精准率、召回率等。

案例分析：根据电影点评网站数据，给目标用户推荐电影。

采用基于用户的协同过滤算法，代码如下：

```
packagecom.github.davidji80.maven.mahout;
import org.apache.mahout.cf.taste.common.TasteException;
import org.apache.mahout.cf.taste.impl.common.LongPrimitiveIterator;
import org.apache.mahout.cf.taste.impl.model.file.FileDataModel;
import org.apache.mahout.cf.taste.impl.neighborhood.NearestNUserNeighborhood;
import org.apache.mahout.cf.taste.impl.recommender.GenericUserBasedRecommender;
import org.apache.mahout.cf.taste.impl.similarity.EuclideanDistanceSimilarity;
import org.apache.mahout.cf.taste.model.DataModel;
import org.apache.mahout.cf.taste.recommender.RecommendedItem;
import org.apache.mahout.cf.taste.recommender.Recommender;
import org.apache.mahout.cf.taste.similarity.UserSimilarity;
import java.io.File;
import java.io.IOException;
import java.net.URL;
import java.util.List;
public class BaseUserRecommender {
    final static int NEIGHBORHOOD_NUM=2;      # 用户邻居数量
    final static int RECOMMENDER_NUM=3;        # 推荐结果个数
    public static void main(String[] args)throws IOException,TasteException {
        # 准备数据 这里是电影评分数据集,其中第一列表示用户 id;第二列表示商品 id;第三列
表示评分,评分是 5 分制
        URL url=BaseUserRecommender.class.getClassLoader().getResource("movie.da-
ta");
        # 将数据加载到内存中
DataModel dataModel=new FileDataModel(new File(url.getFile()));
        # 计算相似度
UserSimilarity similarity=new EuclideanDistanceSimilarity(dataModel);
        # 计算最近邻域,有两种算法,即基于固定数量的邻居算法和基于相似度的邻居算法,这里
使用基于固定数量的邻居算法。NEIGHBORHOOD_NUM 指定用户邻居数量
NearestNUserNeighborhood  neighbor=new NearestNUserNeighborhood(NEIGHBORHOOD_NUM,
similarity,dataModel);
        # 构建推荐器
        Recommender r=new GenericUserBasedRecommender(dataModel,neighbor,similari-
ty);
        # 得到所有用户的 id 集合
        LongPrimitiveIterator iter=dataModel.getUserIDs();
        while(iter.hasNext()){
            longuid=iter.nextLong();
        # 获取推荐结果,获取指定用户指定数量的推荐结果
```

```
        List<RecommendedItem>list=r.recommend(uid,RECOMMENDER_NUM);
        System.out.printf("用户:%s",uid);
        # 遍历推荐结果
        System.out.print("--》推荐电影:");
        for(RecommendedItem ritem:list){
        # 获取推荐结果和推荐度
        System.out.print(ritem.getItemID()+ "["+ ritem.getValue()+ "] ");
        }
        System.out.println();
    }
  }
}
```

运行以上代码,所得结果如图 5-13 所示。

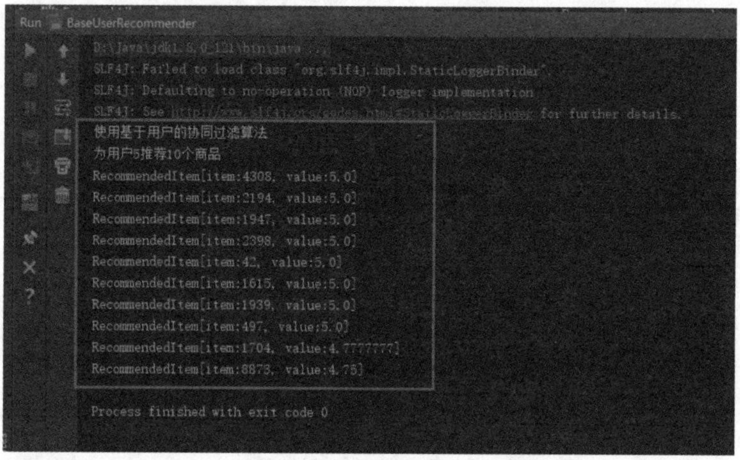

图 5-13　运行结果

本 章 小 结

　　机器学习算法已经广泛应用于日常生活,深入地理解数据的含义是大数据驱动产业的基本内容。本章详细介绍了机器学习的基础知识,包括典型的机器学习问题、机器学习评价方法和指标,以及典型机器学习案例。

习　　题

　　1.data.csv 数据集中包含 230 种材料的特征信息,最后一列是样本的类标签。应用两种不同的分类算法解决材料的分类问题,对两种算法的性能进行对比(正确率、精准率和 F1值)。

　　2.采用 k-均值算法对 testSet 数据集中的数据进行聚类分析。

3. 举例说明分类、回归和聚类问题，以及案例中需要收集的数据。

4. 试述分类、回归和聚类间的区别与联系。

5. 简述协同过滤可分为哪几种，并应用案例进行说明。

6. 采用 5.5 节中的随机森林案例的模型，预测表 5-10 中客户的还款能力。

表 5-10 待预测客户数据

是否拥有房产	婚姻情况	年收入/万元
否	离婚	18
是	未婚	11
是	已婚	17
否	单身	7

第6章 基于大数据的深度学习技术与应用

6.1 深度学习基本原理

深度学习又称深度机器学习、深度结构学习、分层学习,是一类有效训练深度神经网络(deep neural network,DNN)的机器学习算法,可以对数据进行高层次抽象建模。从广义上来说,深度神经网络是一种具有多个处理层的复杂结构,其中包括多重非线性变换。如果深度足够,那么多层感知机是深度神经网络,前馈神经网络也是深度神经网络。基本的深层网络模型可以分为两大类:生成模型和判别模型。生成是指从隐含层到输入数据的重构过程,而判别是指从数据到隐含层的归约过程。生成模型主要包括受限玻耳兹曼机、自编码器、深层信念网络、深层玻耳兹曼机以及和积网络。判别模型主要包括深层感知器、深层前馈网络、卷积神经网络、深层堆积网络、循环神经网络和长短时记忆网络。

典型的神经网络具有从几十个到数百个、数千个甚至数百万个被称为单元的人造神经元,其排列成一系列层,每一层连接到任一侧的层。其中一些被称为输入单元,用于接收来自外部世界的各种形式的信息,网络将尝试学习、识别或以其他方式处理这些信息。其他单元位于网络的另一侧,表示所学到的信息,称为输出单位。在输入单元和输出单元之间是一层或多层隐藏单元,它们一起构成人造大脑的大部分。大多数神经网络都是完全连接的,这意味着每个隐藏单元和每个输出单元连接到任一侧的层中的每个单元。一个单元与另一个单元之间的连接由称为权重的数字表示,该数字可以是正数(一个单位激励另一个单位时)或负数(一个单位抑制另一个单位时)。权重越大,一个单元对另一个单元的影响越大。

神经网络中每一层对输入数据所做的具体操作保存在该层的权重(weight)中,其本质是一串数字。用术语来说,每一层实现的变换由其权重来参数化(parameterize,见图 6-1)。权重有时也被称为该层的参数。在这种语境下,学习是指为神经网络的所有层找到一组权重值,使得该网络能够将每个示例输入与其目标正确地一一对应。但重点是,一个深度神经网络可能包含数千万个参数。找到所有参数的正确取值可能是一项非常艰巨的任务,特别是考虑到修改某个参数值将会影响其他所有参数的行为。

要控制神经网络的输出,就需要能够衡量该输出与预期值之间的距离。这是神经网络损失函数(loss function)的任务,该函数称为目标函数(objective function)。损失函数的输入是网络预测值与真实目标值(即希望网络输出的结果),然后计算一个距离值,衡量该网络

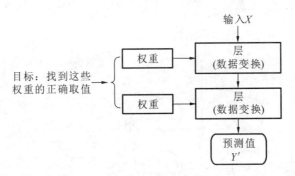

图 6-1　神经网络由其权重来参数化

在这个示例上的效果好坏(见图 6-2)。

　　深度学习的基本技巧是利用这个距离值作为反馈信号来对权重值进行微调,以降低当前示例对应的损失值(见图 6-3)。这种调节由优化器(optimizer)来完成,它实现了所谓的反向传播(backpropagation)算法,这是深度学习的核心算法。

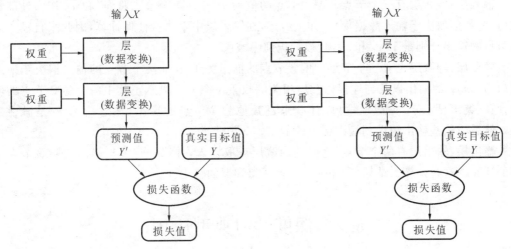

图 6-2　损失函数衡量网络输出结果的质量　　　图 6-3　以损失值为反馈信号来调节权重

图 6-4 所示为单隐层前馈神经网络的一般结构。

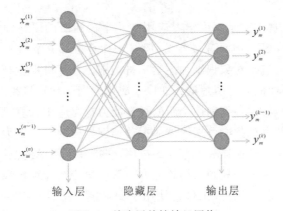

图 6-4　单隐层前馈神经网络

　　图 6-4 中 $x_m^{(n)}$ 表示第 m 个样本的第 n 个特征,可以看到输入层神经元个数应该和一个样本的特征数一样,而 $y_m^{(k)}$ 表示第 m 个样本的第 k 个输出。通常情况下,如果这是一个分类

问题,则 $k \geqslant 1$,如果是回归问题,则 $k=1$。

　　图 6-5 所示为多层神经网络体系结构。

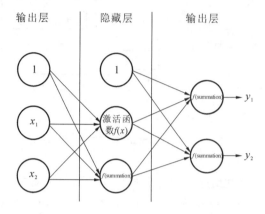

图 6-5　多层神经网络体系结构图

　　输入层:输入层有三个节点。偏置节点的值为 1,另外两个节点将 x_1 和 x_2 作为外部输入(这些数值取决于输入数据集)。如上所述,在输入层中不执行任何计算,因此来自输入层的节点的输出分别是 1、x_1 和 x_2,其被馈送到隐藏层。

　　隐藏层:隐藏层也有三个节点。偏置节点的输出为 1,其他两个节点的输出取决于输入层(1,x_1,x_2)的输出以及与连接(边缘)相关的权重。图 6-5 显示了其中一个隐藏节点的输出计算(突出显示)。类似地,可以计算来自其他隐藏节点的输出(注意,f 指的是激活功能),然后将这些输出馈送到输出层中的节点。

　　输出层:输出层有两个节点,它们从隐藏层获取输入,并执行与突出显示的隐藏节点相似的计算。这些计算的结果(y_1 和 y_2)为多层感知器的输出。

6.2　深度学习典型应用

6.2.1　计算机视觉

　　一直以来,计算机视觉就是深度学习应用中几个最活跃的研究领域之一。因为视觉实现是一个对人类以及许多动物而言很容易,但对于计算机却充满挑战性的任务。深度学习中的标准基准任务一般包括对象识别和光学字符识别。计算机视觉技术是一个非常广阔的发展领域,包括多种多样的处理图片的方式以及应用方向。计算机视觉的应用广泛,从复现人类视觉能力(比如识别人脸)到创造全新的视觉能力都需应用计算机视觉技术。近期一个新的计算机视觉应用是由视频中可视物体的振动识别相应的声波。大多数计算机视觉领域的深度学习研究未曾关注过这样一个奇异的应用,它扩展了图像的范围,而不是仅仅关注人工智能中较小的核心目标——复制人类的能力。深度学习在计算机视觉中往往用于对象识别和目标检测,还有大量图像合成工作也使用了深度模型。尽管图像合成("无中生有")通常不包括在计算机视觉内,但是能够进行图像合成的模型通常用于图像恢复(即修复图像中的缺陷或从图像中移除对象)这样的计算机视觉任务。

　　随着神经网络的发展,计算机视觉技术也进入了飞速发展的阶段。卷积神经网络

(CNN)的灵感来自于视觉系统的结构,尤其是视觉系统模型。Yann LeCun 和他的合作者设计了卷积神经网络,采用误差梯度很好地完成了各种模式识别任务。卷积神经网络包括三种主要的神经层,即卷积层、池化层、完全连接层。每一层都发挥着不同的作用。图 6-6显示了用于对象检测的卷积神经网络体系结构。卷积神经网络的输入数据经过每一层的转换,激活神经元,再经过池化层的降维,最后输入全连接层,实现将输入数据映射到一维特征向量。卷积神经网络在计算机视觉方面应用的非常成功,可用于人脸识别、目标检测,并可用在增强视觉机器人和自动驾驶汽车中。

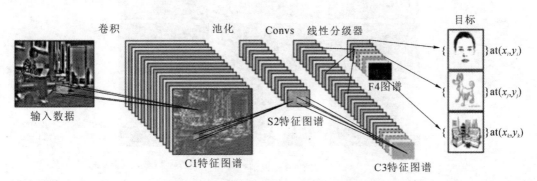

图 6-6　用于对象检测的卷积神经网络体系结构

下面对计算机视觉技术的主要应用介绍如下。

1)目标检测

目标检测即找出图像中所有感兴趣的物体,包含物体定位和物体分类两个子任务,同时确定物体的类别和位置(见图 6-7)。目标检测是计算机视觉和数字图像处理技术发展的一个热门方向,广泛应用于机器人导航、智能视频监控、工业检测、航空航天等诸多领域,可利用计算机视觉来减少对人力资本的消耗,具有重要的现实意义。因此,目标检测也就成为了近年来理论和应用的研究热点。它是图像处理和计算机视觉学科的重要分支,也是智能监控系统的核心部分。目标检测算法是泛身份识别领域的一个基础性算法,对后续的人脸识别、人群计数、实例分割等任务起着至关重要的作用。由于深度学习的广泛运用,目标检测算法得到了较为快速的发展。

2)人脸识别

人脸识别是基于人的脸部特征信息进行身份识别的一种生物识别技术,包括用摄像机或摄像头来集合有人脸的图像或视频流,并自动在图像中检测和跟踪人脸,进而对检测到的人脸进行识别的一系列相关技术,通常也称为人像识别、面部识别。搭建人脸识别系统的第一步是人脸检测,也就是在图片中找到人脸的位置。在这个过程中,系统的输入是一张可能含有人脸的图片,输出是人脸位置的矩形框。一般来说,人脸检测时应该正确检测出片中存在的所有人脸,不能有遗漏,也不能错检。获得包含人脸的矩形框后,即第二步要做的是人脸对齐。原始图片中各人脸的姿态、位置可能有较大的区别,为了之后统一处理,要把人脸"摆正"。为此,需要检测人脸中关键点,如眼睛的位置、鼻子的位置、嘴巴的位置、脸的轮廓点等。根据这些关键点可以使用仿射变换将人脸统一校准,以尽量消除姿势不同带来的误差。

3)行为和活动识别

行为和活动识别是一个受到广泛关注的研究课题,引起了研究人员的注意。最近几年

图 6-7　识别过程

的文献提出了许多与基于深度学习的活动识别技术相关的研究。深度学习用于复杂事件检测和视频序列识别的步骤是：首先，利用显著性映射的智能算法和神经科学来检测和定位事件；然后，将深度学习应用于特征识别与相应的事件。

6.2.2　语音识别

语音识别任务的重点在于将一段包括自然语言发音的声学信号投影到对应说话人的词序列上。令 $X=[x^{(1)}, x^{(2)}, \cdots, x^{(T)}]$ 表示语音的输入向量（传统做法以 20ms 为一帧分割信号）。许多语音识别系统通过特殊的手工设计方法预处理输入信号，从而提取特征，但某些深度学习系统是直接从原始输入中学习特征的。令 $y=[y_1, y_2, \cdots, y_N]$ 表示目标的输出序列（通常是一个词或者字符序列）。自动语音识别（automatic speech recognition，ASR）任务指的是构造一个函数 $f * \text{ASR}(x)$，使得它能够在给定声学序列 X 的情况下计算最有可能的语言序列 y：

$$f * \text{ASR}(x) = \arg\max\{y\, P *(y * \mid X = X)\} \tag{6-1}$$

式中：P 是给定输入 X 时对应目标 y 的真实条件分布。在 2012 年之前，最先进的语音识别系统是基于隐马尔可夫模型（hidden Markov model，HMM）和 高斯混合模型（Gaussian mixture model，GMM）的结合——GMM-HMM 模型的系统。GMM 对声学特征和音素（phoneme）之间的关系建模，HMM 对音素序列建模。GMM-HMM 模型将语音信号视作由如下过程生成：首先，一个 HMM 生成一个音素的序列以及离散的子音素状态（比如每一个音素的开始、中间、结尾）；然后，GMM 把每一个离散的状态转化为一个简短的声音信号。语音识别是神经网络的应用成功的第一个领域。GMM-HMM 模型长期以来一直在自动语音识别中占据主导地位。从 20 世纪 80 年代末期到 90 年代初期，大量语音识别系统使用了神经网络。当时，基于神经网络的自动语音识别系统的表现和 GMM-HMM 系统的表现差不多。1991 年，Robinson 和 Fallside 在 TIMIT 数据集（有 39 个区分的音素）上得到了 26% 的音素错误率，这个结果可以与基于 HMM 的结果相媲美。从那时起，TIMIT 就成为了音素识别的一个基准数据集，其在语音识别中的作用与有别于手写数字的数据集在对象识别中的作用差不多。然而,由于语音识别软件系统涉及复杂的工程因素,再加上 GMM-HMM 系统的成功应用,工业界并没有迫切转向神经网络的需求。直到 2009 年左右,学术界和工业界的研究者们才开始更多地用神经网络完善 GMM-HMM 系统。

6.2.3　自然语言处理

自然语言处理(natural language processing,NLP)技术让计算机能够使用人类语言。为了让简单的程序能够高效明确地得到解析,计算机程序通常读取和发出特殊的语言。而自然语言通常是模糊的,并且可能不遵循某种描述形式。许多自然语言处理应用程序基于语言模型,语言模型定义了关于自然语言中的字、字符或字节序列的概率分布。与本章讨论的其他应用一样,通用的神经网络技术可以成功地应用于自然语言处理。然而,为了实现卓越的性能并扩展到大型应用程序,一些领域特定的策略也很重要。为了构建自然语言的有效模型,通常必须使用专门处理序列数据的技术。在很多情况下,我们将自然语言视为一系列词,而不是单个字符或字节序列。因为可能的词总数非常大,基于词的语言模型必须在极高维度和稀疏的离散空间上操作。为使这种空间上的模型在计算和统计意义上都高效,研究者已经开发了多种策略。

神经语言模型(neural language model,NLM)是一类用来克服维数灾难的语言模型,它使用词的分布式表示对自然语言序列建模。不同于基于 n-gram 的模型,神经语言模型能够识别两个相似的词,并且对每个词分别进行编码。神经语言模型共享一个词(及其上下文)和其他类似词的统计强度。模型为每个词学习分布式表示,允许模型采用具有类似共同特征的词来实现这种共享。例如,如果词"dog"和词"cat"映射到具有许多相似属性的表示,则包含词"cat"的句子可以对包含词"dog"的句子做出预测,反之亦然。因为这样的特征很多,所以存在许多泛化的方式,可以将信息从每个训练句传递到指数数量的语义相关语句。维数灾难需要模型泛化到指数多的句子。神经语言模型通过将每个训练句子与指数数量的类似句子相关联以克服这个问题。

基于神经网络的词的分布式表示称为词嵌入(word embedding)。词嵌入是将原始符号视为维度等于词表大小的空间中的点,将这些点嵌入较低维的特征空间。在原始空间中,每个词由一个 one-hot 向量表示,因此每对词之间的 欧氏距离都是 $\sqrt{2}$。在嵌入空间中,经常出现在类似上下文(或共享由模型学习的一些"特征"的任何词对)中的词彼此接近,这通常会使具有相似含义的词变得更接近。

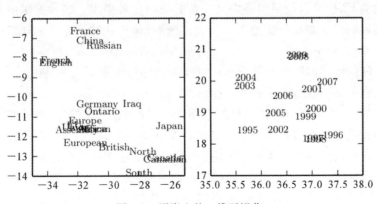

图 6-8　词嵌入的二维可视化

图 6-8 是从神经机器翻译模型获得词嵌入的二维可视化效果图。此图将语义相关词的特定区域放大了,这些区域具有彼此接近的嵌入向量。注意,这些嵌入向量是为了可视化才以二维形式表示的。在实际应用中,嵌入向量通常具有更高的维度并且可以同时捕获词之间的多种相似性。

其他领域的神经网络也可以定义嵌入。例如,卷积网络的隐藏层提供图像嵌入。因为自然语言最初不在实值向量空间上,所以自然语言处理研究人员通常对嵌入这个概念更感兴趣。

使用分布式表示来改进自然语言处理模型的基本思想不必局限于神经网络,还可以用于图模型,其中分布式表示是以多个潜变量的形式实现的。

6.2.4　知识表示与推理

因为使用符号和词嵌入,深度学习方法在语言模型、机器翻译和自然语言处理方面的应用非常成功。这些嵌入表示关于单个词或概念的语义知识。在知识表示与推理研究领域,研究前沿是为短语或词和事实之间的关系开发嵌入。目前搜索引擎已经使用机器学习来实现这一目的,但是要改进这些更高级的表示还有许多工作要做。一个有趣的研究方向是确定训练分布式表示的方法,以捕获两个实体之间的关系。在数学中,二元关系是指一组有序的对象对之间的关系。集合中的对具有这种关系,而那些不在集合中的对则没有。例如,我们可以在实体集 $\{1,2,3\}$ 上定义关系"小于"来定义有序对的集合 $S = \{(1,2),(1,3),(2,3)\}$。一旦这个关系被定义,就可以像使用动词一样使用它。因为 $(1,2) \in S$,可以说 1 小于 2。因为 $(2,1) \notin S$,我们不能说 2 小于 1。当然,彼此相关的实体不必是数字。我们可以定义关系 is_a_type_of 包含如(狗,哺乳动物)这样的元组。

在人工智能的背景下,我们将关系看作句法上简单且高度结构化的语言。关系起到动词的作用,而关系的两个参数发挥着主体和客体的作用。这些句子采用了三元组标记的形式,例如(subject,verb,object),其值是(subject,verb,object)、(entityi,relationj,entityk)。

我们还可以定义属性,这是一个类似于关系的概念,但它只需要一个参数,如:(entityi,attributej)、(12.23)。例如,我们可以定义 has_fur 属性(具有皮毛),并将其应用于像狗这样的实体。

许多应用中都需要表示关系和推理,那么我们如何在神经网络中做到这一点?

机器学习模型当然需要训练数据。我们可以推断非结构化自然语言组成的训练数据集中实体之间的关系,也可以使用明确定义关系的结构化数据库。当数据库用于将生活常识或关于应用领域的专业知识传达给人工智能系统时,将这种数据库称为知识库。知识库包括一般的知识库(如 Freebase、OpenCyc、WordNet、Wikibase2 等)和专业知识库(如 Gene-Ontology3)。可以将知识库中的每个三元组作为训练样本来学习实体和关系的表示,并且以最大化捕获它们的联合分布为训练目标。

除了训练数据,我们还需定义训练的模型族。一种常见的方法是将神经语言模型扩展到模型实体和关系。神经语言模型学习提供每个词的分布式表示向量,还通过学习这些向量的函数来学习词之间的相互关系,例如哪些词可能出现在词序列之后。神经语言模型可以学习每个关系的嵌入向量,将这种方法扩展到实体和关系上。事实上,建模语言和关系编码建模知识的联系非常紧密,研究人员可以同时使用知识库和自然语言句子的实体表示向量,或组合来自多个关系数据库的数据。可能与这种模型相关联的特定参数化方式有许多种。

关于学习实体间关系的工作假定高度受限的参数形式（"线性关系嵌入"），通常对关系使用与实体形式不同的表示。例如，Paccanaro 等用向量表示实体而用矩阵表示关系，其理由是关系在实体上相当于运算符。或者，关系可以被认为是任何其他实体，允许对关系做声明，但是更灵活的是将它们结合在一起并建立联合分布机制。

端到端联合模型的实际短期应用是链接预测（link prediction）：预测知识图谱中缺失的弧。这是基于旧事实推广新事实的一种形式。目前存在的大多数知识库都是通过人力劳动构建的，这往往使知识库缺失许多甚至大多数真正的关系。

我们很难评估链接预测任务上模型的性能，因为我们的数据集只有正样本（已知是真实的事实）。如果模型提出了不在数据集中的事实，我们不能确定模型是犯了错误还是发现了一个新的以前未知的事实。基于测试的模型评价是将已知真实事实的测试集与不太可能为真的其他事实相比较，因此有些不精确。构造感兴趣的负样本（可能为假的事实）的常见方式是从真实事实开始，创建该事实的损坏版本，例如用随机选择的不同实体替换关系中的一个实体。

知识库和分布式表示的另一个应用是词义消歧（word-sense disambiguation），这个任务的目标是确定在某些语境中哪个词的意义是恰当的。

通过知识的关系，结合一个推理过程和对自然语言的理解，可以建立一个一般的问答系统。一般的问答系统必须能处理输入信息并记住重要的事实，并以之后能检索和推理的方式组织。这仍然是一个困难的开放性问题，只能在受限的虚拟环境下解决。目前，记住和检索特定声明性事实的最佳方法是使用显式记忆机制。记忆网络最开始被用来解决一个玩具问答任务。Kumar 等提出了一种扩展方法，使用 GRU 循环网络将输入数据读入存储器并且在给定存储器的内容后产生回答。

深度学习已经应用于许多领域，如目标识别、分类、图像分割、自然语言处理、生物信息、回归预测等领域，并且将会得到更广泛的应用。

6.3 Keras 基础入门

Keras 是一个用 Python 编写的高级神经网络 API，它能够以 TensorFlow、CNTK 或 Theano 作为后端运行。Keras 的开发重点是支持快速的实验。

如果我们需要快速简单地实现原型模型设计，模型需要同时支持卷积神经网络和循环神经网络及两者的组合，而且需要在 CPU 和图形处理器 GPU 上无缝运行，Keras 就是必备的深度学习库。

Keras 具有如下的优点：

（1）对用户友好。Keras 是为人类而不是为机器设计的 API。它把用户体验放在首要和中心位置。Keras 遵循的设计原则是减少认知困难的实践，将常见用例所需的用户操作数量降至最低，并且在用户错误时能提供清晰和可操作的反馈。

（2）模块化。Keras 模型被理解为由独立的、完全可配置的模块构成的序列或图。这些模块可以以尽可能少的限制组装在一起。特别是神经网络层模块、损失函数模块、优化器模块、初始化方法模块、激活函数模块、正则化方法模块，它们都是可以结合起来构建新模型的模块。

（3）易扩展性。新的模块是很容易添加的（作为新的类和函数），现有的模块已经提供了充足的示例。由于能够轻松地创建可以提高表现力的新模块，Keras 更加适合高级研究。

（4）基于 Python 实现。Keras 没有特定格式的单独配置文件，模型定义在 Python 代码中，这些代码紧凑，易于调试，并且易于扩展。

6.3.1 安装指引

在安装 Keras 之前，需安装以下后端引擎之一：TensorFlow、Theano 和 CNTK。本书推荐安装 TensorFlow 后端。可以考虑安装以下可选软件：

（1）cuDNN（如果计划在 GPU 上运行 Keras，建议安装）。

（2）HDF5 和 h5py（如果需要将 Keras 模型保存到磁盘，则需要安装）。

（3）graphviz 和 pydot（适合用可视化工具绘制模型图的场合）。

然后就可以安装 Keras 了。安装 Keras 的方法有两种的：

（1）使用 PyPI 安装 Keras（推荐），采用的代码如下：

```
sudo pip install keras
```

如果使用 virtualenv 虚拟环境，可以避免使用 sudo，而采用以下代码：

```
pip install keras
```

也可使用 GitHub 源码安装 Keras，步骤如下。

首先，使用 git 命令来克隆 Keras，代码如下：

```
git clone https://github.com/keras- team/keras.git
```

然后，采用 cd 命令跳转到 Keras 目录并且运行安装命令：

```
cdkeras
sudo python setup.py install
```

6.3.2 Keras 的使用

Keras 的核心数据结构是模型，模型是一种组织网络层的形式。最简单的模型是 Sequential 顺序模型，它由多个网络层线性堆叠而成。对于更复杂的结构，应该使用 Keras 函数式 API，它允许构建任意的神经网络图。

Sequential 模型如下：

```
fromkeras.models import Sequential
model=Sequential()
```

可以简单地使用 add() 函数来堆叠模型：

```
fromkeras.layers import Dense
model.add(Dense(units=64,activation='relu',input_dim=100))
model.add(Dense(units=10,activation='softmax'))
```

在完成了模型的构建后，可以使用 compile() 函数来配置学习过程：

```
model.compile(loss='categorical_crossentropy',
              optimizer='sgd',
              metrics=['accuracy'])
```

如果需要，还可以进一步配置优化器。Keras 的核心原则是使事情变得简单，同时又允许用户在需要的时候能够进行完全的控制。

现在,可以批量地在训练数据上进行迭代,代码如下:

```
model.compile(loss=keras.losses.categorical_crossentropy,
              optimizer=keras.optimizers.SGD(lr=0.01,momentum=0.9,nesterov=True))
```

使模型训练开始的代码如下:

```
model.fit(x_train,y_train,epochs=5,batch_size=32)          # x_train 和 y_train 是 Numpy 数
                                                             组
```

也可以手动将批次数据提供给模型,代码如下:

```
model.train_on_batch(x_batch,y_batch)
```

只需一行代码就能评估模型性能:

```
loss_and_metrics = model.evaluate(x_test,y_test,batch_size= 128)
```

或者对新的数据生成预测,代码如下:

```
classes=model.predict(x_test,batch_size=128)
```

利用 Keras,可以很容易地构建问答系统、图像分类模型、神经图灵机或者其他的任何模型。

6.4　应用案例

6.4.1　专利分类

世界知识产权组织(WIPO)制定的国际专利分类(IPC)表为专利分类及其应用的标准库。WIPO 统计数据显示,目前全球专利申请数量正在迅速增加。数以万计的专利申请提交到专利审查局,会大大增加专利审查员的工作量。因此,专利自动分类(PAC)问题引起了广泛关注,专家学者们围绕这个主题举办了许多国际会议和活动。PAC 系统主要将每个专利划分到相应的类别。当申请人将专利申请提交给专利局时,工作人员通过提交申请专利的分类标签检索相关专利,查看该领域之前的相关发明,然后根据检索结果决定是否给予授权。由于专利表达语言和分级分类方案异常复杂,即使是对于经验丰富的专利审查员,专利分类工作仍然显得费时费力。

为了更方便查阅现有的专利技术,同时保证专利审查员能够有更多精力对专利创新内容进行审查,人们对 PAC 系统提出了更高的要求。先前许多研究已经对该问题的解决做出了重大贡献。研究人员通过不同角度开展了大量研究工作,其中部分研究人员致力于专利文本表示方法的研究,部分研究人员专注于设计高效的分类算法。除此之外,还有一些研究人员进行专利文本中语义特征提取方向的研究,一些研究人员试图确定专利文献中的哪部分内容可以为专利分类任务提供最具代表性的分类信息。这些研究大多高度依赖于人工特征工程,因此研究人员必须设计复杂的特征提取器来提取专利文档中的特征信息,以保证 PAC 系统能够取得良好的性能。

有关文献表明,利用分布式表示方法可以在不依赖任何外部领域知识的情况下从语义和句法两方面进行专利文本的表示。同时,卷积神经网络可以获取显著的局部词间级特征,而双向长短期记忆神经网络(BiLSTM)可以从专利文本中的更高层序列中学习长期依赖关系。

专利分类主要基于 IPC 分类法,它分为部、大类、小类、主组和子组等五个层次,如图 6-9

所示。每个层次结构的子层次中类别数量通常要扩大约 10 倍,IPC 包含大约 72000 个类别。从专利审查员的视角来看,一个良好的 PAC 系统应能为每个申请专利分配最佳候选IPC 标签。但是,由于分类系统较复杂、专利文献文辞冗长以及法律术语晦涩难懂,开发高性能 PAC 系统成为一项巨大的挑战。

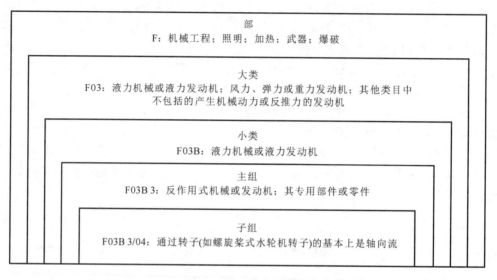

图 6-9   专利分类的层次

6.4.2   基于深度学习的专利分类分级特征提取模型

1. 基于卷积神经网络的 n-gram 特征提取

卷积神经网络最初应用于计算机视觉领域以提取局部特征。卷积神经网络在各种NLP 任务中初见成效,并且在很多研究中已被用于特征提取,这表明卷积神经具有独自提取特征的能力。由于专利语言和分层分类方案极其复杂,以前许多研究通过设计复杂的特征提取器来获取分类任务。因为专利文本冗长、复杂且含有专利技术和法律术语,所以对于未涉及该领域的人来说,专利分类任务是一项艰巨、不易完成的工作。因此,我们采用基于卷积神经的模型(参见图 6-10)从专利文本中提取 n-gram 特征。

我们将每个输入文本转换为所有词向量的连接,每个词向量都是一个词的向量表示式,用于获取单词的句法及语义信息。这样,我们可以将输入文本表示为向量序列 $V = [v_1, v_2, \cdots, v_n]$。向量序列 V 可以转化为矩阵 $T \in R^{s \times d}$,其中 d 是词向量的维数,s 是文本的长度。对输入文本进行编码之后,使用卷积层来提取局部特征,然后通过对邻域内特征点取最大和非线性层将所有局部特征合并为全局表示。

具体地说,卷积层通过用矩阵 T 的全行连续滑动窗形卷积核来提取局部特征。卷积核的宽度 l 与词向量的宽度 d 相同。过滤器的高度 h 是多个相邻的行。实验研究表明,一次滑动 2~5 个字以上的卷积核可以获得良好的性能。卷积核滑过矩阵 A 并执行卷积运算。令 $T[i:j]$ 表示矩阵 T 从第 i 行到第 j 行的子矩阵;w_i 表示第 i 个卷积核。形式上,第 i 个卷积核的卷积层的输出计算如下:

$$o_i = T[i:i+h-1] \otimes w_i \tag{6-2}$$

$$c_i = f(o_i + b) \tag{6-3}$$

式中:$\otimes$ 表示单元乘法;c_i 是第 i 个卷积核学习到的特征;b 是偏差;f 是 sigmoid、tangent 等

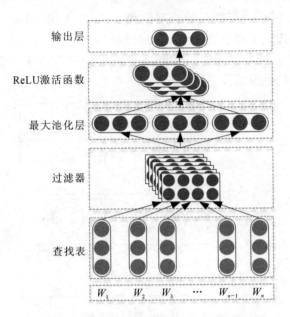

图 6-10　有多个卷积核的 n-gram 特征提取器

激活函数。在上述模型中,选择修正线性单元(ReLU)函数作为非线性激活函数。之后,通过最大池化函数将所有本地特征映射到 c_i。最大池化函数适用于每个特征映射 c_i 降维,并提取最具代表性的特征信息。对于 n 个过滤器,生成的 n 个特征映射可以被视为 BiLSTM 的输入,且输入为

$$\boldsymbol{W} = \{c_1, c_2, \cdots, c_n\} \tag{6-4}$$

式中:c_i 是使用第 i 个卷积核生成的特征图。

2. 基于 BiLSTM 的长属性特征提取

如同标准的循环神经网络(RNN),长短期记忆神经网络(LSTM)的每个步长中具有一系列神经网络重复模块。每个步长中,单元状态为 c_t(前一时刻的隐藏状态为 $\boldsymbol{h}_{t-1}$,当前输入向量为 $\boldsymbol{x}_t$),由一组门控制,其中包括一个遗忘门 f_t、一个输入门 i_t 和一个输出门 o_t。这些门利用前一时刻的隐藏状态 $\boldsymbol{h}_{t-1}$ 和当前输入向量 $\boldsymbol{x}_t$ 共同决定如何更新当前单元 c_t 和当前隐藏状态 h_t。LSTM 转换函数定义如下。

输入门:

$$i_t = \sigma_g (\boldsymbol{W}_i \otimes [\boldsymbol{h}_{t-1}, \boldsymbol{x}_t] + b_i) \tag{6-5}$$

遗忘门:

$$f_t = \sigma_g (\boldsymbol{W}_f \otimes [\boldsymbol{h}_{t-1}, \boldsymbol{x}_t] + b_f) \tag{6-6}$$

输出门:

$$o_t = \sigma_c (\boldsymbol{W}_o \otimes [\boldsymbol{h}_{t-1}, \boldsymbol{x}_t] + b_o) \tag{6-7}$$

单元状态:

$$c_t = f_t \otimes c_{t-1} + i_t \otimes q_t \tag{6-8}$$

单元输出:

$$h_t = o_t \otimes \sigma_c (c_t) \tag{6-9}$$

以上各式中:$\boldsymbol{W}_i$ 为输入门的权重矩阵;$\boldsymbol{W}_f$ 为遗忘门的权重矩阵;$\boldsymbol{W}_o$ 为输出门的权重矩阵;σ_g 表示 sigmoid 函数,即 $f(x) = \dfrac{1}{1 + e^{-x}}$,其输出为 $[0,1]$;σ_c 表示双曲正切函数。

　　LSTM 用于学习时间序列数据的长期依赖关系,在采用 BiLSTM 时更是如此,因为 BiLSTM 使我们能够按照序列中的每个元素进行分类,同时使用来自元素过去和未来的信息。图 6-11 显示了 BiLSTM 的架构。因此,我们使用 BiLSTM 堆叠卷积层,以便在高层次特征序列中学习这种依赖关系。

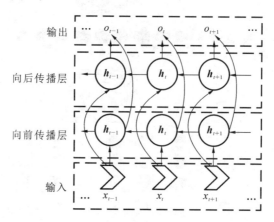

图 6-11　BiLSTM 的架构

3. 分层特征提取模型和算法的体系结构

　　基于以上分析,笔者提出了一种基于卷积和 LSTM 的混合神经网络模型。其中分层特征提取模型(HFEM)的体系结构如图 6-12 所示。算法可以详细描述如下。

　　输入:专利文献中的叙述文本。

　　输出:每个专利文件的 IPC 标签概率。

　　算法流程:

　　(1) 将文档分成四部分,保留每部分的前 150 个单词。

　　(2) 通过查询词向量表来初始化具有相关词向量的文本,然后每个专利文档用 150×100 的四个矩阵表示。

　　(3) 将这四个矩阵输入四个独立的卷积神经网络通道,每个通道运用 128 个卷积核,大小为 3×100。

　　(4) 卷积运算将四个输入通道转换为大小为 148×128 的四个特征映射。采用串联法、最大值法、平均值法和求和法四种方法来生成特征图。

　　(5) 经过四次并串联操作后,得到大小分别为 592×128、148×128、148×128、148×128 的四种特征图。

　　(6) 将这四个特征图输入具有 128 个前向和后向传播的 LSTM 神经元的四个 BiLSTM 网络。

　　(7) 在 BiLSTM 网络之后,每个特征映射为 1×256 的矩阵。利用 sigmoid 函数计算每个标签的特征向量的概率。

　　每份专利文献主要由四部分描述文本组成,因此分类模型应充分考虑各个部分。首先,运用卷神经网络从具有连续窗口卷积核的专利文档中提取 n-gram 特征。之后,结合从不同部分提取的所有本地 n-gram 特征映射,通过四种连接策略将局部特征连接成全局特征。要说明的是别的,由于最大池化操作将破坏所选特征的连续序列组织,因此我们没有将最大池化层应用于卷积网络。但是,BiLSTM 是专门为序列数据设计的。将 BiLSTM 堆叠在卷积神经网络之上,在卷积之后不进行池化操作。

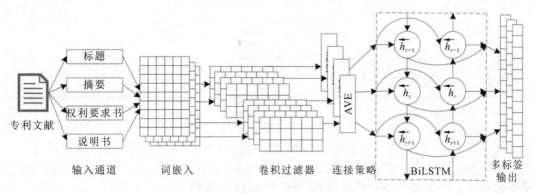

图 6-12　HFEM 的体系结构

在卷积神经网络层之后,四个通道输入已被转换为四种特征图。使用W_{title}、$W_{abstract}$、W_{claims} 和 $W_{description}$ 分别表示来自四个输入通道的特征图。然后采用级联、求最大值、求平均值和求和策略将特征连接成全局特征:

$$W_{CON} = W_{title} \oplus W_{abstract} \oplus W_{claims} \oplus W_{description} \tag{6-10}$$

式中:$\oplus$ 表示矩阵级联运算,W_{CON} 表示级联运算后的结果,所以 W_{CON} 矩阵的维度将是特征图的四倍。

$$W_{MAX} = MAX(W_{title}, W_{abstract}, W_{claims}, W_{description}) \tag{6-11}$$

式中:MAX()表示从每个特征图中选择最大值;W_{MAX} 表示求得的最大值。

$$W_{AVE} = AVE(W_{title}, W_{abstract}, W_{claims}, W_{description}) \tag{6-12}$$

式中:AVE()表示先对专利文献每部分的特征进行求和操作,然后对该值取平均值;W_{AVE} 为求得的平均值。

每个特征图的总和为

$$W_{SUM} = W_{title} + W_{abstract} + W_{claims} + W_{description} \tag{6-13}$$

式中:+表示求和操作。将 W_{CON}、W_{MAX}、W_{AVE} 和 W_{SUM} 通道特征共同输入 BiLSTM。不同于用多层神经网络分别训练 CNN 和 LSTM 模型的方法。我们将模型视为整个网络并同时训练卷积神经网络和 BiLSTM 图层。通过自适应矩估计(ADAM)来最小化目标函数以解决优化问题。对于训练过程,随机将训练集批量化输入模型,直到结果收敛。

表 6-1 列出了层次特征抽取模型(HFEM)详细的参数配置。HFEM 的每种改进版本都有四个输入通道,每个通道采用 150 个词向量连接成 150×100 的文本矩阵。将 128 个大小为 3×100 的卷积核应用在卷积层中,并采用 ReLU 函数作为非线性激活函数。然后采用连接策略提取特征图,再将特征图输入由 128 个前向和后向传播的 LSTM 神经元组成的 BiLSTM。最后,运用带有 sigmoid 激活函数的完全连接层来计算 96 个 IPC 标签概率。

表 6-1　HFEM 的参数

通道名称	标题	摘要	权利要求部分	说明书部分
训练代数	40		40	
输入大小	150×100	150×100	150×100	150×100
卷积核数量	128		128	
卷积核大小	3×100		3×100	
激活层	ReLU		ReLU	
连接策略	连接	最大值	平均值	求和

通道名称	标题	摘要	权利要求部分	说明书部分
存储单元个数	128			
激活层	sigmoid			
目标类别数量	96			

　　表 6-2 中列出了三种神经网络模型的超参数。对于每一个基准线神经网络模型,训练代数固定为 40,并且当从整个专利文本中取出一段文本时将输入的词向量个数设定为 150。当整个文本被模型使用时,词向量设定为 600。最后,我们采用以 sigmoid 函数为激活函数的全连接层来连接 IPC(进程间通信)标签矩阵和 96 个类别。

表 6-2　三种基准线神经网络模型的超参数

超参数	CNN	LSTM	BiLSTM
训练代数	40	40	40
输入矩阵维度	600×100	600×100	600×100
卷积核数量	128	—	—
记忆单元个数	—	128	128
最大池化规模	2	—	—
目标类别数量	96	96	96

4) 实验结果和讨论

　　我们使用 MCLEF 数据集的全部叙述文本对 HFEM 和基准线模型进行了一系列对比实验。实验结果如图 6-13 和表 6-3 所示。

　　根据图 6-13 可以看出,HFEM 获得的精准率为 81%、召回率为 55% 和 F1 值 64%,而三种基准线神经网络模型的精准率、召回率和 F1 值最佳结果分别为 78%、52% 和 61%。这表明 HFEM 将三个评估标准的性能提高了约 3%。与三种基准线神经网络模型相比,HFEM 在精准率上表现出了绝对的优势,在召回率方面也表现出一定的优势。以 F1 值为评估指标时所得的性能曲线,与以精准率和召回率作为评估指标所表现出的性能基本相似。此外,从图 6-13 中可以看出,HFEM 模型的收敛速度比三个基准线模型快。HFEM 的精准率、召回率和 F1 值在第 15 代之前趋于收敛,而其他模型至少 20 代之后才趋于稳态。

　　表 6-3 中列举了这四种模型的 9 个评估指标的值。HFEM 在预测每个专利文件的 1 个标签、5 个和 10 个标签方面取得了最佳表现。实验结果验证了我们所采用的机械专利分类 HFEM 模型的可行性和有效性。

表 6-3　用描述文本作为输入的各种模型的结果

算法	P@1%	P@5%	P@10%	R@1%	R@5%	R@10%	F1@1%	F1@5%	F1@10%
CNN	71.34	29.89	17.43	50.08	86.81	92.93	57.02	43.09	28.35
LSTM	74.44	30.53	18.44	51.96	86.14	92.96	59.26	43.72	29.73
BiLSTM	77.71	30.96	18.83	53.57	88.1	94.67	61.55	44.53	30.24
HFEM	80.54	31.69	19.04	54.99	90.28	95.59	63.97	46.55	30.8

注:P@1%、@5%、P@10% 分别表示预测每个专利文件的 1 个、5 个、10 个标签时的精准率,R@1%、R@5%、R@10% 分别表示预测每个专利文件的 1 个、5 个、10 个标签时的召回率;F1@1%、F1@5%、F1@10% 分别表示预测每个专利文件的 1 个、5 个、10 个标签时的 F1 值。

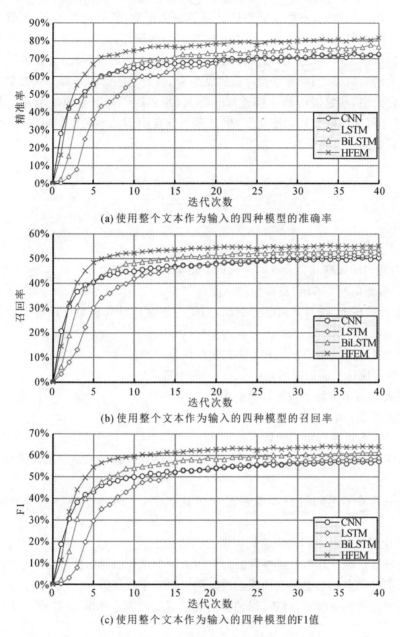

(a) 使用整个文本作为输入的四种模型的准确率

(b) 使用整个文本作为输入的四种模型的召回率

(c) 使用整个文本作为输入的四种模型的F1值

图 6-13　整个文本作为输入的四种模型的性能表现

本 章 小 结

　　大数据时代改变了基于数理统计的传统数据科学,促进了数据分析方法的创新,从机器学习和多层神经网络演化而来的深度学习是当前大数据处理与分析的研究前沿。从机器学习到深度学习的发展经过了几十年时间。深度学习可以挖掘大数据的潜在价值。

　　深度学习技术面临多种挑战,现有的数据量虽然已经很大,但是还不够多。常见数据的冗杂程度、维度和多样化程度不够,不能涵盖真实世界可能出现的各种边界情况。现有的分布式系统的实现方法,因节点间需要传输大量数据和参数,通信代价太高,当节点数目超过一定数量时,不能获得持续的加速比。分布式系统如何设计,需要深度神经网络算法专家和系统专家共同解决。可能既要求修改算法使之与底层硬件架构匹配,又要求系统专家设计计算能力强大的单机器,同时要求设计高密度整合、高效通信的服务器。大数据深度神经网络的人工智能模型,其数据量和计算量都非常大,经常需要几个星期甚至几个月的训练时间,势必要求并行训练以提高训练速度,但是多个节点间训练不同数据时如何协调和同步,可能需要从算法角度重新设计。

习　　题

1. 和"AI 是新电力"相类似的说法是(　　　)

A. AI 为我们的家庭和办公室的个人设备供电,类似于电力

B. 通过"智能电网",AI 可提供新的电能

C. AI 在计算机上运行,并由电力驱动,但是它正在让计算机完成以前不能做的事情变为可能

D. 就像 100 年前产生电能一样,AI 正在改变很多的行业

2. 深度学习快速发展的原因是(　　　)。(两个选项)

A. 现在我们有了更好更快的计算能力

B. 神经网络是一个全新的领域

C. 我们现在可以获得更多的数据

D. 深度学习已经取得了重大的进展,比如在在线广告、语音识别和图像识别方面有了很多的应用

3. 回想一下关于不同的机器学习思想的迭代图,下面关于机器学习的陈述正确的是(　　　)。

A. 能够让深度学习工程师快速地实现自己的想法

B. 在更好更快的计算机上能够帮助一个团队减少迭代(训练)的时间

C. 在数据量很多的数据集上训练上的时间要快于小数据集

D. 使用更新的深度学习算法可以使我们能够更快地训练好模型(即使更换 CPU / GPU 硬件)

4. 利用循环神经网络,可以应用机器翻译工具将英语翻译成法语,这是因为(　　　)。

A. 循环神经网络可以被用于监督学习

B. 从严格意义上来说循环神经网络比卷积神经网络效果更好

C. 它比较适合用在输入/输出是一个序列的时候(如一个单词序列)

D. 循环神经网络代表递归过程:想法→编码→实验→想法→……

5. 什么是深度学习?

6. 大数据与深度学习之间有什么样的关系?

7. 大数据处理方法有哪些?

第 7 章　带代码、数据的案例研究

7.1　材料大数据与材料热导率预测

目前,制造业竞争日益激烈,同时世界经济快速发展,这也向材料科学家和工程师提出了挑战,促使他们不得不致力于缩短新材料的研发周期。最近几年,随着材料数据库资源的积累,数据挖掘与机器学习在材料研究设计平台的搭建和材料大数据分析与预测中得到越来越多的应用。在新材料发现方面,机器学习算法已经被用于发现新能源材料、软材料、聚合物电介质、钙钛矿材料、压电材料、催化剂、感光材料等等,并取得了令人瞩目的成效。例如,日本国家材料科学研究所的 Takahashi 等人首先用高通量(high-throughput,HT)第一性原理(density function theory,DFT)计算了 15000 个 ABC2(C1,C2) D 型钙钛矿材料的带隙值,然后利用机器学习训练带隙预测模型用于高通量的钙钛矿材料筛选,发现了许多高性能钙钛矿新材料。

当前,新材料的研发主要依据研究者的科学直觉和大量重复的"尝试法"实验来进行。其实,在有些实验中,是可以借助现有高效、准确的计算工具来进行模拟仿真计算的。然而,这种仿真计算的准确性依然有限,而且其所需要的巨大计算量使得用高通量材料筛选较困难。随着计算能力和数据存储技术的发展,许多具有预测性能的第一性原理计算结果已被存储入数据库。通过大量候选材料的计算,可以探索材料的结构与功能。从现有数据中提取有意义的信息和模式,将数据库和机器学习方法有效组合,从而实现材料的物理性能预测和分类,这使得机器学习与深度学习在新材料发现中成为一种重要手段。

7.1.1　材料大数据建模与预测的介绍

新材料的发现主要着眼于从一个给定的材料设计空间发现符合性能要求的材料设计方案。性能包括压电性、带隙、形成能等电子性能,体积模量、剪切模量等力学性能,热导率、离子电导率等物理化学性能。因为化学组合空间的巨大组合数目甚至无穷多的特性,无法利用实验和第一性原理计算方法逐一进行费时费力的筛选。需要研究快速的基于机器学习的预测模型,通过给定材料化合物的分子表达式或者其结构,计算其相关物化性能,从而达到快速筛选材料设计方案的目的。

材料性能的预测主要包括材料性能与结构数据的准备、预测特征的抽取与选择、机器学习方法的选择等步骤。典型的应用是利用神经网络将涉及材料特征预测的数字指纹(也称为"描述符")选择出来,通过学习算法建立数字指纹与材料属性(如电导率)之间的映射。如图 7-1 所示,给定材料数据集,假设新材料的结构属性与原始数据集中的材料信息相似,在理想的情况下,将新材料信息输入预测模型进行研究。

材料数据集输入后通过描述符与目标属性之间的映射实现对学习模型的预测,n 和 m 分别为训练样本的数量和描述符的数量,主要进行了基于机器学习与深度神经网络的材料性能预测,包括热导率、超导临界温度、形成能、带隙等材料性能的预测。接下来以热导率为例进行简单的介绍。

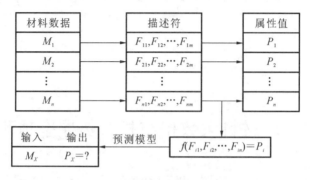

图 7-1　材料大数据预测流程图

7.1.2　基于深度神经网络的材料热导率预测

1. 数据来源

数据来源于 Materials Project 数据库中筛选出的一组包含 215 种材料的热导率数据集。Materials Project 数据库由美国劳伦斯伯克利国家实验室及麻省理工学院等单位组建,截至 2019 年 11 月,Materials Project 数据库包含无机化合物 117543 种、能带结构 50744 个、分子 21954 种、纳米材料 530243 种。

材料数据集

2. 数据表征

机器学习模型两个最重要的方面是数据表征和学习算法。输入数据的正确表示对生成精确模型是至关重要的。数据表征主要有两种方法,一种是基于分子式的表征方法,另一种是基于晶体结构的表征方法。基于分子式的表征方法仅需要化学组成作为输入,常见的基于分子式的表征方法包括元素属性统计和 One-hot 编码;基于晶体结构的表征方法是指构建基于矢量的晶体结构数据来表示材料的晶体结构。基于晶体结构的表征方法的准确性受到我们对材料属性进行特征设计所具备的知识能力的限制。在本研究中,我们使用基于分子式中元素属性的统计方法来表征材料。我们计算了化合物分子式中元素加权后的 22 种属性,并计算出每种属性的最小值、最大值、差值、平均值、方差和模数特征,将材料表征为 132 维的数据输入。例如对 AgCl 分子,其 132 维特征属性如表 7-1 所示。

表 7-1　AgCl 分子的特征属性

属性	最小值	最大值	差值	平均值	方差	模数
Number	17	47	30	32	15	17
MendelectiveNumber	65	94	29	79.5	14.5	65

续表

属性	最小值	最大值	差值	平均值	方差	模数
AtomicWeight	35.453	107.8682	72.4152	71.6606	36.2076	35.453
MeltingT	171.6	1234.93	1063.33	703.265	531.665	171.6
Column	11	17	6	14	3	11
Row	3	5	2	4	1	3
CovalentRadius	102	145	43	123.5	21.5	102
Electronegativity	1.93	3.16	1.23	2.545	0.615	1.93
NsValence	1	2	1	1.5	0.5	1
NpValence	0	5	5	2.5	2.5	0
NdValence	0	10	10	5	5	0
NfValence	0	0	0	0	0	0
NValence	7	11	4	9	2	7
NsUnfilled	0	1	1	0.5	0.5	0
NpUnfilled	0	1	1	0.5	0.5	0
NdUnfilled	0	0	0	0	0	0
NfUnfilled	0	0	0	0	0	0
NUnfilled	1	1	0	1	0	1
GSvolume_pa	16.33	24.4975	8.1675	20.41375	4.08375	16.33
GSbandgap	0	2.493	2.493	1.2465	1.2465	0
GSmagmom	0	0	0	0	0	0
SpaceGroupNumber	64	225	161	144.5	80.5	64

3. 深度神经网络预测模型的建立

人工神经网络简称神经网络,是一种模仿生物神经网络(动物的中枢神经系统,特别是大脑)结构和功能的数学模型或计算模型,广泛用于对函数进行估计和近似。神经网络是由大量具有适应性的处理元素(神经元)组成的广泛并行互联网络,它能够模拟生物神经系统对真实世界物体所做出的交互反应,是模拟人工智能的一个重要工具。神经网络是一种自适应系统,能在外界信息的基础上改变其内部结构。现代神经网络是一种非线性数据统计建模工具。神经网络通过一种基于数学统计学类型的学习方法得以优化,得到可以用函数表达的局部结构空间。通过统计学的方法,神经网络能够像人一样具有简单的决定能力和判断能力,神经网络方法比正式的逻辑学推理演算更具有优势。

神经网络由输入层、隐藏层和输出层组成,当第 N 层的每个神经元和第 $N-1$ 层的所有神经元相连(即全连接),第 $N-1$ 层神经元的输出就是第 N 层神经元的输入,即构成全连接神经网络(full connection neural network,FCNN)。在本小节所提出的全连接神经网络中,每个神经元对输入参数加权求和并选取适当的激活函数。每层神经元数量和隐藏层层数过少会减弱模型的非线性学习能力;过多的神经元数和隐藏层层数又会使得模型参数过多而难以进行训练,且容易导致过拟合。目前,主要通过经验法和试凑法来确定每层神经元个数和隐藏神经元层数。常用的激活函数包括以下几种:

(1) sigmoid 函数,即

$$f(x) = \frac{1}{1+e^{-x}} \tag{7-1}$$

(2) tanh 函数,即

$$f(x) = \frac{1-e^{-2x}}{1+e^{-2x}} \tag{7-2}$$

(3) ReLU 函数,即

$$f(x) = \max(0,x) \tag{7-3}$$

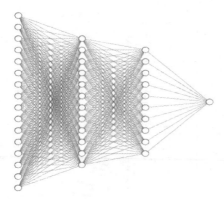

图 7-2　全连接神经网络结构示意图

sigmoid 函数具有梯度消失的问题,函数输出不以 0 为中心,优化困难且收敛缓慢。双曲正切函数 tanh 是 sigmoid 的变形,以 0 为中心,容易优化,但还是没有解决梯度消失的问题。修正线性单元 ReLU 函数解决了梯度消失的问题,计算速度快且能够快速收敛。因此在材料热导率预测中,全连接神经网络选择 ReLU 函数作为激活函数。

图 7-2 为模型内部全连接神经网络结构示意图。

全连接神经网络的每一层都可以用一个矩阵单独表示,每一层到下一层的运算都可以用矩阵操作来并行完成。除最后的输出层外,每层网络均采用 ReLU 激活函数。相对于应用 sigmoid 或者 tanh 激活函数的 BP 神经网络,所提出的全连接网络避免了梯度消失的问题,有助于训练更加有效的神经网络模型。所提出的全连接神经网络模型每层的参数如表 7-2 所示。

表 7-2　全连接神经网络模型参数

层	输入	输出
Fc1	[batch,132]	[batch,256]
Fc2	[batch,256]	[batch,128]
Fc3	[batch,128]	[batch,64]
Fc4	[batch,64]	[batch,32]
Fc5	[batch,32]	[batch,1]

4. 实验结果

选用 10 折交叉验证方法来检验模型的效果,选用平均绝对误差(MAE)、均方根误差(RMSE)、决定系数(R^2)作为模型的评价指标,MAE 用来反映预测值误差的实际情况,RMSE 用来衡量预测值同真实值之间的偏差,R^2 用来表示预测值和真实值的拟合程度。具体的计算公式如下:

$$MAE = \frac{1}{m}\sum_{i=1}^{m}|y_i - \hat{y}_i| \tag{7-4}$$

$$RMSE = \sqrt{\frac{1}{m}\sum_{i=1}^{m}(y_i - \hat{y}_i)^2} \tag{7-5}$$

$$R^2 = 1 - \frac{\sum_{i=1}^{m}(y_i - \hat{y}_i)^2}{\sum_{i=1}^{m}(y_i - \overline{y}_i)^2} \tag{7-6}$$

式中：m 是样本数量；y_i 和 $\hat{y}_i$ 分别是第 i 个样本标签（材料晶格热导率）的真实值和预测值；$\overline{y}$ 是 m 个样本真实标签的平均值。

为了证明 FCNN 模型在材料性能预测方面的优势，我们将模型与 SVM、RF、GBDT（梯度提升树）、DT 四种回归模型进行比较。经十次 10 折交叉验证取平均值后，模型在训练集和测试集上的预测结果如表 7-3 所示。

表 7-3　模型在训练集和测试集上的 MAE、RMSE、R^2

模型	MAE_train	RMSE_train	R^2_train
SVM	2.9368	13.0236	0.4696
RF	1.8808	4.4726	0.9355
GBDT	0.1102	0.1383	0.9999
DT	4.8102	11.9628	0.5489
FCNN	1.7193	9.8778	0.9577
模型	MAE_test	RMSE_test	R^2_test
SVM	4.8603	12.4521	0.4877
RF	5.0388	10.7943	0.4555
GBDT	4.8090	10.8085	0.4045
DT	6.3442	13.0753	0.2974
FCNN	1.1428	5.2992	0.9768

从表 7-3 可以看出，FCNN 模型在测试集上的结果远好于其他机器学习模型的结果。FCNN 的预测评估值 MAE、RMSE 和 R^2 分别为 1.1428、5.2992 和 0.9768，优于 SVM、RF、GBDT 和 DT 在测试集上的结果。FCNN 模型的预测结果详见图 7-3。

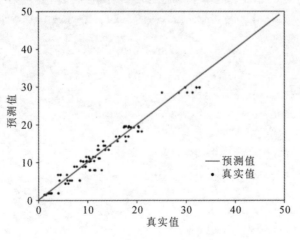

图 7-3　FCNN 模型的预测结果

7.1.3　实验代码详解

1）环境配置

本案例的代码是基于 Python3.6 并在 Ubuntu18.04 环境下运行的。目前有许多优秀的神经网络训练框架，如 PyTorch、Caffe（快速特征嵌入的卷积架构）、TensorFlow、Keras等，本案例的神经网络是基于 Tensorflow1.14 构建的。另外代码使用的科学计算库 numpy 用于数据的加载，绘图包 matplotlib 用于结果的可视化，加载包 argparse 用于参数的加载。这些工具包的安装方法很简单，只需打开终端，进入 Python 环境后输入以下代码即可：

```
pip install tensorflow==1.14.0 numpy==1.14.5 matplotlib==3.0.0 argparse
```

2）实验过程

打开终端，使用代码"makdir 7.1.3"创建文件夹 7.1.3。

使用代码"touch utile.py"在文件夹 7.1.3 下创建 utile.py 文件。打开 utile.py 文件进行编辑，将下面的代码粘贴到 utile.py 文件中。

```python
import numpy as np
import matplotlib.pyplot as plt
# 加载数据
def load_txt(file_path):
    data=np.loadtxt(file_path,dtype=str,skiprows=1,delimiter=",")
    formula=data[:,0]
    feature=data[:,1:-1].astype(np.float32)
    target=data[:,-1].astype(np.float32)
    return(formula,feature,target)
# 划分训练集和测试集
def train_test_split(feature,target,percent):
    index=np.arange(feature.shape[0])
    np.random.shuffle(index)
    test_index=index[:int(percent*feature.shape[0])]
    train_index=np.delete(index,test_index,0)
    test_fe,test_tg=feature[test_index],target[test_index]
    train_fe,train_tg=feature[train_index],target[train_index]
    return(test_fe,test_tg[:,np.newaxis]),(train_fe,train_tg[:,np.newaxis])
# 绘图
def plot(title):
    plt.plot(np.arange(300),np.arange(300))
    plt.title(title,fontsize=12)
    plt.xlim(0,300)
    plt.ylim(0,300)
    plt.ylabel("predicted G(GPa)",fontsize=12)
    plt.xlabel("experimental G(GPa)",fontsize=12)
# 构建批次
class DataSet(object):
    def __init__(self,num):
```

```
        self.data_num=num
        self.index=np.arange(self.data_num)
        self.check,self.start,self.end=0,0,0
        self.interation=True
    def next_batch(self,batch_size):
        self.start=self.end
        if self.check==0:
            np.random.shuffle(self.index)
            if self.start+batch_size>=self.data_num:
                self.interation=False
                return self.index[self.start:]
            else:
                self.end=self.start+batch_size
                return self.index[self.start:self.end]
class Evaluation(object):
    def_init_(self):
        self.total_sum_abs=0
        self.total_sum_squ=0
        self.total_target=[]
        self.total_pre=[]
        self.length=0
def update(self,target,prediction):
        sum_abs=np.sum(np.abs(target-prediction))
        sum_squ=np.sum(np.square(target-prediction))class Evaluation(object):
        self.total_target.append(target)
        self.total_pre.append(prediction)
        self.total_sum_abs+=sum_abs
        self.total_sum_squ+=sum_squ
        self.length+=len(target)
def mae(self):
        return self.total_sum_abs / self.length
def rmse(self):
        return self.total_sum_squ / self.length
def r2(self):
        total_target=np.concatenate(self.total_target,axis=0)
        total_sum_dev=np.sum(
            np.square(total_target-np.mean(total_target,axis=0))
        )
        return 1-self.total_sum_squ / total_sum_dev
```

load_txt()函数用于数据的加载；train_test_split()函数用于划分训练集和测试集；plot()函数用于绘制网络预测的结果；DataSet()函数用于构建数据批次，以便将数据送入神经网络进行训练；Evaluation()函数用于评价网络训练的好坏。

在 7.1.3 文件夹下使用代码"touch model.py"创建用于搭建神经网络的 model.py 文

件,并打开进行编辑,将以下代码粘贴到 model. py 文件中。model. py 使用 tensorflow 构建了一个五层的全连接网络。

```python
import tensorflow as tf
# 定义全连接层单元
deflinear(inputs,output_size,name_scope):
    shape = [inputs.get_shape()[1],output_size]
    with tf.variable_scope(name_scope):
        w=tf.get_variable(
                "w",
            [inputs.get_shape()[1],output_size],
            initializer=tf.random_normal_initializer(stddev=0.1)
        )
    b=tf.get_variable(
        "b",
        [output_size],
        initializer=tf.constant_initializer(0.0)
    )
    returntf.matmul(inputs,w)+b
# 定义优化器
def optimizer(loss,lr,var):
    train_step=tf.train.AdamOptimizer(lr).minimize(loss,var_list=var)
    return train_step
def model(inputs):
    f1=linear(
            inputs=inputs,
            output_size=256,
            name_scope="f1"
        )
    f2=linear(
            inputs=tf.nn.relu(f1),
            output_size=128,
            name_scope="f2"
        )
    f3=linear(inputs=tf.nn.relu(f2),
            output_size=64,
            name_scope="f3"
        )
    f4=linear(inputs=tf.nn.relu(f3),
            output_size=32,
            name_scope="f4"
        )
    f5=linear(inputs=tf.nn.relu(f4),
```

```
                output_size=1,
                name_scope="f5"
        )
    return f5
class network(object):
  def _init_(self,axis,lr):
    self.x=tf.placeholder(
                tf.float32,
                [None,axis],
                name='x'
        )
    self.y=tf.placeholder(
                tf.float32,
                [None,1],
                name="y"
        )
    with tf.name_scope("network"):
        self.pre=model(self.x)
    self.loss=tf.reduce_mean(
                tf.square(self.pre-self.y),
                name='loss'
        )
    self.opt=optimizer(self.loss,lr)
```

构建训练函数 main.py，在文件夹 7.1.3 下使用命令"touch main.py"创建 main.py 文件，并将以下代码粘贴到 main.py 文件中。

```
from utile import load_txt,train_test_split,Evaluation,DataSet
from model import network
import tensorflow as tf
import argparse
import matplotlib.pyplot as plt
# 定义训练函数
deftrain(sess,model,feature,target,batch_size):
    Data=DataSet(feature.shape[0])
    train_ev=Evaluation()
    whileData.interation:
        ind=Data.next_batch(batch_size)_,
        loss,train_pre=sess.run(
                [model.opt,model.loss,model.pre],
                feed_dict={
                        model.x:feature[ind],
                        model.y:target[ind]
                    }
            )
```

```
            train_ev.update(target[ind],train_pre)
        return [loss,train_ev.r2(),train_ev.mae(),train_ev.rmse()]
# 定义测试函数
deftest(sess,model,feature,target,batch_size):
    Data=DataSet(feature.shape[0])
    test_ev=Evaluation()
    whileData.interation:
        ind=Data.next_batch(batch_size)
        loss,test_pre=sess.run(
                    [model.loss,model.pre],
                    feed_dict={
                            model.x:feature[ind],
                            model.y:target[ind]
                            }
            )
        test_ev.update(target[ind],test_pre)
        # print(target[ind],test_pre)
    return [test_ev.r2(),test_ev.mae(),test_ev.rmse()],test_ev.get_data()
def main(args):
    gpu_options=tf.GPUOptions(per_process_gpu_memory_fraction=0.5)
    (formula,feature,target)=load_txt(args.file_path)
    (test_fe,test_tg),(train_fe,train_tg)=train_test_split(feature,target,percent=
args.percent)
    net=network(
            axis=train_fe.shape[1],
            lr=args.lr
        )
    withtf.Session(
                config=tf.ConfigProto(gpu_options=gpu_options)
                )as sess:
        sess.run(tf.global_variables_initializer())
        for epoch in range(args.epochs):
            train_re=train(sess,net,train_fe,train_tg,args.batch_size)
            test_re=test(sess,net,test_fe,test_tg,args.batch_size)
# 定义模型的参数
defparse_args():
    parser=argparse.ArgumentParser()
    parser.add_argument("--file_path",type=str,
                    default="kAGL_magpie_feature.csv",
                    help="feature path")
    parser.add_argument("--percent",type=float,default=0.1,
                    help="....")
    parser.add_argument("--batch_size",type=int,default=16,
                    help="....")
```

```
        parser.add_argument("--epochs",type=int,default=500,
                            help="....")
        parser.add_argument("--lr",type=float,default=1e-3,
                            help="....")
        parser.add_argument("--picture",type=str,default="1.png",
                            help="feature path")
        returnparser.parse_args()
    if _name_=="_main_":
        main(parse_args())
```

此时文件夹 7.1.3 中应该包含 kAGL_magpie_feature.csv（通过前面所提 Mater.Project 数据库计算得到的数据源部分）、utile.py、model.py、main.py 四个文件。可运行 main. py 进行网络的训练，其运行 main.py 的命令为"python main.py"。还可更改网络的学习率、数据的训练批次、可训练的代数等，将前面"学习率""代数""数据的训练批次"的命令修改为 python main.py-lr 0.1-batch_size 16。执行命令后网络开始训练。

3）实验结果

训练完成后网络会对测试集进行预测，并生成拟合图（见图 7-3）。

7.2　旅游大数据分析

旅游评论数据来自于百度旅游网、同城旅游网、途牛旅游网、携程旅游网、马蜂窝旅游网。为获取这些网站关于某个景区的评论，采用网络爬虫工具 BeautifulSoup、PhantomJS、Selenium，并利用 Python 编程抓取某景点旅游评论的链接，然后进入链接抓取文本，并模拟点击下一页循环抓取，直到抓取完该栏目下所有的旅游评论和对应的评论时间。PhantomJS 是基于 webkit 的无界面浏览器，可以像浏览器一样解析网页，Selenium 是一个 web 自动测试工具，可以模拟人的操作，支持 PhantomJS。BeautifulSoup 是用 Python 软件编写的一个 HTML/XML 解析器，能够处理不规范标记并生成剖析树，通过解析文档为用户提供并抓取需要的数据。通过爬虫工具获得数据以后，为确保数据的可利用性，需要将噪声数据清除掉。

需要过滤的数据有：

（1）干扰信息，即与主题无关的信息。比如有些评论主要是用于商业广告等用途，与景区评价无关。

（2）多次重复的评论。有些评论为博取眼球或其他目的多次重复，对统计结果的真实性具有干扰作用，所以只保留一条记录作为该用户的评论。

（3）大多文本数据是非正式的，如网络表情符号、多语言表达、URL 标签等非规范性语言，需要进行规范化。将数据进行过滤以后，将其保存，待后续分析使用。

7.2.1　分词与词性标注

中文没有类似英文空格的边界标志，而理解句子所包含的词语是理解中文句子语义的基础。所以为了分析句子的语义，就需要自动地在文本中的词与词之间加上空格，这就是分词。由于本文收集的文本均来自于网络评论，评论数据多口语化，而且其中还有很多不规范的词语,如"逼格""小鲜肉""人艰不拆"等,导致分词任务非常困难。在 Python 编程领域,一直缺少高准确率、高效率的分词组件,结巴分词正是为了满足这一需求而出现的。结巴分词主要基于统计词典,自带了一个名为"dict.txt"的字典,包含 2 万多条词以及词频和词性。结巴分词的精确模式用于将句子最精确地切开,适合文本分析。切分歧义是分词任务中的主要难题,比如句子"李小然后来去了西藏",进行精确分词后变为"李小/ 然后/ 来/ 去/ 了/ 西藏"。结巴分词具有新词辨识的能力,并具有加载自定义词典功能和较强的歧义纠错能力,以保证分词的准确性。在分词基础上,词性标注是自然语言处理的另一个基础。词性描述一个词在上下文中的作用,而词性标注就是识别出这些词所具有的词性,比如形容词、名词、动词等。要获取句子中的情感词,就要先对评论集中的句子进行分词、词性标注处理。中文分词和词性标注的代码如下:

```
import jieba
import jieba.posseg as pseg
string='黄山果然很美,不过过年的时候人特别多,索道排队的人好多,我们上山下山都是自己走的,累得不要不要的,下次再去的时候一定要坐索道缆车'
words =pseg.cut(string)# 进行分词
result=""  # 记录最终结果的变量
for w in words:
    result+=str(w.word)+"/"+str(w.flag)# 加词性标注
print result
```

采用词云图对其进行展示,对出现频率较高的关键词予以突出显示。

```
# coding:utf-8
from os import path
from PIL import Image
import numpy as np
import matplotlib.pyplot as plt
from wordcloud import WordCloud,STOPWORDS
def generate_wordcloud(text):
    '''
    输入文本生成词云,如果是中文文本需要先进行分词处理
    '''
    # 设置显示方式
    d=path.dirname(__file__)
    font_path=path.join(d,"font//msyh.ttf")
    stopwords =set(STOPWORDS)
    wc =WordCloud(background_color="white",       # 设置背景颜色
        max_words=2000,      # 词云显示的最大词数
        stopwords=stopwords,       # 设置停用词
        font_path=font_path,       # 兼容中文字体,不然中文会显示乱码
              )
    # 生成词云
    wc.generate(text)     # 将生成的词云图像保存到本地
    wc.to_file(path.join(d,"Images//1.png"))     # 显示图像
```

```
        plt.imshow(wc,interpolation='bilinear')     # interpolation='bilinear'表示插值方
                                                       法为双线性插值
        plt.axis("off")
        plt.show()
if _name_=='_main_':
    # 读取文件
    d =path.dirname(_file_)
    text =open(path.join(d,'sanya.txt'),encoding="utf8").read()
    # 若 sanya.txt 是中文文件,则需进行前文所述的中文分词操作。
    plotWordcloud.generate_wordcloud(text)
```

图 7-4 所示为由三亚旅游文本评论集生成的词云图。

图 7-4　词云图

7.2.2　文本情感倾向分析

采用基于情感词典的计算方法进行文本情感倾向分析。基于情感词典的计算是指运用一个标有情感极性的情感字典对文本进行情感极性量化计算。首先根据已有的中文情感词库构建情感词典,其中的词包括正负面情感词、否定副词和程度副词,把词性和词以键值对的形式存储在字典里;然后利用结巴分词,遍历文本每句话的每一个词,依次查找词典中的情感词,如果在情感词典中查找到该词,则标注该词的极性和权值,否则进入下一个候选词。HowNet 词典又称为知网情感词典,分中英文,分别包括程度副词、负面评价词语、负面情感词、正面评价词语、正面情感词、主张词语。参考 HowNet 字典中给出的情感词褒贬强烈程度,对情感词和程度副词进行极性设置,如表 7-4 所示。

表 7-4　情感极性量化默认分值

情感词	默认分值	程度副词	默认分值
正面	1	极其	2
负面	−1	很	1.25
		较	1.2
		稍稍	0.8
		不足、稍欠	0.5
		超	1.5
		不很	0.5

针对旅游评论数据集,利用标点符号如","""!""?""。""；"等将每条评论切分成若干词块,把每一块都分好词,针对每一组词,辨识出其中的情感词、否定副词和程度副词,并标注其情感词权值:词块情感值=程度词权值×情感词权值。

句子情感值计算:句子情感值=sum(词块情感值1,词块情感值2,…)。如评论句子"来到三亚,我万分激动,但是门票很贵"。通过切分,将该句子分成三块;第一块无情感词;第二块中"万分"情感权值为2,"激动"为正面情感词,权值为4;第三块中"很"情感权值为1.25,"贵"为负面情感词,权值为-4,通过加权求和得该评论的情感值为 $2 \times 4 + 1.25 \times (-4) = 3$,情感分类为正面。

每条评论是由多个句子组成的,所以评论情感值=average(句子情感值1,句子情感词2,…)。由于评论的句子个数不一,所以采用求平均值的方法计算情感值,而不是求和。

若句中存在否定副词,在词块情感值的计算中还需对否定副词极性进行相应处理,有四种情况:

(1) 如果否定词修饰否定词,则双重否定,情感词对极性不变,权值为1。

(2) 如果否定词修饰正面或负面情感词,则情感词对极性反转,权值为-1。

(3) 如果否定词在程度副词后面,则极性反转,权值为-1。

(4) 如果否定词在程度副词前面,则极性值设为0.5。

旅游评论情感分析的伪代码为:

```
fetch all text for each text:
for each comment in text:
for each sent in comment:
    for each group in sent:
        for each word in group:
            if word insentiment_dicts:
                    wordscore=score
            groupscore=sengroup(group)
        sentscore=sum(group1,group2,…)
    commentscore=average(sent1,sent2,…)
```

7.2.3　话题抽取

通过 word2vec 工具获取词向量后,计算词向量间的相似度。向量空间的相似度可以表示为文本语义上的相似度,所以以词向量在高维空间的相互关系来计算词汇语义上的相似度。word2vec 中提供了 distance 工具,distance 工具可根据词向量求得词的余弦距离,以表示词与词之间相似度,并排序。在文本话题的抽取中,可以通过预先定义一定数量与话题相关的种子术语,引入 Skip-Gram 模型的 word2vec 方法,选择合适的训练语料,对目标语料进行相似词聚类,以获得关联度最高的 N 个词和与种子词汇的相似度。再以获得的关联词为种子词汇,重新进行训练,得到相似词。反复进行数次,直至不再得到新的可用词汇为止。最后对获取的词汇进行人工筛选,筛除与话题无关的词汇,最终得到话题词汇集。

为获取与话题有关的训练文本,遍历每条评论,将每条评论切分成若干词块,然后使用话题词汇和每个词块进行匹配,若词块中有一个词汇包含在话题词汇集中,则保存包含该词汇的词块,并用"。"连接该评论符合要求的所有词块,形成与话题有关的评论,最终得到所有相关评论集。

以价格为主题,通过预先定义二十个与价格有关的种子术语,吸收所有关于价格的评论进行分析,这些种子术语包括"价格""原价""门票""打折""便宜""昂贵"等。然后通过词向量方法,计算余弦相似度,获取更多与价格相近的词语,其中使用的训练集有中文维基百科语料库和 NLPIR(自然语言处理与信息检索平台)新闻语料库。由于中文维基百科语料库中的专业术语过多,表达过于正式,查找之后有一定的效果,但是效果不佳,因此使用北京理工大学网络搜索挖掘与安全实验室的 NLPIR 新闻语料库再次训练,最终的效果不错,共获得 200 个与种子术语相似的词汇,经过筛选得到 110 个与价格相关的词汇。表 7-5 展示了 4 个种子词和它们各自的最相关词及其相似度。通过对评论和这 110 个词汇进行匹配,选出与价格主题相关的评论句子,若评论句子中有一个词与之匹配,则保存在价格主题下。

表 7-5 种子词和最相关词及其相似度

种子词	最相关词	相似度	种子词	最相关词	相似度
价格	价格上涨	0.584539353848	门票	五折	0.632376253605
	定价	0.583579242229		团购	0.581548213959
	产品价格	0.576550543308		免费	0.556278944016
	价格水平	0.566389143467		特价	0.515425086021
	价位	0.525774478912			
打折	促销	0.684629023075	便宜	贵	0.817931354046
	折扣	0.669012665749		离谱	0.726853847504
	降价	0.657629489899		昂贵	0.705796539783
	优惠	0.616258978844		划算	0.644444704056
	预订	0.568188548088		低廉	0.590131342411
	原价	0.552648425102		卖	0.582993268967
	抢购	0.529717922211		值钱	0.542370736599
	团购	0.517342865467		太贵	0.526796579361

价格相关评论获取的 Python 代码如下:

```
# _*_coding:UTF-8_*_
import os,sys
import re
import urllib2
import argparse
from selenium import webdriver
from selenium.webdriver.support.ui import Select
from bs4 import BeautifulSoup
from csv import writer
import codecs
from selenium.webdriver.support.ui import WebDriverWait
import time,datetime
```

```python
def main():
parser=argparse.ArgumentParser()
# URL
parser.add_argument(
                    '-i',
                    action='store',
                    dest='ifile',
                    help='raw comment file',
                    default='All_qinshihuang(delete).txt'
                    )
# OUTPUT FILENAME
parser.add_argument(
                    '-o',
                    action='store',
                    dest='ofile',
                    default="comment_new.txt",
                    help='output comment file'
                    )
parser.add_argument(
                    '-w',
                    action='store',
                    dest='pricewordfile',
                    default="pricewordlist.txt",
                    help='price related words file'
                    )
parser.add_argument(
                    "-v",
                    "--verbosity",
                    action="count",
                    default=0
                    )
parser.add_argument(
                    '--version',
                    action='version',
                    version='%(prog)s 1.0'
                    )
args=parser.parse_args()
'''-------------------------------------------------------------------
        Build the file name from the arguments.
        Prepare the csv file and the csv writer.
        Crawl the forms.
        Go through the list pageResults repairing and parsing the web data.
------------------------------------------------------------------'''

file=open(args.pricewordfile,'r')
```

```
lines=file.readlines()
keywords=[]
for line in lines:
        items=line.split(" ")
        keywords.append(items[0])
rawfile=open(args.ifile,'r')
lines=rawfile.readlines()
for line in lines:
        items=line.split(" ")
        if len(items)<3:
                continue
        head=items[0]+" "+items[1]
        comment=" ".join(items[2:]).strip()
        comment=comment.replace(","," ',')
        comment=comment.replace("。",'.')
        comment=comment.replace("?",'? ')
        comment=comment.replace("!",'! ')
        segments=re.split('[,.?! ]',comment)
        priceitems=[]
        for x in segments:
            # print x
            for w in keywords:
                if w in x:
                    priceitems.append(x)
                    break
        s=""
        if len(priceitems)>0:
            s=','.join(priceitems)
            # print s # .encode('GB18030')
            comment=head+ " "+ s
            print comment
            exit(-1)
'''########################################################################'''
if __name__ =="__main__":
    main()
    sys.exit()
```

7.2.4　关于主题的情感分析

通过主题抽取,获得以价格为主题的评论后,对这些评论进行分词、词性标注和情感分析。基于词典规则的情感计算精确度主要取决于收录的情感词典,不同的词典,情感计算的效果也不同。由于这里介绍的情感分析主要是针对以价格为主题的网络评论,所以笔者基于 Hownet 词典,以语料库为基础扩展领域情感词,收集大量关于价格主题的情感词,共获得正面情感词 6561 个,负面情感词 11412 个,程度副词 237 个,否定副词 28 个。通过情感

分析获得情感分类,并计算满意度:

$$满意度 = 正面评论人数 / 总人数$$

从而得到游客价格满意度变化趋势图。

其中,价格评论情感分析所用程序代码如下:

```
import numpy as np
import matplotlib.pyplot as plt
from data_read import *
from SentiAnalysis import *
from person_relationship import *
import json
import argparse,sys
'''############################################################################
    Filter comments by maximum/minimum scores
    the program can replace the first number of comment record to the sentiment score
    python comment_filterbyscore.py-i sanyaAll.txt-c ">"-s 3
    #可以取出所有分值 3 以上的评论
    python comment_filterbyscore.py-i sanyaAll.txt-c "<"-s-2
    #可以取出典型负面评论,分值小于-2
    python comment_filterbyscore.py-i sanyaAll.txt-c ">"-s-10
    #取出所有评论,目的是把评论的分值加到记录的最前面
    ############################################################################
'''
def main():
parser=argparse.ArgumentParser()
#URL
parser.add_argument(
            '-i',
                    action='store',
                    dest='ifile',
                    help='raw comment file',
                    default='pricecomment.txt'
                    )
#  OUTPUT FILENAME
parser.add_argument(
                    '-o',
                    action='store',
                    dest='ofile',
                    default="comment_new.txt",
                    help='output comment file'
                    )
parser.add_argument(
                    '-c',
                    action='store',
```

```
                        dest='compare',
                        default=">",
                        help='compare operator:>>=<<='
            )
parser.add_argument(
                        '-s',
                        action='store',
                        dest='score',
                        default=2,
                        help='compare sentiment score'
                        )
parser.add_argument(
                        "-v",
                        "--verbosity",
                        action="count",
                        default=0
                        )
parser.add_argument(
                        '--version',
                        action='version',
                        version='% (prog)s 1.0'
                        )
args=parser.parse_args()
file=open(args.ifile,'r')
lines=file.readlines()
D={}
for line in lines:
    if line[0:4]=='page':
        continue
    items=line.split(' ')
    if len(items)<2:
        continue
    if len(items[1].split('-'))==0:
        continue
    date=items[1]
    if date=='':
        continue
    date=time.strptime(date.strip(),'%Y-%m-%d')
    cpdate=datetime.datetime(*date[:3])
    comment_senti_cal_example=commentSentiCalc()
    score=comment_senti_cal_example.groupSentiCalc(line)
    if eval('score '+args.compare+" "+'args.score'):
        line=str(score)+line[1:]
        print line
```

```
    '''############################################################################ '''
if __name__=="__main__":
    main()
    sys.exit()
```

7.3　交通大数据分析

只要社会和经济发展对道路系统的需求超过它的容量,交通拥堵就会出现。交通拥堵的负面影响很大,虽然这些影响并不总是很明显。比如拥挤可能会使人上班迟到,增加车辆的磨损,更可能导致人的情绪变差。此外,它还会对经济、路面完整性和环境产生影响。

随着路面传感器的部署、智能手机和导航类 App 的普及,越来越多的交通数据能够被采集。运输规划部门、公共机构和企业可以使用这些交通拥堵数据来识别问题,提出对策,评估改进措施并制定政策。

作为中国领先的交通出行服务平台,滴滴出行通过基于大数据的方法来提升其服务并解决交通拥堵问题。每天该平台接收超过 2500 万个订单,收集超过 70TB 的新路线数据,并获得超过 200 亿个用于路线规划的查询和 150 亿个用于地理定位的查询。滴滴出行利用大量实时生成的交通相关数据来提升乘车服务的效率并缓解道路拥堵状况。

使用预测算法和实时的大量数据,滴滴出行可以预测交通拥堵并基于当前的交通状况,进行调度和协调,以缓解交通拥堵状况。滴滴出行还积极与交警部门合作,为实施更智能的运输管理提供帮助。

在高峰时段,互联网打车服务用于平衡供需的最常用方法是动态定价,需求量越多则价格越高。这样做的目的是通过更高的报酬来激励司机提供服务,同时通过更高的价格来抑制打车需求。就高峰出行时段的需求和供给的不平衡状况来说,这是一种实用的解决方案。而基于历史数据,滴滴出行开发的算法系统能够实时评估和预测交通服务需求,可在高峰时段优化资源分配,从而可能消除动态定价并解决供需失衡问题。即使在高峰时段,乘客仍然可以以合理的价格乘坐车辆,而司机可以通过提前发布的需求通知来更好地利用自己的时间和车辆。现在滴滴出行已经能够在特定区域内提前 15 分钟预测需求,准确率为 85%。

在智能交通管理方面,滴滴出行于 2017 年初在济南市最拥挤的金石路上进行了一次实验,由滴滴出行的司机端贡献的数据结合传感器来实时控制智能交通信号灯。通过分析司机端的数据,滴滴出行的平台可以预测交通流量的模式,相应地调整交通信号灯,从而确保更顺畅的驾驶体验。根据该公司的数据,高峰时段的拥堵率下降了近 11%。这一实验被认为是成功的。

虽然现在政府部门、研究机构和公司都在研究交通拥堵现象并试图减轻甚至消除交通拥堵,但是在不了解为什么发生特定的交通拥堵的情况下试图减少拥堵是注定要失败的。要解答的关键问题包括:

(1)交通流量来自哪里和去向何处?

(2)交通流量的车辆构成如何?

(3)为什么这些车辆要现在出行?

(4)有没有其他的交通运输选项?

有些行政区域的交通管理部门通过交通地图提供了交通拥堵数据。这些交通拥堵数据用不同的颜色来区分拥堵程度,比如用红色表示很拥堵,用绿色表示畅通。这其中典型的代表有北京市公安局公安交通管理局提供的实时路况服务以及美国华盛顿州交通部提供的类似的服务。另一方面,若干地图服务提供商,比如高德地图、谷歌地图、必应地图等,利用他们免费提供的运行在大量用户的智能手机上的地图 App 来采集速度和拥堵数据等,并且在他们各自的地图服务里用不同的颜色来呈现速度或者拥堵状况。这类用颜色标注的以图片形式呈现的交通拥堵状态数据对人类来说很容易理解,但是如果要让计算机程序能够理解这类数据,则要么获取原始的以数值形式呈现的数据,要么将图片数据转换为数值数据。前一种获取数据的方式并不容易,因此我们在本节探讨如何用不同的编程语言来获取交通拥堵状态图片,将不同的颜色转为数值,并在 MapReduce 计算模式下利用数据并行地将图片数据转为数值数据。

7.3.1 实验环境配置

硬件为搭载多核 CPU、具有较大内存的工作站或者个人计算机,操作系统为常用的Linux 发行版本,如 Ubuntu 16.04 或者 CentOS 7.4。需要安装 Python 编程语言并配置Python 虚拟环境,以便在其中安装所需要的提供各种功能的编程库。图 7-5 展示了进行数据处理时所用的工作站的 CPU 和内存、操作系统版本的截图。

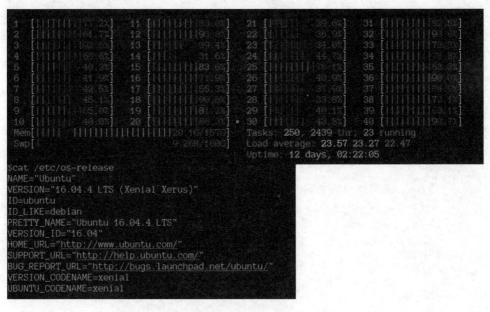

图 7-5　工作站的 CPU 和内存、操作系统版本截图

7.3.2 交通拥堵状态图片获取

每个网站的工作方式不同,因此需要针对不同的网站,编写特定的爬虫程序。我们以美国华盛顿州交通部网站上的图片的获取为例,来编写图片获取代码。因为该网站上提供的交通拥堵状态地图图片的组织方式和文件名存在很明显的规律,在运行 Linux 的计算机上使用 wget 工具即可以比较轻松地将数据从美国华盛顿州交通部网站上将交通拥堵状态图片

交通数据集

全数下载到工作计算机上进行存储。

　　而要从地图服务提供商的网站上获取交通拥堵状态图片，则需要将多种技术，比如浏览器技术、浏览器驱动程序技术、定时器技术等组合起来使用。

7.3.3　将颜色转换为数值

　　通过人眼查看从上述的交通管理部门或者地图服务提供商获取到的交通拥堵状态图片时，我们会认为红色的 RGB 值是一样的。但是实际上，不同的数据来源提供的图片里的拥堵状态颜色的值并不一致。而在表征同一拥堵状态时，有的数据源在不同的时刻给出的图片里的 RGB 值也不一样：以红色的 RGB 值为例，同一数据源用来表示拥堵比较严重的红色的 RGB 值其实是围绕 RGB(255,0,0) 抖动的，而且抖动的规则其实只有地图服务商知道。这就带来一个问题：如何将在一个规则不明的范围内抖动的颜色值转换为同一个浮点数值？我们可以尝试至少两种不同的方法。

　　(1) 采用基于统计学的方法来转换。针对某个交通拥堵状态地图提供方，采集尽量多的数据，然后计算在三维 RGB 空间里各个颜色值的聚合情况，从而用最邻近值算法尽量确定每一个颜色值的范围。

　　(2) 采用空间变换，将颜色从 RGB 颜色空间变换到 HSV(H 指色调，S 指饱和度，V 指明度)颜色空间。HSV 颜色空间的优点是，各种颜色的范围可以通过 Hue 这个维度来轻松确定。比如 Tostes 等提供了一个算法用来区分红色、黄色和绿色。该算法用伪代码描述如下：

```
Input:Image file i,Set of Road Masks kr
GreenPixels=0;
YellowPixels=0;
RedPixels=0;
NoCategoryPixels=0;
foreach Road Mask kr do
    foreach Pixel p in the kr image do
        if p is black then
            if hue(p)<30 or hue(p)≥ 330 then
                RedPixels++;
            end
            else if hue(p)<70 then
                YellowPixels++;
            end
            else if hue(p)<150 then
                GreenPixels++;
            end
            else
                NoCategoryPixels++;
            end
        end
    end
end
```

7.3.4　利用多核 CPU 并行将图片数据转换为数值数据

从要求的工作量来说,基于 HSV 颜色模型的方法比基于颜色值统计的方法要求的工作量要小,因此本小节采用基于 HSV 颜色模型的方法,把交通拥堵状态图片转换为数值数据。交通拥堵状态图片除了包含道路上的拥堵状态信息外,还包含其他的额外信息,比如海、湖、建筑物分布情况等。在有些情况下这些额外信息不必要,甚至会形成干扰,因此需要在将图片数据转为数值数据之前通过预处理环节去掉额外信息而只保留道路和道路上的拥堵状态信息。这一预处理工作可以通过人工方法,使用图片处理软件制作二维的道路掩码图片来解决。另一方面,获取的交通拥堵状态图片的数量很多,比如美国华盛顿州交通部每隔 15 分钟会生成一张针对某个地区的交通拥堵状态图片(在使用其他数据源的情况下,间隔时间会有所不同,但原理是一样的),那么每年会生成约 $365 \times 24 \times 4 = 35040$ 张图片。如果用单进程来处理这么多张图片,会导致效能低下;而现在的主流个人计算机往往是多核的,更进一步地说,工作站的 CPU 拥有的内核个数更多,在这种情况下,可以使用 Linux 操作系统上的命令行程序 xargs,结合 Map 计算模式,来充分利用计算机的 CPU 内核。

7.3.5　保留道路及其拥堵状态

在以只保留道路及其拥堵状态为目的的预处理环节,将制作好的道路掩码图片命名为mask1.png。同时还需要另外一个程序——extract_road_networks.py,用来组合每一张交通拥堵状态图和掩码图片 mask1.png,以便从该张交通拥堵状态图里抽取出实际的道路和拥堵状态并另外保存为一张新的图片。仍以从美国华盛顿州交通部网站上获取的交通拥堵状态图片为例,extract_road_networks.py 的核心处理部分用 Python 代码表示如下:

```
import imageio
import cv2


roads_mask=imageio.imread(template_image_path)
traffic_image=imageio.mimread(input_image_path)


new_mask=roads_mask# # 取决于掩码图片里像素的值的范围


roads_net=cv2.bitwise_and(traffic_image,traffic_image,mask= new_mask)
```

对以上代码说明如下:

第 1 行和第 2 行:引入依赖的软件包,imageio 用于读取和保存图片,cv2 用于进行图片的掩码操作从而提取图片里表示路网拥堵状态的像素。

第 3 行:读取道路路网掩码图片,将图片以二维数据矩阵的形式加载到内存中,并用 roads_mask 来指向这个矩阵。

第 4 行:读取一张原始交通拥堵图片。华盛顿州交通部提供的原始图片是 gif 文件,而gif 文件里包含多个图片帧,因此需要用 mimread 函数而不是 imread 函数来读取这种格式的图片。

第 5 行:将读取的道路路网掩码图片数据转换为二值(也即是 0 和 1)矩阵,供第 6 行使用。

第 6 行:利用 cv2 的 bitwise_and 函数将原始交通拥堵图片里每个像素和路网掩码图片

中的每个值进行逐位筛选,得到路网掩码图片里路网对应的像素,从而实现路网上的交通拥堵状态的保存,同时去掉其他无关元素。

写好道路及拥堵状态抽取程序以后,利用另一个 shell 命令行程序 find 加上 xargs 可以获得交通拥堵状态:

```
find /path/to/grabbed/traffic_images/ -type f -name "*.gif" | xargs -I{} extract_road_
networks.py -i{} -d /where/to/save/processed/image
```

以上代码中:

find 命令用于列出位于路径"/path/to/grabbed/traffic_images/"下的所有的 gif 文件的完整路径,然后经由 shell 的管道把完整路径列表交给 xargs 命令;xargs 命令再对 gif 文件输入道路提取网络文件 extract_road_networks.py 进行处理,从而实现所有原始交通拥堵图片里的路网拥堵状态提取。

当然,extract_road_networks.py 还需要其他的辅助代码,比如解析命令行参数代码,以保存只包含道路和拥堵状态的图片。

7.3.6　将拥堵状态转换为浮点数值

道路和拥堵状态图片里的像素依然是以 RGB 颜色表示的。Python 里有个名为 hasel 的软件包,能非常方便地把 RGB 颜色值转为用 HSV 颜色值。在采用 Python 语言的情况下,用 HSV 颜色方案表征的图片是用 Python 语言的另一个软件包 numpy 的 ndarray 在计算机内存里暂存的。接下来可以用 numpy 提供的函数将 HSV 颜色转为浮点数值。利用以下代码,将绿色转换为浮点数 0.25,黄色转换为浮点数 0.5,红色转换为浮点数 0.75,深红色转换为浮点数 1.0,黑色(非道路部分)转换为浮点数 0.0。

```
def hsv2float(hsva_image):
    alpha=np.dot(hsva_image,[0.0,0.0,0.0,1.0])
    hue=np.dot(hsva_image,[360.0,0.0,0.0,0.0])
    lightness=np.dot(hsva_image,[0.0,0.0,100.0,0.0])

    black_mask=np.logical_and(np.asarray(lightness,np.int8) ==0,alpha>250)
    maybe_red_mask=np.logical_and(hue>0,np.logical_or(hue<30,hue>=330))
    yellow_mask=np.logical_and(hue>=30,hue<70)
    green_mask=np.logical_and(hue>=70,hue<150)

    jam_rep=np.zeros(hsva_image.shape[:-1],dtype=np.float64)

    jam_rep[black_mask]=1.0
    jam_rep[maybe_red_mask]=0.75
    jam_rep[yellow_mask]=0.50
    jam_rep[green_mask]=0.25

    return jam_rep
```

同样地,为了加快转换速度,这里需要用到 find+xargs 的组合来提高效率。

7.4 工业大数据分析

7.4.1 基于卷积神经网络的轴承故障诊断

1. 轴承故障诊断数据集

轴承故障诊断数据集使用的是美国凯斯西储大学（CWRU）轴承数据集，选择了采集频率为 12kHz 轴承故障数据作为原始实验数据，见表 7-6。其中轴承故障有四种类型：正常、滚珠故障、内圈故障和外圈故障。每种故障类型分别包含三种类型：0.007in(1in＝25.4mm)，0.014 in 和 0.021 in，因此总共有十种类型的故障标签。每个故障标签包含三种类型负载：1 米

工业的数据集和代码链接

制马力、2 米制马力和 3 米制马力（电动机速度分别为 1772 r/min、1750 r/min 和 1730 r/min）。在实验中，每个样本都是从两个振动传感器中提取出来的，如图 7-6 所示。我们使用一半的振动信号来生成训练样本，其余的用于生成测试样本。训练样本由宽度为 2048 个数据点的滑动窗口生成，滑动步长为 80。测试样品由相同宽度的滑动窗不重叠滑动窗口生成。数据集 A、B 和 C 分别处于不同的工作条件下，负载分别为 1 米制马力、2 米制马力和 3 米制马力，每个数据集包含 660 个训练样本和 25 个测试样本。数据集 D 处于三种工作条件下，包含 1980 个训练样本和 75 个测试样本。

表 7-6 滚动轴承数据集描述

故障位置		正常	滚动体			内圈			外圈			负载/米制马力
故障尺寸/in		0	0.007	0.014	0.021	0.007	0.014	0.021	0.007	0.014	0.021	
故障标签		1	2	3	4	5	6	7	8	9	10	
数据集 A	训练	660	660	660	660	660	660	660	660	660	660	1
	测试	25	25	25	25	25	25	25	25	25	25	
数据集 B	训练	660	660	660	660	660	660	660	660	660	660	2
	测试	25	25	25	25	25	25	25	25	25	25	
数据集 C	训练	660	660	660	660	660	660	660	660	660	660	3
	测试	25	25	25	25	25	25	25	25	25	25	
数据集 D	训练	1980	1980	1980	1980	1980	1980	1980	1980	1980	1980	1,2,3
	测试	75	75	75	75	75	75	75	75	75	75	

1）数据预处理

数据预处理包括原始数据加载、训练集和测试集准备、数据样本可视化几个步骤。

原始数据是以 .mat 结尾的 matlab 数据格式，在 Python 中加载读取时可使用 scipy 模块的 loadmat 函数，对训练集和测试集可使用 GitHub 上开源的 cwru 模块来加载原始数据，并将数据划分训练集与测试集。cwru 模块输入第一个参数用于指定加载数据集，第二个参

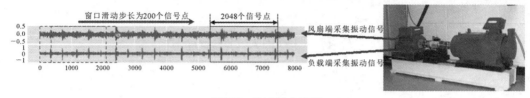

图 7-6　生成样本流程

数用于指定加载数据集对应的转速,第三个参数用于指定滑动窗口大小。以下是使用 cwru 模块对数据进行处理的代码:

```
import cwru as cwru
window_size=2048
hps=['1772','1750','1730']
window_size=2048
datas={}
indices={}
for i,hp in enumerate(hps):
        datas[hp]=cwru.CWRU(['12DriveEndFault'],[hp],window_size)
        train_classes=list(set(datas[hp].y_train))
indices[hp]=[np.where(datas[hp].y_train==i)[0] for i in train_classes]
```

2）数据样本可视化

对振动信号常进行时域与频域可视化显示,时域可视化显示用 matplotlib 模块可很快做出,频域可视化显示涉时频变换操作,如下所示:

```
    '''
    :param x:输入信号
    :param params:{fs:采样频率;
                    window:窗。默认为汉明窗。
nperseg:每个段的长度,默认为 256。
noverlap:重叠的点数。指定值时需要满足 COLA 约束。默认是窗长的一半。
nfft:fft 长度,
                    detrend:(str、function 或 False)指定如何去趋势,默认为 Flase,不去趋势。
return_onesided:默认为 True,返回单边谱。
                    boundary:默认在时间序列两端添加 0
                    padded:是否对时间序列进行填充 0(当长度不够的时候)
                    axis:可以不必关心这个参数}
    :return:f:采样频率数组;t:段时间数组;Zxx:STFT 结果
    '''
```

下面是短时傅里叶变换(STFT)频谱图示例代码。

```
import scipy.signal as signal
import matplotlib.pyplot as plt
fs=12e3
def stft_specgram(x,picname=None,* * params):    # picname 是给图像的名字,为了保存图像
    f,t,zxx=signal.stft(x,* * params)
plt.figure(figsize=(6,4))
plt.pcolormesh(t,f,np.abs(zxx))
```

```
plt.colorbar()
plt.title('STFT Magnitude')
plt.ylabel('Frequency[Hz]')
plt.xlabel('Time[sec]')
plt.tight_layout()
if picname is not None:
    plt.savefig('..\\picture\\'+str(picname)+'.jpg')          # 保存图像
plt.show()
# plt.clf()          # 清除画布
    return t,f,zxx
```

利用调用短时傅里叶变换作图函数,分故障类别和工况作出频谱图(见图 7-7),示例代码如下。

```
fig,axs=plt.subplots(len(hps),len(train_classes),figsize=(15,5))
channel=0
z_min=0
z_max=0.1
fori,hp in enumerate(hps):
    for label intrain_classes:
        time_series=datas[hp].X_train[indices[hp][label][5]]
        f,t,zxx=signal.stft(time_series[:2048,channel],fs=12000)
        ax=axs[i,label]
        ax.pcolormesh(t,f,np.abs(zxx),vmin=z_min,vmax=z_max)
        ax.get_xaxis().set_visible(False)
        ax.set_title('%s-%s'%(label,hp))
        ax.get_yaxis().set_visible(False)
    fig.tight_layout()
```

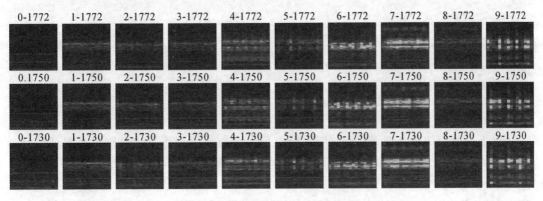

图 7-7　各类别和工况短时傅里叶变换

2. 模型定义与训练

本示例使用的模型是基于端到端的卷积神经网络模型(WDCNN),模型定义使用 keras 框架,以下是模型定义代码:

```
from keras.layers import Input,Conv2D,Conv1D,Lambda,merge,Dense,Flatten,MaxPool-
ing2D,MaxPooling1D,Dropout
from keras.models import Model,Sequential
```

```python
from keras.regularizers import l2
from keras import backend as K
from keras.optimizers import SGD,Adam
from keras.losses import binary_crossentropy


defload_wdcnn_net(input_shape=(2048,2),nclasses=10):
    convnet =Sequential()
    #  WDCNN
    convnet.add(Conv1D(filters=16,kernel_size=64,strides=16,activation='relu',
padding='same',input_shape=input_shape))
    convnet.add(MaxPooling1D(strides=2) )
    convnet.add(Conv1D(filters=32,kernel_size=3,strides=1,activation='relu',
padding='same'))
    convnet.add(MaxPooling1D(strides=2) )
    convnet.add(Conv1D(filters=64,kernel_size=2,strides=1,activation='relu',
padding='same'))
    convnet.add(MaxPooling1D(strides=2) )
    convnet.add(Conv1D(filters=64,kernel_size=3,strides=1,activation='relu',
padding='same'))
    convnet.add(MaxPooling1D(strides=2) )
    convnet.add(Conv1D(filters=64,kernel_size=3,strides=1,activation='relu'))
  convnet.add(MaxPooling1D(strides=2) )
  convnet.add(Flatten())
  convnet.add(Dense(100,activation='sigmoid'))
  prediction_cnn=Dense(nclasses,activation='softmax')(Dropout(0.5) ( convnet ))
  wdcnn_net=Model(inputs=left_input,outputs=prediction_cnn)

  # optimizer =Adam(0.00006)
  optimizer =Adam()
  wdcnn_net.compile(loss='categorical_crossentropy',optimizer=optimizer,metrics
=['accuracy'])
  print(wdcnn_net.count_params())
returnwdcnn_net
```

以下是模型加载与训练代码,使用 EarlyStopping 模型训练方法来避免模型过拟合,使用 ModelCheckpoint()函数来监控模型准确率,保存验证集准确率最高的模型。

```python
#  load wdcnn model and training
y_train=keras.utils.to_categorical(y_train,data.nclasses)
y_val=keras.utils.to_categorical(y_val,data.nclasses)
y_test=keras.utils.to_categorical(data.y_test,data.nclasses)


earlyStopping=EarlyStopping(monitor='val_loss',patience=20,verbose=0,mode='min')
filepath="%s/weights-best-10-cnn-low-data.hdf5" %(settings["save_path"])
```

```
checkpoint=ModelCheckpoint(filepath,monitor='val_acc',verbose=0,save_best_only=
True,mode='max')
callbacks_list=[earlyStopping,checkpoint]

wdcnn_net=models.load_wdcnn_net()
wdcnn_net.fit(X_train,y_train,
              batch_size=32,
              epochs=300,
              verbose=0,
              callbacks=callbacks_list,
              validation_data=(X_val,y_val))
```

3. 模型测试与评估

通过调用模型的评估函数在测试数据集上测试算法模型性能,代码如下。

```
#  test wdcnn
score=wdcnn_net.evaluate(X_test,y_test,verbose=0)
print('wdcnn:',score)
```

对于分类问题,可以通过使用 sklearn 的 metrics 模块获得 F1 值、精准率、正交矩阵等来评估模型在各类上的性能表现。以下是构建正交矩阵的代码。

```
fromsklearn.metrics import f1_score,accuracy_score,confusion_matrix

defplot_confusion_matrix(cm,classes=None,
                         normalize=False,
                         title='Confusion matrix',
                         cmap=plt.cm.Blues):
    """
    This function prints and plots the confusion matrix.
    Normalization can be applied by setting `normalize=True`.
    """
    mpl.rcParams.update(mpl.rcParamsDefault)
    if normalize:
        cm=cm.astype('float')/ cm.sum(axis=1)[:,np.newaxis]
        print("Normalized confusion matrix")
    else:
        print('Confusion matrix,without normalization')

    print(cm)
    plt.figure(figsize=(4,4))
    plt.imshow(cm,interpolation='nearest',cmap=cmap)
    plt.title(title)
    plt.colorbar(shrink=0.7)
    tick_marks=np.arange(len(list(range(cm.shape[0]))))
    # plt.xticks(tick_marks,classes,rotation=45)
    plt.xticks(tick_marks,classes)
```

```
                plt.yticks(tick_marks,classes,rotation=90)

                fmt='.2f' if normalize else 'd'
                thresh=cm.max()/ 2.
                for i,j in itertools.product(range(cm.shape[0]),range(cm.shape[1])):
                    plt.text(j,i,format(cm[i,j],fmt),
                            horizontalalignment="center",
                            color="white" ifcm[i,j]>thresh else "black")
                plt.ylabel('True label')
                plt.xlabel('Predicted label')
                plt.tight_layout()
                plt.show()
                returnplt


                pred=np.argmax(wdcnn_net.predict(data.X_test),axis=1) .reshape(- 1,1)
            plot_confusion_matrix(confusion_matrix(data.y_test,pred),  normalize=False,title=
        None)
            plt.savefig("%s/90-cm-wdcnn.pdf" %(settings["save_path"]))
```

常使用 TSNE(高维可视化工具)对神经网络模型提取特征进行可视化(见图 7-8)。使用 TSNE 可评估模型提取特征好坏,采用的代码如下:

```
from keras import backend as K
import numpy as np
try:from sklearn.manifold import TSNE;HAS_SK=True
except:HAS_SK=False;print('Please install sklearn for layer visualization')
intermediate_tensor_function=K.function([siamese_net.layers[2].layers[0].input],
                                        [siamese_net.layers[2].layers[-1].output])
plot_only=len(data.y_test)
intermediate_tensor=intermediate_tensor_function([data.X_test[0:plot_only]])[0]
#Visualization of trained flatten layer(T-SNE)
tsne=TSNE(perplexity=30,n_components=2,init='pca',n_iter=5000)
low_dim_embs=tsne.fit_transform(intermediate_tensor)
p_data=pd.DataFrame(columns=['x','y','label'])
p_data.x=low_dim_embs[:,0]
p_data.y=low_dim_embs[:,1]
p_data.label=data.y_test[0:plot_only]
utils.plot_with_labels(p_data)
plt.savefig("%s/90-tsne-one-shot.pdf"%(settings["save_path"]))
```

4. 代码示例小结

本示例主要讲述基于深度学习的轴承故障诊断,包含数据预处理、模型训练、模型测试与评估三大部分。本示例完整代码请参见本书所提供的代码库(扫描本节中二维码获取)中的示例代码,在此示例代码的基础上,本书代码库还会更新算法模型以方便感兴趣的读者学习。

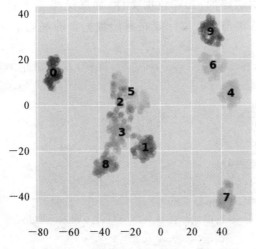

图 7-8 TSNE 对模型提取特征可视化

7.4.2 基于卷积神经网络的寿命预测

1. 涡轮发动机寿命预测数据集

涡轮发动机寿命预测数据集采用了美国国家航空航天局(NASA)Ames 预测数据库提供的 C-MAPSS 数据集,它是涡轮风扇发动机从正常运行至失效的全寿命周期的退化模拟数据集。这个数据集包含表 7-7 中给出的四个小数据集。每个子数据集由多个多变量时间序列组成的,进一步分为训练集和测试集。训练集中是不同涡轮发动机随着时间推移,设备逐渐失效的模拟传感器数据。测试集中是设备失效之前一段时间的数据。C-MAPSS 数据集中的单周期数据是一个 24 维特征向量,由 3 个操作设置数据和 21 个传感器数据组成。操作设置数据分别是高度、马赫数和油门旋转角度,它们决定了航空发动机的不同飞行条件。子数据集 FD001 基于单一工况条件,发动机的高压压缩机发生故障。子数据集 FD002 基于六种工况条件,发动机的高压压缩机发生故障。子数据集 FD003 基于单一工况条件下,发动机的高压压缩机和风扇故障。子数据集 FD004 基于六种工况条件,发动机的高压压缩机和风扇中发生故障。

表 7-7 涡轮发动机退化模拟数据集

数据集编号	FD001	FD002	FD003	FD004
训练集个数	100	260	100	249
测试集个数	100	259	100	248
设备最大寿命/周期	362	378	525	543
设备最小寿命/周期	128	128	145	128
设备平均寿命/周期	206	206	247	245
工况条件数目	1	6	1	6
故障数目	1	1	2	2

2. 数据预处理

数据预处理包括原始数据加载、训练集和测试机准备。

原始数据是以 .csv 结尾的 CSV 数据文件,加载此类型文件可使用 pandas 模块中的 read_csv 函数,制作训练集与测试集需要在原始数据集的基础上进行切分。通过定义相关函数达到制作目的。

```python
def gen_cuts(data,is_test_data):      //获得每个样本的起始位置和终止位置
    en_diff=0
    window_size=30
    max_cycles=130
    label_name='rul'
    train_validate_split=0.6
if not is_test_data:
    id_max=data.loc[:,'id'].max()
    random_choise_num=int(10* id_max/100)if 10 else id_max
    np.random.seed(config['random_seed'])
    choise_list=np.random.choice(np.arange(id_max)+ 1,
                                 random_choise_num,replace=False)
    train_validate_split=int(random_choise_num* train_validate_split)
    train_list=choise_list[:train_validate_split]
    validate_list=choise_list[train_validate_split:]
nrows=len(data)
start_time=time.time()
print("Gen cut index...",nrows)
    cuts=[]
validate_cuts=[]
if(label_name=='rul'):
    for(start,end)in windows(nrows,window_size):
        if(data.loc[start,'id']==data.loc[end-1,'id']):
            if en_diff and data.loc[start,'cycle']==1:
                print("ignore:cycle=1 unitNum=% d start=%d end=%d"%
                    (data.loc[start,'id'],start,end))
                    continue
                if is_test_data and data.loc[end-1,'rul']<=max_cycles:
                    if end==nrows:
                        cuts.append((start,end))
                        continue
        elif data.loc[end-1,'id']! =data.loc[end,'id']:
            cuts.append((start,end))
            continue
        elif(data.loc[end-1,'rul']<=max_cycles):
            if data.loc[start,'id'] in train_list:
                cuts.append((start,end))
                continue
            if data.loc[start,'id'] in validate_list:
                validate_cuts.append((start,end))
```

```
            continue
end_time=time.time()
print(len(cuts),len(validate_cuts),end_time-start_time)
returncuts,validate_cuts
defcut_data(features,labels,cuts): // 切分数据集,获得制作好的网络输入数据
window_size=30
print('cut feature shape:',features.shape)
segments=np.empty((len(cuts),features.shape[1],window_size,1))
segment_labels=np.empty((len(cuts),1))
start_time=time.time()
i=0
for(start,end)in cuts:
        feature=features[start:end].T
        label=labels[end-1]
        segments[i,:,:,0]=feature
        segment_labels[i]=label
        i=i+1
        if(i%5000==0):
        end_time=time.time()
        print(i,end_time-start_time)
        start_time=end_time
if(i<5000):
        end_time=time.time()
        print(i,end_time -start_time)
return   segments,segment_labels
```

特征样本剪取过程如图 7-9 所示。

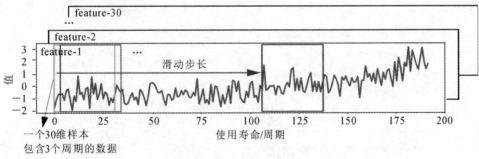

图 7-9　生成样本流程

3. 模型定义与训练

本示例使用的算法是端到端的卷积神经网络算法,模型定义使用 Keras 框架,以下是模型定义代码:

```
from keras.models import Sequential,model_from_json
from keras.layers import Conv2D,MaxPooling2D,Dropout,Flatten,Dense
from keras.callbacks import ModelCheckpoint,TensorBoard,Callback
from keras import regularizers
defcnn_net(train_x,train_y):
```

```
# 设计 CNN 网络
model =Sequential()
model.add(Conv2D(filters=64,kernel_size=(train_x[0].shape[0],4),
            activation='relu',
            input_shape=train_x[0].shape,
              name='C1'))
model.add(Dropout(0.2))
model.add(MaxPooling2D(pool_size=(1,2)))
model.add(Conv2D(filters=32,kernel_size=(1,3),activation='relu'
    ,name='C2'))
model.add(MaxPooling2D(pool_size=(1,2)))
model.add(Conv2D(filters=16,kernel_size=(1,3),activation='relu',name='C3'))
model.add(MaxPooling2D(pool_size=(1,2)))
model.add(Flatten())
model.add(Dense(32,kernel_initializer='normal',activation='relu'))
model.add(Dense(1))
return model
```

以下是模型加载与训练代码。使用 EarlyStopping 模型训练回调配置来避免模型过拟合。利用 Kreas 中的 Callbacks(回调)函数来控制正在训练的模型,观察验证集的正确率变化,保存预测误差最小的模型。

```
from keras.callbacks import Callback,EarlyStopping
from keras.models import model_from_json
from keras import backend as K


class _LossHistory(Callback):
    def __init__(self,fold_index,label):
        self.best=np.inf
        self.fold_index=fold_index
        self.label=label
    de fon_epoch_end(self,epoch,logs=None):
        self.loss=np.mean(logs.get('loss'))
        self.val_loss=np.mean(logs.get('val_loss'))
        filename=''
        if epoch%config['n_epoch_print']==0:
            print("\n%d\t%d\t%d\t%.2f\t%.2f"%(config['random_choise_num'],
                self.fold_index,epoch,self.loss,self.val_loss))
        if self.val_loss<self.best:
            stdout.write('\r')
            stdout.write("%d\t%d\t%d\t%.2f\t%.2f"%(config['random_choise_num'],
                self.fold_index,epoch,self.loss,self.val_loss))
            stdout.flush()
            filename="%s/%d_best_weight%s.h5"%(config['path_model'],self.fold_in-
                              dex,self.label)
```

```
                self.model.save_weights(filename,overwrite=True)
                self.best=self.val_loss
            if epoch==config['epochs']-1:
                stdout.write('\n')
                filename="%s/%d_last_weight%s.h5"%(config['path_model'],self.fold_in-
                                              dex,self.label)
                self.model.save_weights(filename,overwrite=True)


earlystopping=EarlyStopping(monitor='val_loss',min_delta=0,
            patience=50,verbose=1,mode='auto')
history=model.fit(train_x,train_y,
                batch_size=2048,
                epochs=1000,
                verbose=0,
                shuffle=1,
                validation_data=(test_x,test_y),
                callbacks=[_LossHistory(fold_index,label,
                            earlyStopping,checkpoint])
```

4. 模型测试与评估

通过调用模型的评估函数在测试集上测试模型的性能,同时可以将预测的结果可视化并保存,以便更直观地感受真实值与预测值之间的差距。采用以下代码来实现:

```
defpred_and_plot(model,x,y,save_path,label='rul'):
    len_y=len(y)
    len_y=len_y if len_y<=1000 else 1000
    y=y[0:len_y]
    x=x[0:len_y]
    pred=model.predict(x,verbose=0)
    model_score=model.evaluate(x,y,verbose=0,batch_size=len(y)+1)
    len_y=len(y)
    len_y=len_y if len_y<=1000 else 1000
    y=y[0:len_y]
    pred=pred[0:len_y]
    y_arg=np.argsort(y,axis=0)
    y=y[y_arg]
    pred=pred[y_arg]
    print(y.shape,pred.shape)
    sample=np.arange(1,len_y+1,1)
    plt.figure()
    plt.plot(sample,y[:,0],'o',label='Actual')
    plt.plot(sample,pred[:,0],'rx',label='Prediction')
    plt.legend()
    p =plt.gca()
    p.set_xlabel("Test unit with increasing RUL")
```

```
        p.set_ylabel("Remaining useful life")
        p.set_xlim(0,len_y+1)
        p.set_xticks(np.arange(0,len_y+1,10))
        p.set_xticks(np.arange(0,len_y+1,10))
        filename="%s_%s_pred.pdf"%(save_path,label)      # 设置预测结果图的保存路径
        plt.savefig(filename)
        plt.close('all')
        if(label=='rul'):
            print(np.abs(pred-y).astype('int').T)
            print(np.max(np.abs(pred-y).astype('int').T))
```

运行代码后得到的模型预测结果可视化效果如图 7-10 所示。

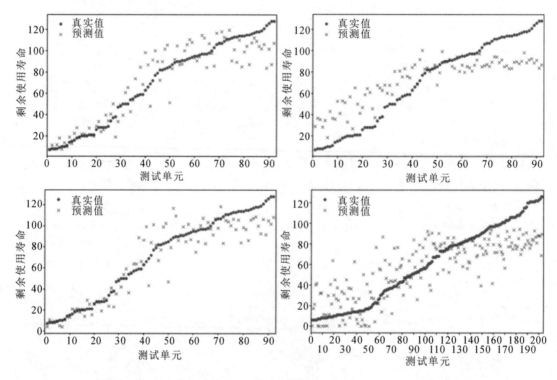

图 7-10　模型预测结果可视化

对于回归问题,可以通过均方误差、得分函数等值来评判一个模型的性能表现,以下是得分函数与均方误差的应用示例代码:

```
def score(true_rul,pred_rul):
h =pred_rul-true_rul
print(true_rul.shape,pred_rul.shape,h.shape,len(h))
rul_score=( greater(h[h>0])+less(h[h<=0]))
rul_score_mean=rul_score/h.shape[0]
mse=np.sum(np.power(h,2.0)/h.shape[0])
returnrul_score,rul_score_mean,mse
```

本示例完整代码请参见本书代码库对应的章节的示例代码。

7.4.3　基于 Halcon 的胶囊缺陷轮廓检测

胶囊数据集

机械产品质量的优劣是衡量一个国家生产力发展水平和现代制造技术水平的重要标准之一，是企业立足于市场的核心竞争力。当今科技迅猛发展，现代工业正朝着高效、大型和集成化方向发展，传统的依赖于人工的质量检测方法具有主观性强、成本高和易产生视觉疲劳的缺点，已不能满足市场对多品种、多规格、高附加值产品的需求。因此，在复杂工业生产过程中，如何采用人工智能、大数据技术，高速度、高精度和高效地进行质量检测，保障制造过程中机械产品的质量逐渐成为制造企业生产领域的首要任务。传统的图像处理方式包括图像平滑、阈值分割、blob 分析等等。对于色彩、轮廓、纹理特征明显的图像，通常将图像转为灰度图，通过选取适合图像特征的阈值进行图像阈值分割，待提取图像特征后，再根据特征的不同进行 blob 分析，最终得到想要的处理结果。

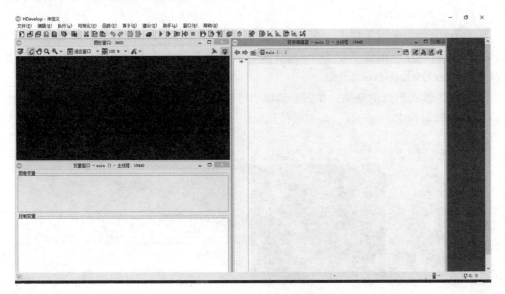

图 7-11　HALCON 主界面

1. 环境配置

HALCON 是德国 MVtec 公司开发的一套完善的标准的机器视觉算法包，拥有应用广泛的机器视觉集成开发环境。它节约了产品成本，缩短了软件开发周期，其灵活的架构便于机器视觉、医学图像和图像分析等方面应用软件的快速开发。

HALCON 支持 Windows10、Windows 8、Windows 7 以及 Linux 系统，安装方式简洁。

图 7-11 为 HALCON 主界面，包括图形窗口、变量窗口、程序编辑器窗口以及功能按钮。图形窗口用于显示经过可视化处理的图像与变量信息，变量窗口用于显示图像处理过程中变量的信息，程序编辑器主要用于程序代码的编辑。

2. 胶囊缺陷轮廓检测代码详解

胶囊缺陷轮廓检测流程如下：

首先将彩色图像转换为更容易处理的灰度图像，在通过直方图均衡化处理之后，灰度图像的特征更为明显，对比度更高。接着，利用阈值分割进行胶囊缺陷轮廓的特征提取，然后通过断开连通区域，选择更适合的区域后将连通区域再次闭合。最后在图形窗口上显示出检测到的胶囊缺陷轮廓。

源代码如下：

```
read_image(Image,'C:/Users/wz/Desktop/test1.jpg')
get_image_size(Image,Width,Height)
rgb1_to_gray(Image,GrayImage)
equ_histo_image(GrayImage,ImageEquHisto)
threshold(ImageEquHisto,Regions,251,255)
connection(Regions,ConnectedRegions)
select_shape(ConnectedRegions,SelectedRegions,'area','and',290.83,628.44)
union2(SelectedRegions,SelectedRegions,RegionUnion)
dev_close_window()
dev_open_window(0,0,Width,Height,'black',WindowID)
dev_display(RegionUnion)
```

1）算子 read_image()

算子 read_image 用于读入一张图像，它主要包括两个参数：第一个参数是读入图像后赋予图像的名称，这里图像名称为 Image；第二个参数是读入图像的地址，这里图像地址为 C:/Users/wz/Desktop/test1.jpg。

图 7-12 为读入图像的效果。在图形窗口中已经将读入的图像显示出来，变量窗口中新出现了一个变量，被命名为 Image。接下来使用 get_image_size()算子获取读入图像的大小。

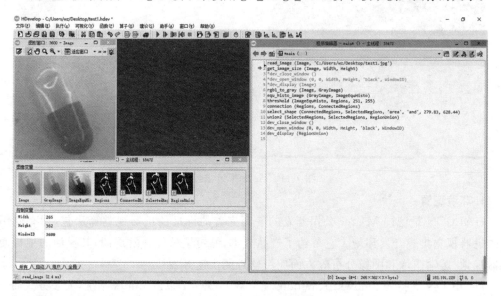

图 7-12　读入图像的效果

2）算子 get_image_size

算子 get_image_size 共有 Image、Width、Height 三个参数。参数 Image 为要获取参数图像的名称；参数 Width、Height 为算子的输出参数，分别为输出图像的宽度和高度。

3）算子 rgb1_to_gray

算子 rgb1_to_gray 的作用是将彩色图像转换为灰度图像。有时为了便于特征提取，将读入的彩色图像进行灰度化转换。rgb1_to_gray 算子共有两个参数。第一个是算子的输入，即待处理的图像名字，为 Image；第二个参数是输出参数 GrayImage，表示一个灰度图像。

图像灰度化处理过程如图 7-13 所示。

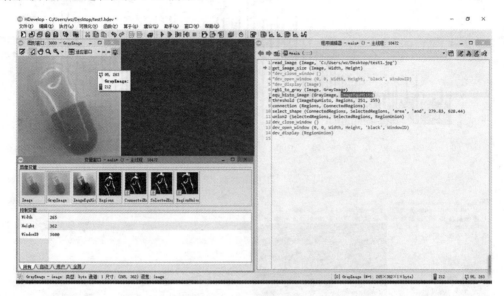

图 7-13 图像灰度化处理

4）算子 equ_histo_image

算子 equ_histo_image 实现的是直方图均衡化效果。图像的直方图展示了图像像素的分布特征，在进行色彩、纹理、特征分明图像的处理时，其图像直方图分布较为明显，根据直方图分布进行图像阈值分割。但由于光照等外界条件的影响，常常遇到图像的直方图分布集中的情况（见图 7-14），通过普通的阈值分割不容易将图像特征完全分割开来。

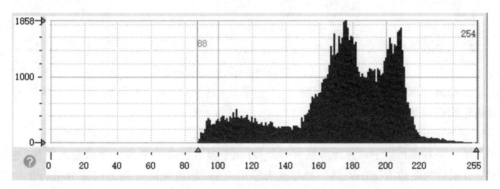

图 7-14 分布集中的直方图

因此，利用算子 equ_histo_image 对图像直方图进行均衡化处理，如图 7-15 所示。直方图经均衡化处理后的图像信息如图 7-16 所示。

算子 equ_histo_image 有两个参数。第一个参数为输入图像，这里输入之前进行灰度化处理之后的图像 GrayImage；第二个参数为直方图经均衡化的输出图像 ImageEquHisto。

5）算子 threshold

图像直方图经均衡化之后，要选取较为适合的两个阈值对图像进行阈值分割。算子 threshold 的作用即是对待处理图像进行阈值分割。它有四个参数，第一个参数 ImageEquHisto 是输入待处理图像的名称，值得注意的是，这里输入的是直方图均衡化后的图像 ImageEquHisto。第二个参数 Regions 表示阈值分割后的输出图像。后面两个参数分别是阈值

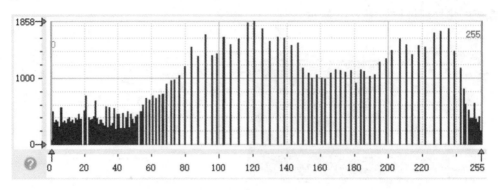

图 7-15　直方图均衡化效果

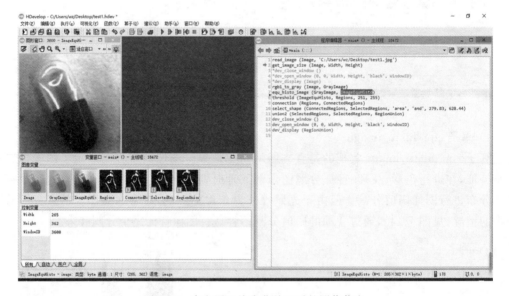

图 7-16　直方图经均衡化处理后的图像信息

分割需要的最小阈值和最大阈值。图 7-17 所示为图像经阈值分割后的效果（表面胶囊的凹陷缺陷轮廓已经找到）。

6）算子 connection

算子 connection 用于将连通区域分开，它有两个参数。第一个参数表示输入图像，这里输入阈值分割后的图像 Regions；第二个参数为输出变量，是将阈值分割出的部分进行小块划分的结果，将其命名为 ConnectedRegions。图 7-18 中的彩色小块为断开的一个个独立的区域。

7）算子 select_shape

算子 select_shape 的作用是选择需要连通区域。在上一步将连通区域断开后，利用算子选择需要的区域进行后处理。select_shape 算子共有六个参数。第一个参数 Connected-Regions 是算子的输入，用于选择上一步断开的连通区域变量图；第二个参数 SelectedRegions 是算子的输出；第三和第四个参数是选择区域的条件，根据区域大小进行选择，并且是包含关系，因此，分别选择'area'和'and'参数；最后两个参数是区域大小的范围，根据实际情况分别选择 279.83 和 628.44。

8）算子 union2

算子 union2 的作用是将上一步选择的区域再次进行合并，得到一个新的特征图。它共

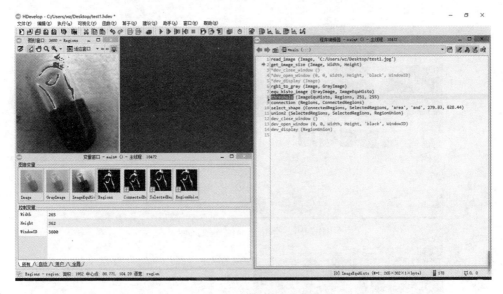

图 7-17　图像阈值分割

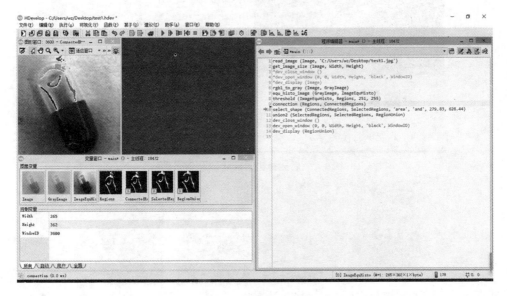

图 7-18　断开连通区域

有三个参数：第一个和第二个是算子的输入，这里都选择之前选择的图像特征 SelectedRe-gions；第三个参数 RegionUnion 是算子的输出。图 7-19 为合并连通区域之后的结果。

9）算子 dev_close_window、dev_open_window、dev_display

算子 dev_close_window、dev_open_window、dev_display 这三个算子用于操作图形显示窗口。首先为了看起来清爽简洁，使用 dev_close_window()时把之前的窗口关掉。

接着用 dev_open_window 算子打开一个新的窗口，窗口采用与原图像一样的宽度和高度，窗口内部为黑色。

最后用 dev_display 算子将最后选择出的胶囊缺陷轮廓显示出来，如图 7-20 所示。

3. 实验结果

图 7-21 为胶囊缺陷轮廓检测实验结果。各行源代码对应的实验结果如表 7-8 所示。

图 7-19　合并选择的连通区域

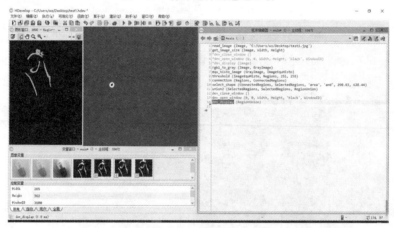

图 7-20　最后选择出的胶囊缺陷轮廓显示

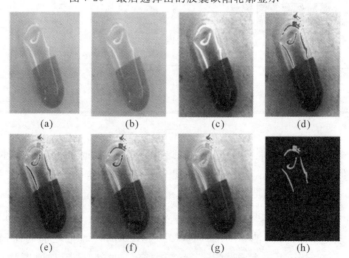

| (a) | (b) | (c) | (d) |
| (e) | (f) | (g) | (h) |

图 7-21　胶囊缺陷检测实验结果

表 7-8　各行源代码对应的实验结果

实验图序号	(a)	(b)	(c)	(d)	(e)	(f)	(g)	(h)
源代码(行)	1	3	4	5	6	7	8	10

7.4.4　基于 YOLOv3 的胶囊缺陷检测

基于深度学习的图像处理技术是目前较为新颖且应用广泛的数字图像处理技术。在实验中,我们通过收集大量的图形图像样本,对搭建的深度神经网络进行针对性模型训练,最终获得一个能较好拟合样本图像特征的深度神经网络模型,利用此模型进行新图像的特征检测与定位。

质量检测数据集

1. 环境配置

YOLOv3 是 YOLO 系列目标检测算法的第三代算法,采用了端到端的卷积神经网络结构。借鉴残差网络结构,形成更深的网络层次和多尺度检测,提升了平均精准率(mAP)及小物体检测效果。如图 7-22 所示,在精确度相当的情况下,YOLOv3 的速度是其他模型的 3~4 倍。

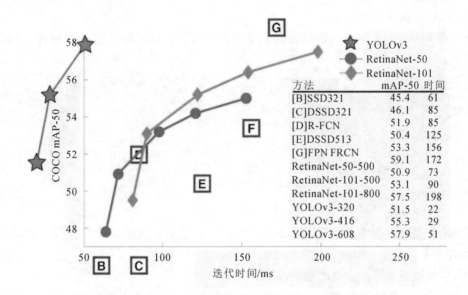

方法	mAP-50	时间
[B]SSD321	45.4	61
[C]DSSD321	46.1	85
[D]R-FCN	51.9	85
[E]DSSD513	50.4	125
[G]FPN FRCN	53.3	156
	59.1	172
RetinaNet-50-500	50.9	73
RetinaNet-101-500	53.1	90
RetinaNet-101-800	57.5	198
YOLOv3-320	51.5	22
YOLOv3-416	55.3	29
YOLOv3-608	57.9	51

图 7-22　YOLOv3 算法与其他目标检测算法对比

YOLOv3 是一个开源的计算机视觉算法(其代码与使用方法获取路径为 https://pjreddie.com/darknet/yolo/)。在使用深度学习工具进行图像目标检测之前,需要获取目标图像的数据集并对其进行数据标注。目前主流的图像标注工具有开源的 labelme、labelimage 等。

YOLOv3 的安装环境以 Ubuntu16.04 系统为例。基础环境为 python3 环境,建议安装 Anaconda 进行 Python 环境管理。在 Python3 环境下采用如下代码安装 labelme。

```
sudo apt-get install python3-pyqt5
sudo pip3 install labelme
```

在安装完 labelme 后使用工具进行图像标注,并整理好需要训练的图像数据集。本案例提供部分已经标注好的数据集,仅供读者进行 YOLOv3 的实验。

首先,下载编译 darknet 深度学习框架学习代码如下:

```
git clone https://github.com/pjreddie/darknet
cd darknet
```

接着修改配置文件 Makefile(如何使用 gpu 可参考):

```
GPU=1       # 如果使用 GPU 设置为 1,如果使用 CPU 则设置为 0
CUDNN=1     # 如果使用 CUDNN 设置为 1,否则设置为 0
OPENCV=0    # 如果调用摄像头,设置 OPENCV 为 1,否则设置为 0
OPENMP=0    # 如果使用 OPENMP 设置为 1,否则设置为 0
DEBUG=0     # 如果使用 DEBUG 设置为 1,否则设置为 0
```

然后,在 darknet 终端目录下开始编译,输入:

```
make
```

下载 YOLOv3 预训练模型,代码为

```
wget https://pjreddie.com/media/files/yolov3.weights
```

下载完成后可以先测试一下是否安装成功,测试代码为

```
./darknet detect cfg/yolov3.cfg yolov3.weights data/dog.jpg
```

2. 实验步骤

（1）创建数据集文件夹。

首先在 darknet 文件夹下创建数据集文件夹,格式与 VOC2007 数据集格式相同,具体格式如下。

```
VOCdevkit
VOC2007
    Annotations
    ImageSets
        Layout
        Main
        Segmentation
    JPEGImages
```

将所有训练图片复制到 JPEGImage 文件夹下,将所有对应的 xml 文件复制到 Annotations 文件夹下。

（2）生成模型训练所需要的数据标签。

在 VOC2007 目录下新建 main.py 文件,会在 Main 文件夹下生成四个 txt 文本文件。main.py 的作用是将所有的数据集分成四份,分别是测试集 test.txt、训练集 train.txt、验证集 val.txt 以及训练集合的验证集 trainval.txt。这四个文本文件中包含着对应图像的名称,在训练时可以根据需要进行训练数据的选择。

接着,在 darknet 文件夹中新建 voc_label.py 文件,其中 classes=["sunk-position","sunk","normal"],classes 变量为要训练的图像中不同类别的名字,这里胶囊共有三种类别,给它们分别命名为"sunk-position","sunk","normal"。

运行 voc_label.py 文件后会在 darknet 文件夹下生成三个文本文件,分别为 2007_test.txt、2007_train.txt 和 2007_val.txt。它们包含着对应图像的名字和存放的路径,以便模型训练、验证与测试时调用图像。同时,在 VOC2007 文件夹中会生成 labels 文件夹,其中包含所有参与训练图像的标注标签。

（3）修改配置文件。

在 darknet/cfg 文件夹中打开 yolov3-voc.cfg 文件,搜索 yolo,总共会搜出三个含有 yolo 的地方,根据自己的分类数修改,如图 7-23 所示。

这里主要进行修改的有两部分,第一个是[yolo]层上面两行的 filters 变量,根据 filters

```
[convolutional]
size=1
stride=1
pad=1
filters=24
activation=linear

[yolo]
mask = 6,7,8
anchors = 46,113,  87,68,  25,29,  59,111,  35,39,  81,84,  89,53,  72,101,  190,169
classes=3
num=9
jitter=.3
ignore_thresh = .5
truth_thresh = 1
random=0
```

图 7-23　修改的配置文件

$=3×(5+\text{len}(\text{classes}))$进行修改。这里 classes$=3$，因为实例中只有三类胶囊，因此 filters $=3×(5+3)=24$。同理，将[yolo]层下面的 classes 变量修改为 3。原版本中 classes$=80$，这是因为作者的数据集中有着 80 类不同的图像数据。其他变量暂时不需要修改，可根据后期模型训练过程与模型拟合效果进行逐步调参。

在 yolov3-voc. cfg 文件中包含着许多训练过程中的超参数设置，这里简要介绍几个较为常用的超参数设置：

```
[net]
# Testing              # 测试模式
# batch=1              # 训练模式,每次前向传播的图片数目=batch/subdivisions
# subdivisions=1
# Training
batch=64
subdivisions=16
width=416              # 网络的输入宽、高、通道数
height=416
channels=3            # 图像通道数
momentum=0.9          # 动量
decay=0.0005          # 权重衰减
angle=0               # 训练过程中对图像做图像增强,随机旋转角度
saturation=1.5        # 饱和度
exposure=1.5          # 曝光度
hue=.1                # 色调
learning_rate=0.001   # 学习率
burn_in=1000          # 学习率控制的参数
max_batches=50200     # 迭代次数
policy=steps          # 学习率策略
steps=40000,45000     # 学习率变动步长
```

在 darknet/data 中打开 voc. names 文件，将其中的名字修改为实例中胶囊类别的名字，如图 7-24 所示。

在 darknet/cfg 中打开 voc. data 文件，如图 7-25 所示，将其中的 train 路径、valid 路径修

改为 2007_train. txt、和 2007_val. txt 文件路径。同时,将 classes 修改为 3,表示只有三个类别。names 变量是定义的三个胶囊种类的名称,backup 是保存模型权重的文件夹名称。

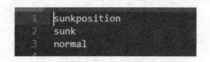

图 7-24   voc. names 文件示意图　　　　　图 7-25   voc. data 文件示意图

(4) 开始训练。

在 darknet 文件夹下打开终端,代码为:

```
./darknet detector train cfg/voc.data cfg/yolov3-voc.cfg darknet53.conv.74
```

(5) 进行模型测试,代码为

```
./darknet detect cfg/ yolov3-voc.cfg backup/my_yolov3.weights test.jpg
```

3. 实验结果

图 7-26 为使用 YOLOv3 对胶囊进行缺陷检测的实验结果,在迭代 50200 次之后,模型对胶囊的缺陷有着不错的拟合效果。相比传统的图像处理方法,深度学习方法不需要人为地进行特征提取,模型能更好地自动学习并提取出图像的特征,模型的鲁棒性更强。但深度学习方法比较依赖丰富、多样性的数据集以及硬件计算设备的支持,计算处理速度相对传统算法而言较慢。

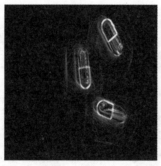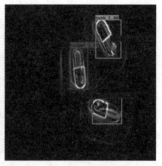

图 7-26   YOLOv3 胶囊缺陷检测实验结果

4. 源代码

基于 YOLOV3 的胶囊检测源代码如下。

```
main.py
import os
import random

trainval_percent=0.3
train_percent=0.7
xmlfilepath='Annotations'
txtsavepath='ImageSets/Main'
total_xml=os.listdir(xmlfilepath)

num=len(total_xml)
list=range(num)
tv=int(num* trainval_percent)
```

```
tr=int(tv* train_percent)
trainval=random.sample(list,tv)
train=random.sample(trainval,tr)

ftrainval=open(txtsavepath+'/trainval.txt','w')
ftest=open(txtsavepath+'/test.txt','w')
ftrain=open(txtsavepath+'/train.txt','w')
fval=open(txtsavepath+'/val.txt','w')
for i in list:
    name=total_xml[i][:-4]+'\n'
    if i in trainval:
        ftrainval.write(name)
        if i in train:
            ftrain.write(name)
        else:
            fval.write(name)
    else:
        ftest.write(name)

ftrainval.close()
ftrain.close()
fval.close()
ftest.close()
voc_label.py
importxml.etree.ElementTree as ET
import pickle
importos
fromos import listdir,getcwd
fromos.path import join
sets=[('2007','train'),('2007','val'),('2007','test')]

classes=["sunk-position","sunk","normal"]

def convert(size,box):
    dw=1./size[0]
    dh =1./size[1]
    x=(box[0]+box[1])/2.0
    y=(box[2]+box[3])/2.0
    w =box[1]- box[0]
    h =box[3]- box[2]
    x=x*dw
    w=w*dw
    y=y*dh
    h=h*dh
```

```
            return(x,y,w,h)

    def convert_annotation(year,image_id):
        in_file=open('VOCdevkit/VOC%s/Annotations/%s.xml'%(year,image_id))
        out_file=open('VOCdevkit/VOC%s/labels/%s.txt'%(year,image_id),'w')
        tree=ET.parse(in_file)
        root =tree.getroot()
        size =root.find('size')
        w=int(size.find('width').text)

        h=int(size.find('height').text)
        for obj inroot.iter('object'):
            difficult =obj.find('difficult').text
            cls=obj.find('name').text
            if cls not in classes or int(difficult)==1:
                continue
            cls_id=classes.index(cls)
            xmlbox=obj.find('bndbox')
            b=(float(xmlbox.find('xmin').text),float(xmlbox.find('xmax').text),float
(xmlbox.find('ymin').text),float(xmlbox.find('ymax').text))
            bb=convert((w,h),b)
            out_file.write(str(cls_id)+" "+" ".join([str(a)for a in bb])+'\n')
    wd =getcwd()
    for year,image_set in sets:
        if notos.path.exists('VOCdevkit/VOC%s/labels/'%(year)):
            os.makedirs('VOCdevkit/VOC%s/labels/'%(year))
        image_ids=open('VOCdevkit/VOC%s/ImageSets/Main/%s.txt'%(year,image_set)).read
().strip().split()
        list_file=open('%s_%s.txt'%(year,image_set),'w')
        for image_id in image_ids:
            list_file.write('%s/VOCdevkit/VOC%s/JPEGImages/%s.jpg\n'%(wd,year,image_
id))
            convert_annotation(year,image_id)
    list_file.close()
```

7.5　产品创新大数据分析

7.5.1　基于 GAN 的生成设计方案

生成式对抗网络(GAN)是 2014 年提出的一种生成式模型,其核心思想源于博弈论中的二人零和博弈。二人零和博弈是指二人的利益之和为零,一方的所得正是另一方的所失。GAN 的优化过程是一个极小极大博弈问题,优化目标是达到纳什均衡。如图 7-27 所示,

GAN 由生成器模型 G 和判别式模型 D 组成,任意可微分的函数都可以用来表示 G 和 D,它们的输入分别为真实数据 x 和随机变量 z。$G(z)$ 为生成式模型 G 生成的服从真实数据分布 Pdata(x) 的样本。若判别器的输入为真实数据,则标注为 1;若输入样本为$G(z)$,则标注为 0。判别器模型 D 是一个二分类器,其目的是判别数据来源,即来源于真实数据 x 的分布(真)或者来源于生成器的伪数据 $G(z)$(伪),而生成器模型的目标是使自己生成的伪数据 $G(z)$ 在判别器模型上的表现和真实数据 x 在判别器模型上的表现一致,即使 $D(G(z))=D(x)$。这两个相互对抗并迭代优化的过程使得 D 和 G 的性能不断提升。当最终 D 的判别能力提升到一定程度,并且无法正确判别数据来源时,可认为这个生成器 G 已经学习到了真实数据的分布。

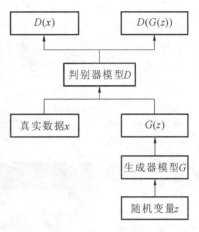

图 7-29　GAN 基本流程

1. 自动生成新对象

图 7-28(a)是自动生成新的动漫人物头像案例的结果,该案例要求从 20 万张动漫头像中学习动漫人物头像的特征分布,利用程序自动生成数据集中没有的新的动漫人物头像。图 7-28(b)是将猫脸数据集用于训练后得到的适用于生成猫脸图像的生成器生成的猫脸。

(a)自动生成的动漫人物头像

(b)自动生成的猫脸

图 7-28　自动生成新图像

2. 涂鸦生成对象

通过生成器,用户只需进行简单的涂鸦即可绘制出近乎真实的图像。图 7-29(a)为由用户涂鸦生成的鞋子,图 7-29(b)为由用户涂鸦生成的风景照,从图中可以看出图 7-29(b)的生成效果更逼真。GAN 图像生成并不是像在 Photoshop 里贴一个图层那样,简单地把图形贴上去,而是根据相邻两个图层之间的对应关系对边缘进行调整。

3. 产品形状和颜色的改变

图 7-30 是平底鞋和高跟鞋之间的转换案例,包括鞋形状的转变和颜色的转变。在转换过程中会生成一系列的中间迭代鞋,这些新生成的鞋可以供用户挑选。

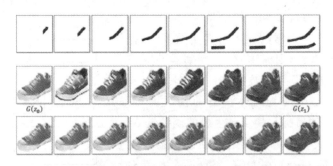

(a) 涂鸦生成的鞋子

(b) 涂鸦改变图像

图 7-29　涂鸦生成对象

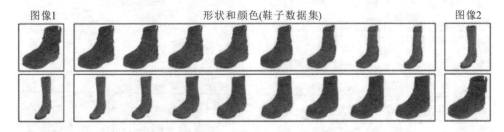

图 7-30　改变对象形状和颜色

4. 草图着色

图 7-31 是为产品草图自动着色的示例。基于 GAN 的产品草图自动着色提高了产品设计的效率,使产品设计向着自动化和智能化方向发展。

5. 风格迁移

图 7-32 是通过生成器自动生成具有内容图产品造型特征和风格图风格特征的图像示例。其中,图像产品造型特征指产品的造型轮廓;风格特征包括图像的颜色特征和纹理特征。基于 GAN 的风格迁移还可以应用于产品个性化定制中,它允许用户选择自己喜好的风格图,使生成的产品满足用户喜好。接下来将以风格迁移为案例,详细介绍设计方案的生成。

1) 环境配置

神经风格迁移模型是风格迁移的核心,本章使用 Python 编程语言构建该模型,实验在

输入　　　输出　　　　输入　　　输出　　　　输入　　　输出

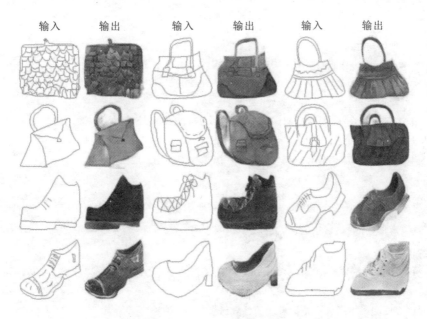

图 7-31　草图自动着色示例

图 7-32　自动风格迁移示例

带有 Intel i9-7900X 和 Nvidia Tian Xp 的 Dell Precision 工作站上运行。

（1）硬件硬件配置如下。

```
CPU:Intel © Corei-7900X(3.30GHz x 10 cores,20 threads)
GPU:NVIDIA © Titan Xp(Architecture:Pascal,Frame buffer:12GB)
Memory:32GB DDR4
```

（2）操作系统　操作系统采用 Ubuntu 16.04.03 LTS。

（3）软件实验用计算机配置软件包括 Python 3.6.2、NumPy 1.11.1、TensorFlow 1.3.0、SciPy 0.18.1、CUDA 8.0.61、cuDNN 6.0.21。

2）风格迁移代码详解

风格迁移代码如下。

```
# 模块导入
from __future__ import print_function
import numpy as np
import tensorflow as tf
from style_transfer_net import StyleTransferNet
from utils import get_train_images
STYLE_LAYERS=('relu1_1','relu2_1','relu3_1','relu4_1')
# 参数设置
TRAINING_IMAGE_SHAPE=(256,256,3)      # 图像大小和色彩通道
EPOCHS=16      # 迭代次数
EPSILON=1e-5
BS=8      # 批尺寸
LEARNING_RATE=1e-4      # 学习率
# 训练模型定义
    def train(style_weight,content_imgs_path,style_imgs_path,encoder_path,save_
path,debug=False,logging_period=100):
# 确保内容图和风格图大小是批尺寸的整数倍
    num_imgs=min(len(content_imgs_path),len(style_imgs_path))
    content_imgs_path=content_imgs_path[:num_imgs]
    style_imgs_path=style_imgs_path[:num_imgs]
    mod =num_imgs%BS
    if mod>0:
        content_imgs_path=content_imgs_path[:-mod]
        style_imgs_path=style_imgs_path[:-mod]   # 获取图像大小
    H,W,C=TRAINING_IMAGE_SHAPE
    INPUT_SHAPE=(BS,H,W,C)
    withtf.Graph().as_default(),tf.Session()as sess:
        content =tf.placeholder(tf.float32,shape=INPUT_SHAPE,name='content')
        style =tf.placeholder(tf.float32,shape=INPUT_SHAPE,name='style')
# 创建神经风格迁移网络
        stn=StyleTransferNet(encoder_path)
# 将内容和风格传递给神经风格迁移网络,生成图像
        generated_img=stn.transform(content,style)
# 得到目标特征图
        target_features=stn.target_features
# 将生成的图像传递给编码器,并计算损失
        generated_img=tf.reverse(generated_img,axis=[-1])
        generated_img=stn.encoder.preprocess(generated_img)
        enc_gen,enc_gen_layers=stn.encoder.encode(generated_img)
# 计算内容损失
        content_loss=tf.reduce_sum(tf.reduce_mean(tf.square(enc_gen-target_fea-
tures),axis=[1,2]))
# 计算风格损失
```

```python
        style_layer_loss=[]
    for layer in STYLE_LAYERS:
        enc_style_feat=stn.encoded_style_layers[layer]
        enc_gen_feat=enc_gen_layers[layer]
        meanS,varS=tf.nn.moments(enc_style_feat,[1,2])
        meanG,varG=tf.nn.moments(enc_gen_feat,[1,2])
        sigmaS=tf.sqrt(varS+EPSILON)
        sigmaG=tf.sqrt(varG+EPSILON)
        l2_mean =tf.reduce_sum(tf.square(meanG-meanS))
        l2_sigma =tf.reduce_sum(tf.square(sigmaG-sigmaS))
        style_layer_loss.append(l2_mean+l2_sigma)
        style_loss=tf.reduce_sum(style_layer_loss)
```

计算总损失

```python
    loss =content_loss+style_weight*style_loss
```

模型训练

```python
    train_op=tf.train.AdamOptimizer(LEARNING_RATE).minimize(loss)
    sess.run(tf.global_variables_initializer())
    saver =tf.train.Saver(keep_checkpoint_every_n_hours=1)
    step=0
    n_batches=int(len(content_imgs_path)// BS)
    try:
        for epoch inrange(EPOCHS):
          np.random.shuffle(content_imgs_path)
          np.random.shuffle(style_imgs_path)
          for batch in range(n_batches):
              content_batch_path=content_imgs_path[batch*BS:(batch*BS+BS)]
              style_batch_path=style_imgs_path[batch*BS:(batch*BS+BS)]
              content_batch=get_train_images(content_batch_path,crop_height=
              H,crop_width=W)
               style_batch=get_train_images(style_batch_path,crop_height=H,
               crop_width=W)
              sess.run(train_op,feed_dict={content:content_batch,style:style_
              batch})
              step+=1
              if step%1000 ==0:
                saver.save(sess,save_path,global_step=step)
              if debug:
                is_last_step=(epoch ==EPOCHS-1) and(batch ==n_batches-1)
                  if is_last_step or step%logging_period ==0:

_content_loss,_style_loss,_loss=sess.run([content_loss,style_loss,loss]
                feed_dict={content:content_batch,style:style_batch})
```

3）实验结果

随机选取 6 款女装外套图像作为内容图输入（图 7-33 中的 content image 1，content image 2、content image 3、content image 4、content image 5、content image 6），选取的 6 张彩色图像作为风格图输入（图 7-33 中的 style image 1、style image 2、style image 3、stylet image 4、style image 5、style image 6）。6 张内容图和 6 张风格图像构成了 6 组"内容图-风格图"图组，将"内容图-风格图"图组输入训练好的神经风格迁移模型，得到图 7-33 中的迁移结果 result 1、result 2、result 3、result 4、result 5、result 6。

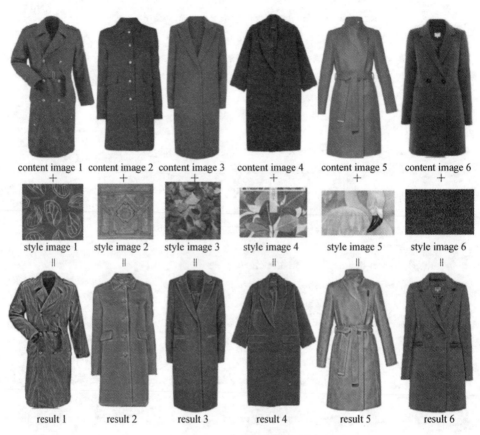

图 7-33　女装外套风格迁移

本 章 小 结

在当前各个领域的行业中，大数据分析技术的应用已十分广泛。大数据分析技术在预测企业的发展、行业的未来走向方面发挥了智能化的决策和指导作用，可以帮助企业在全行业激烈的竞争中脱颖而出。目前，越来越多的企业对数据分析有了全新的认识和前所未有的重视。本章介绍了大数据分析技术在材料、旅游、交通、工业以及产品创新方面的实际应用案例，各个案例都包含了相应的代码讲解，可供学生将大数据分析技术应用到实际生活中。

习　　题

1.什么是网络爬虫？

2.通过网络爬虫获取的网络评论往往需要过滤哪些噪声信息？

3.请用基于 HowNet 字典的情感分析技术分析如下句子的情感倾向：

(1) 酒店住宿环境很好。

(2) 这里景色很美，但门票有些偏贵。

(3) 万里长城不能不说是历史上的一个伟大奇迹。

4.若句中存在否定副词，词块情感值的计算有哪几种情况？

5.试用 Python 编写程序，利用 word2vec 工具，计算"价格"的 10 个最相似词。

6.RGB 颜色空间和 HSV 颜色空间有什么不同？

参 考 文 献

[1] 黄合水,彭丽霞.基于新闻大数据的中国城市时尚形象研究[J].厦门大学学报(哲学社会科学版),2019(04):131-140.

[2] 楼旭明,徐菲.基于SVM的动态物流大数据有效信息提取算法[J].统计与决策,2019(14):79-82.

[3] 佘维,陈建森,刘琦,等.一种面向医疗大数据安全共享的新型区块链技术[J].小型微型计算机系统,2019,40(7):1449-1454.

[4] 李傲,王娅.智慧法院建设中的"战略合作"问题剖判[J].安徽大学学报(哲学社会科学版),2019,43(4):68-74.

[5] 刘军,冷芳玲,李世奇,等.基于HDFS的分布式文件系统[J].东北大学学报(自然科学版),2019,40(6):795-800.

[6] 刘丹,黄海涛,王保兴,等.基于数字孪生的再制造车间作业模式[J].计算机集成制造系统,2019,25(6):1515-1527.

[7] 胡小强,吴翾,闻立杰,等.基于Spark的并行分布式过程挖掘算法[J].计算机集成制造系统,2019,25(4):791-797.

[8] 张良均,樊哲,位文超.Hadoop与大数据挖掘[M].北京:机械工业出版社,2017.

[9] 林子雨.大数据技术原理与应用[M].2版.北京:人民邮电出版社,2017.

[10] 黄宏程,舒毅,欧阳春.大数据之美:挖掘、Hadoop、构架,更精准地发现业务与营销[M].北京:电子工业出版社,2016.

[11] 戴伟.云环境下大数据分析平台关键技术研究[M].北京:中国水利水电出版社,2017.

[12] 朱洁,罗华霖.大数据架构详解:从数据获取到深度学习[M].北京:电子工业出版社,2016.

[13] 朱凯.企业级大数据平台构建:架构与实现[M].北京:机械工业出版社,2016.

[14] 梅雅鑫.阿里云面向5G,云数据库势在必行[J].通信世界,2019(19):31.

[15] 佚名.腾讯云新一代数据库GynosDB[J].网络安全和信息化,2018(12):15.

[16] CASSOU-NOGUES P. The unity of events:Whitehead and two critics,russell and bergson[J]. The Southern Journal of Philosophy,2005,43(4):545-559.

[17] SANDERSON M,CROFT W B. The history of information retrieval research [J]. Proceedings of the IEEE,2012,100(13):1444-1451.

[18] SALTON G,WONG A,YANG C S. A vector space model for automatic indexing[J]. Communications of the ACM,1975,18(11):613-620.

[19] SALTON G,YANG C S. On the specification of term values in automatic inde-

xing[J]. Journal of Documentation,1973,29(4):351-372.

[20] NALLAPATI R,FENG A,PENG F,et al. Event threading within news topics [DB/OL]. [2020-04-05]. http://www. cs. cmu. edu/~nmramesh/p425-nallapati. pdf.

[21] MASTERMAN M. Semantic message detection for machine translation,using an interlingua[DB/OL]. [2020-04-05]. http://www. mt-archive. info/50/NPL-1961-Masterman. pdf.

[22] MCCALLUM A. Information extraction:Distilling structured data from unstructured text. Queue,2005,3(9):48-57.

[23] DODDINGTON G,MITCHELL A,PRZYBOCKI M,et al. The automatic content extraction(ACE)program tasks,data,and evaluation[DB/OL]. [2020-03-12]. http:// www. lrec-conf. org/proceedings/lrec2004/pdf/5. pdf.

[24] AHN D. The stages of event extraction[DB/OL]. [2020-03-12] https://www. aclweb. org/anthology/W06-0901. pdf.

[25] JI H,GRISHMAN R. Knowledge base population:Successful approaches and challenges[DB/OL]. [2020-03-12]. https://www. aclweb. org/anthology/P11-1115. pdf.

[26] ANGEL A,KOUDAS N,SARKAS N,et al. Dense subgraph maintenance under streaming edge weight updates for real=time story identification[J]. The VLDB Journal, 2014,23:175-199.

[27] PISKORSKI J, TANEV H, ATKINSON M,et al. Online news event extraction for global crisis surveillance[J]. Transactions on computational collective intelligence V,2011:182-212.

[28] RAMAKRISHNAN N,BUTLER P,MUTHIAH S,et al. 'beating the news' with embers:Forecasting civil unrest using open source indicators[DB/OL]. [2020-04-02]. http://www. cs. umd. edu/~srin/PDF/2014/embers-conf. pdf.

[29] SINGHAL A. Modern information retrieval:A brief overview[J]. IEEE Data Engneering Bulletin,24(4):35-43,2001.

[30] BAEZA-YATES R, RIBEIRO-NETO B, et al. Modern information retrieval [M]. UPPER SADDLE RIVER,NEW JERSEY:Addision Wesley,1999.

[31] ELIOT S, ROSE J. A companion to the history of the book[M]. Hoboken, New Jersey:John Wiley & Sons,2009.

[32] HARMAN D. Overview of the firsttrec conference[DB/OL]. [2020-02-23]. https://www. deepdyve. com/lp/association-for-computing-machinery/overview-of-the-first-trec-conference-58ObOaYj1v.

[33] GREENGRASS E. Information retrieval:A survey[DB/OL]. [2020-02-23]. https://www. ixueshu. com/document/0317bdd5dd0ad7f0318947a18e7f9386. html.

[34] MANNING C D,RAGHAVAN P,SCHÜTZE H. Introduction to information retrieval[M]. Cambridge:Cambridge university press Cambridge,2008.

[35] CARPINETO C,ROMANO G. A survey of automatic query expansion in information retrieval[DB/OL]. [2020-02-23]. http://www. iro. umontreal. ca/~nie/IFT6255/ carpineto-Survey-QE. pdf.

[36] GREIFF W R,CROFT W B,TURTLE H. Computationally tractable probabi-

listic modeling of boolean operators[C]//. ACM. ACM SIGIR Forum. New York: The ACM Press,1997:119-128.

[37]　LIDDY E D. Enhanced text retrieval using natural language processing[J]. Bulletin of the American Society for Information Science and Technology,1998,24(4):14-16.

[38]　LEE D,CHUANG H,SEAMONS K. Document ranking and the vector space model[J]. IEEE Software,IEEE,1997,14(2):67-75.

[39]　COWIE J,LEHNERT W. Information extraction[J]. Communications of the ACM,1996,39(1):80-91.

[40]　GAIZAUSKAS R,YORICK W. Information extraction:Beyond document retrieval[J]. Journal of documentation,1998,54(1):70-105.

[41]　GRISHMAN R. Information extraction:Techniques and challenges[C]// PAZIENZA M T. SCIE 1997:Information Extraction A Multidisciplinary Approach to an Emerging Information Technology,Berlin:Springer,1997:10-27.

[42]　MOENS M F. Information extraction:Algorithms and prospects in a retrieval context[M]. Berlin:Springer,2006.

[43]　SCHANK R C. Conceptual dependency:A theory of natural language understanding[J]. Cognitive psychology,1972,3(4):552-631.

[44]　Gerald DeJong. Skimming newspaper stories by computer[C]//Anon. Proceedings of the 5th international joint conference on Artificial intelligence-Volume 1. San Francisco:Morgan Kaufmann Publishers Inc. ,1977:16.

[45]　LEHNERT W G. Plot units and narrative summarization * . Cognitive Science,1981,5(4):293-331.

[46]　RUMELHART D E. Notes on a schema for stories[M]//BOBROW D G,COLLINS A. Representation and understanding:Studies in cognitive science. Orlando:Academic Press,1975:211-236.

[47]　HAHN U. Making understanders out of parsers:Semantically driven parsing as a key concept for realistic text understanding applications. International Journal of Intelligent Systems,1989,4(3):345-393.

[48]　ERL THOMAS,WAJID K,BUHLER P. 大数据导论[M]. 北京:机械工业出版社,2017.

[49]　马惠芳. 非结构化数据采集和检索技术的研究和应用[D]. 上海:东华大学,2013.

[50]　陈明. 大数据概论[M]. 北京:科学出版社,2015.

[51]　高明,陆宏治,梁雪青. 电力系统非结构化数据处理方法研究[J]. 现代信息科技. 2019,3(17):9-11,14.

[51]　唐玉. 基于. NET 技术的楼盘销售管理系统的设计与开发[D]. 天津:天津大学,2012.

[52]　张尧学,胡春明. 大数据导论[M]. 北京:机械工业出版社,2018.

[53]　王静远,李超,熊璋,等. 以数据为中心的智慧城市研究综述[J]. 计算机研究与发展. 2014,51(2):239-259.

[54]　李光亚,张鹏翥,孙景乐,等. 智慧城市大数据[M]. 上海:上海科学技术出版

社,2015.

[55] 沈国江,张伟.城市道路智能交通控制技术[M].北京:科学出版社,2015.

[56] 刘默,张田.工业互联网产业发展综述[J].电信网技术.2017(11):26-29.

[57] 孙书琼.基于JSON的异构数据集成的研究[D].云南:云南大学,2017.

[58] 黄洋.基于SSH架构与本体的异构数据集成技术研究[D].北京:北京邮电大学,2015.

[59] HAN J,MICHELING K.数据挖掘:概念与技术[M].3版.北京:机械工业出版社,2012.

[60] 舒娜,刘波,林伟伟,等.分布式机器学习平台与算法综述[J].计算机科学,2019,46(3):15-24.

[61] 张超.基于云平台的个性化电影推荐算法研究[D].贵州:贵州大学,2015.

[62] 王骏,王士同,邓赵红.聚类分析研究中的若干问题[J].控制与决策,2012,27(3):321-328.

[63] ANIL R,OWEN S,DUNNING T,et al. Mahout in action[M]. GREENWICH: Manning Publications,2011.

[64] KUMAR T S,PANDEY S. Costomization of recommendation system using collaborative filtering algorithm on cloud using mahout[J]. Advances in Intelligent Systems & Computing,2015,3(19):39-43.

[65] BAGCHI S. Performance and quality assessment of similarity measures in collaborative filtering using Mahout[J]. Procedia Computer Science,2015,50:229-234.

[66] YU J Y. Design of distributed recommendation engine based on Hadoop and Mahout[J]. Applied Mechanics and Materials,2014,641-642:1284-1286.

[67] RAJARAMAN A,ULLMAN J D.大数据:互联网大规模数据挖掘与分布式处理[M].北京:人民邮电出版社,2012.

[68] WITTEN I H,FRANK E,HALL M A. Data mining:practical machine learning tools and techniques[M]. 3rd ed. San Francisco:Morgan Kaufmann Publishers,2005.

[69] MENG X,BRADLEY J,YAVUZ B,ET AL. MLlib:machine learning in apache spark[J]. Journal of Machine Learning Research,2015,17(1):1235-1241.

[70] 李彦广.基于Spark+MLlib分布式学习算法的研究[J].商洛学院学报,2015,29(2):16-19.

[71] 王雪萍.基于聚类的协同过滤算法在网站推荐中的应用[D].北京:北京大学,2012.

[72] 杨传辉.大规模分布式存储系统:原理解析与架构实战[M].北京:机械工业出版社,2013.

[73] 刘军,林文辉,方澄.Spark大数据处理:原理、算法与实例[M].北京:清华大学出版社,2016.

[74] PARK Y J,YOON J. Application technology opportunity discovery from technology portfolios:Use of patent classification and collaborative filtering[J]. Technological Forecasting and Social Change,2017,118:170-183.

[75] CONG H,TONG L H. Grouping of TRIZ inventive principles to facilitate auto-

matic patent classification[J]. Expert Systems with Applications,2008,34(1):788-795.

[76] WU J L,CHANG P C,TSCA C C,et al. A patent quality analysis and classification system using self organizing maps with support vector machine[J]. Applied Soft Computing,2016,41:305-316.

[77] DHONDT E,VERBERNE S,KOSTER C,et al. Text representations for patent classification[J]. Computational Linguistics,2013,39(3):775.

[78] NOH,H,JO Y,LEE S. Keyword selection and processing strategy for applying text mining to patent analysis[J]. Expert Systems with Applications,2015,42(9):4348-4360.

[79] JOUNG J,KIM K. Monitoring emerging technologies for technology planning using technical keyword based analysis from patent data[J]. Technological Forecasting & Social Change,2017,114:281-292.

[80] ROH T,JEONG Y J,YOON B G. Developing a methodology of structuring and layering technological information in patent documents through natural language processing [J]. Sustainability,2017,9(11):2117.

[81] KIM G,LEE J,JANG D,et al. Technology clusters exploration for patent portfolio through patent abstract analysis[J]. Sustainability,2016,8(12):1-13.

[82] KUANG S, DAVISION B D. Learning word embeddings with chi-square weights for healthcare tweet classification[J]. Applied Sciences,2017,7(8):846.

[83] ZENG Y,YANG H H,FENG Y S. A convolution BiLSTM neural network model for Chinese event extraction[C]//LIN C Y,XUE N W,ZHAO D Y,et al. Natural Language Understanding and Intelligent Applications. Berlin:Springer,2016.

[84] KIPERWASSER E,GOLDBERG Y. Simple and accurate dependency parsing using bidirectional LSTM feature representations[J]. Transactions of the Association for Comutational Liguistics,2016,4:313-327.

[85] KIM Y. Convolutional neural networks for sentence classification[DB/OL]. [2020-03-21]. http://cslt. riit. tsinghua. edu. cn/mediawiki/images/f/fe/Convolutional_Neural_Networks_for_Sentence_Classi%EF%AC%81cation. pdf.

[86] CEDER G,MORGAN C,FISCHER K,et al. Data-mining-driven quantum mechanics for the prediction of structure[J]. MRS bulletin,2006,31,981-985.

[87] SAAD Y,GAO D,NGO T,et al. Data mining for materials:Computational experiments with AB compounds[J]. Physical Review B,2012,85:1041.

[88] GAULTOIS M W,OLIYNYK A O,MAR A,et al. Perspective:Web-based machine learning models for real-time screening of thermoelectric materials properties. APL Materials,2016,4(5):053213.

[89] 王卓,王礴,雍歧龙,等. 材料信息学及其在材料研究中的应用[J]. 中国材料进展,2017,36(2):132-140.

[90] DE LUNA P,JENNIFER W,BENGIO Y,et al. Use machine learning to find energy materials[J]. Nature,2017,552(7683):23-27.

[91] FERGUSON A L. Machine learning and data science in soft materials engineering[J]. Journal of Physics Condensed Matter,2017,30(4):3002.

［92］ MANNODI-KANAKKITHODI A,TRAN H,RAMPRASAD R. Mining materials design rules from data:the example of polymer dielectrics[J]. Chemistry of Materials, 2017,29(21):9001-9010.

［93］ PILANIA G,MANNODI-KANAKKITHODI A,UBERUAGA B,et al. Machine learning bandgaps of double perovskites[J]. Scientific Reports 2016,6:19375.

［94］ KIM C,HUAN T D,KRISHNAN S,et al. A hybrid organic-inorganic perovskite dataset[J]. Scientific Data,2017(5):170057.

［95］ LEGRAIN F,CARRETE J,van ROEKEGHEM A,et al. How chemical composition alone can predict vibrational free energies and entropies of solids[J]. Chemistry of Materials,2017,29(15):6220-6227.

［96］ KIM C,PILANIA G,RAMPRASAD R. Machine learning assisted predictions of intrinsic dielectric breakdown strength of ABX3 perovskites[J]. The Journal of Physical Chemistry C,2016,120(27):14575-14580.

［97］ XUE D,BALACHANDRAN P V,YUAN R,et al. Accelerated search for BaTiO$_3$ based piezoelectrics with vertical morphotropic phase boundary using Bayesian learning[J]. Proceedings of the National Academy of Sciences,2016,22(113):13301-13306.

［98］ PANKAJAKSHAN P,SANYAL S,de NOORD O E,et al. Machine learning and statistical analysis for materials science:Stability and transferability of fingerprint descriptors and chemical insights[J]. Chemistry of Materials 2017,29(10),4190-4201.

［99］ RACCUGLIA P,ELBERT K C,ADLER P D F,et al. Machine-learning-assisted materials discovery using failed experiments[J]. Nature 2016,533(7601):73-76.

［100］ SEKO A,TAKAHASHI A,TANAKA I. First-principles interatomic potentials for ten elemental metals via compressed sensing[J]. Physical Review B, 2015, 92 (5):054113.

［101］ DEML A M,O'HAYRE R,WOLVERTON C,et al. Predicting density functional theory total energies and enthalpies of formation of metal nonmetal compounds by linear regression. Physical Review B,2016,93:085142.

［102］ LEE J,SEKO A,SHITARA K,et al. Prediction model of band-gap for AX binary compounds by combination of density functional theory calculations and machine learning techniques[DB/OL]. [2020-01-13]. https://arxiv. org/ftp/arxiv/papers/1509/1509. 00973. pdf.

［103］ GREELEY J,JARAMILLO T F,BONDE J L,et al. Computational high-throughput screening of electrocatalytic materials for hydrogen evolution[J]. Nature materials,2006,5(11),909-913.

［104］ JAIN A,ONG S P,HAUTIER G,et al. Commentary:The Materials Project:A materials genome approach to accelerating materials innovation[DB/OL]. [2020-02-21]. https://www. researchgate. net/publication/252930979_Commentary_The_Materials_Project _A_materials_genome_approach_to_accelerating_materials_innovation.

［105］ HSU K L,GUPTA H V,SOROOSHIAN S. Artificial neural network modeling of the rainfall-runoff process. Water resources research,1995,31,2517-2530.